융합과 통섭의 지식 콘서트 07

화학, 인문과 첨단을 품다

화학, 인문과 첨단을 품다

융합과
통섭의
지식 **07**
콘서트

전창림 지음

한국문학사

Chapter 1

화학, 모든 것을 만드는 신비한 마법 013

화학은 마법에서 태어났다? : **연금술** • 화학의 시작, 문명의 출발 : **불** • 물질의 기본 요소는 무엇일까? : **원자 · 분자 · 원소집합체** • 화학식으로 물질의 정체를 드러내다 : **화학 반응식, 이성질체** • 화학은 모든 분야와 연관되어 있다 : **화학의 융합적 성격** • 화학, 넓고도 깊은 통섭의 세계 : **화학의 분야** • Tip : 지구온난화의 주범 이산화탄소의 화려한 변신

Chapter 2

역사적 기적에는 언제나 화학이 함께한다 085

노벨상도 화학이 탄생시켰다 : **다이너마이트** • 이스라엘 건국의 비밀은 바로 화학의 힘 : **ABE 공정** • 맬서스 인구론의 악몽에서 인류를 구하다 : **질소비료** • 불가능한 상륙작전으로 전쟁의 판세를 뒤집다 : **합성고무와 나일론** • 화학으로 세운 에펠탑, 미운오리새끼에서 랜드마크가 되다 • 질병으로부터 인류를 구한 항생제 : **페니실린** • 만병통치 아스피린, 통증치료의 역사를 새로 쓰다 : **아스피린** • 공포의 에이즈, 그 치료제를 찾기 위한 노력들 : **AZT**

Chapter 3

우리 생활에서 화학 아닌 것은 없다 147

화학 없는 세상에 살 수 있을까? : **산화 · 환원 반응, 산 · 염기 반응** • 요리도 다이어트도 화학으로 성공한다 : **분자요리** • 세제 혁명, 깨끗한 세상을 만들다 : **계면활성제** • 화학을 알면 아름다워진

다? : **화장품, 패션** • Tip : 주변 온도에 따라 보온 · 냉각 기능을 다 갖춘 '쌍방향 특수섬유' • 스포츠는 화학에게 맡겨라 : **최첨단 소재** • 의약품도 모두 화학으로 만든다 : **의약품**

인문으로 가는 길,
'꽃보다 화학'

'융합과 통섭의 지식 콘서트' 시리즈의 일곱 번째로 화학이 합류하게 된 것을 기쁘게 생각한다. 아니, 사실 이는 당연한 일이며 오히려 늦은 감이 있다. 화학은 인간 생활의 기초를 만들고, 과학 기술의 근간이 되며, 산업 전반의 바탕이 되는 학문이기 때문이다.

인문학이 인간과 인간의 근원문제, 인간의 사상과 문화에 대한 학문이라면 화학이야말로 인문학의 정수라 할 수 있다. 우리가 숨 쉬는 과정부터가 산화-환원 반응이며, 음식을 먹고 영양을 섭취하여 생명을 유지하는 것도 복잡한 고분자 해중합 반응이다. 그리고 우리 인간이 수만 년을 지속해온 것도 DNA라는 화학물질 덕분이며, 인간이 영위하는 사상, 사유, 생각, 느낌 등을 가능케 해주는 기본적인 신경전달 물질과 대사물질들이 모두 화학물질들이다. 화학은 인간의 생명을 유지하게 해주고, 인간이 사용하는 거의 모든 상품을 제조해준다.

인문을 생각하는 중심에 이렇게 화학이 깊게 관여한다는 것은 얼핏 놀라운 일이다. 인문과 화학은 매우 거리가 멀게 느껴지지만 사실은 화학 없는 세상에서 인간이 존재하는 것 자체가 애당초 불가능하기 때문에 과학도뿐만 아니라 인문학도들도 화학을 중심 학문으로 받아들여야 할 것이다. 그래서 개정 교육과정에서 고등학교 통합과학의 중심축이 화학으로 설정되었고, 융합과 통섭의 시대인 현대사회에서 화학이 가장 중요한 학문으로 떠오르게 된 것이다.

필자도 본래 화가 지망생이었고, 시와 소설 쓰기를 토론하던 고등학교 문학반 출신이다. 조그만 제조업을 하던 아버지의 권유 아닌 강요로 화학을 전공으로 삼게 되었지만, 어렵고 이해가 가지 않아 학부를 마친 뒤에는 석사에서 잠시 다른 길(산업공학)을 모색하기도 했었다. 미술을 좋아해서 여차하면 화가로 전향할 흑심을 품고 프랑스로 유학을 갔지만, 유기화학을 전공하며 '화학의 세례'를 받았다. 어느 날인가부터 화학구조가 회화처럼 아름답게 보이기 시작했다. 알면 알수록 화학은 적용이 안 되는 분야가 없었고, 그동안 모르고 이해가 안 되던 영역들이 화학으로 눈이 뜨이기 시작하며 환희가 찾아왔다.

필자는 화학이라는 한자를 쓸 때 원래의 화학(化學)의 '변할 화(化)' 자 위에 '풀초(艹) 변'을 씌워 꽃 화(花) 자로 만든다. 그리고 '꽃보다 화학'이라 읽는다. 화학을 전공했지만, 한국색채학회의 부회장을 역임했고, 현재도 한국컬러유니버설디자인협회의 부회장을 맡고 있다. 공과대학에서는 전공인 고분자화학을 강의했지만, 미술대학에서는 미술재료학과 색채화학도 가르치고 있다. 미술과 화학의 융합, 예술과 과학의 통섭을 주제로 『미술관에 간 화학자』라는 책을 썼으며, 현직 화학자가 쓴 유일한 미술대학 교과서인 『미술재료』라는 책도 출간한 바 있다.

이러한 경험과 판단에서 필자는 고등학교나 대학에서 학문의 길로 들어설 때 가장 먼저 힘을 쏟아 공부할 학문이 화학이라 믿는다. 화학은 다른 학문과 구분되는 특성이 있다. 젊은 나이에 공부하지 않으면 나중에 혼자 공부해서 이해하기가 가장 어려운 학문이 바로 화학이다.

수학도 물리도 눈에 보이는 것을 공부한다. 기원전에 이미 그리스 철학자들은 자와 컴퍼스만 가지고도 고도의 수학을 논할 수 있었다. 스티븐 호킹 박사는 손도 발도 못 움직이지만 머리만으로 세계 최고의 물리학을 전개시킬 수 있었다. 21세에 요절한 프랑스의 수학자 갈루아는 5차 방정식의 비밀을 풀어 수학 역사를 바꾸었다. 폰 노이만은 19세에 이미 세계적인 수학자가 되었다.

그러나 화학은 어느 정도 감만 잡는 데도 아주 오랜 시간이 걸린다. 화학은 모든 반응을 실험으로 증명해야 하고, 그 반응을 찾는 것도 오랜 경험에서 얻은 화학적 직관이 있어야 가능하기 때문이다.

수학이나 물리가 만든 첨단 기기들은 뜯어보면 전문가가 아니더라도 어느 정도 무엇무엇이 들어 있는지 눈으로 보고 조금은 이해할 수 있다. 그러나 화학제품은 눈에 전혀 보이지 않는다. 나무로 책상을 만드는 것은 물리적 변화고, 술로 식초를 만드는 것은 화학적 변화다. 물리적 변화는 이해하기 쉬우나, 화학적 변화는 보통 눈에 보이지 않고 그 자체를 알 수 없는 경우가 대부분이다. 여러 화학적 변화마다 가끔은 반응식이라는 게 제시되지만 왜 그런 반응이 일어나는지, 다른 반응으로 가면 왜 안 되는지를 이해하는 것은 쉬운 일이 아니다. 그래서 화학을 평생 연구하여 화학의 기본을 몸으로 익힌 교수가 핵심을 알려주고 설명해주어야 비로소 화학의 눈을 뜰 수 있기 때문에 화학은 홀로 학습이 거의 불가능한 학문이다.

제1장 "화학, 모든 것을 만드는 신비한 마법"에서는 화학이란 무엇인가에 대한 기본적 개념과 다른 학문과의 관계를 다루었다. 화학의 뿌리가 된 연금술, 불과 연소반응, 원자와 분자, 화학물질을 표현하는 방법

들, 화학의 여러 분야들을 설명했고, 화학의 융합적 성격과 통섭의 실체를 파헤쳐 보였다.

제2장 "역사적 기적에는 언제나 화학이 함께한다"에서는 화학이 역사에서 얼마나 결정적인 역할을 했는지를 보여준다. 노벨상도, 기적 같은 이스라엘 건국도, 제2차 세계대전에서의 연합군 승리도 화학의 힘으로 이루어낸 것이고, 페니실린, 아스피린, AZT 등 여러 항생제와 의약품들이 인류를 위기에서 매번 구해왔음을 설명한다.

제3장 "우리 생활에서 화학 아닌 것은 없다"에서는 우리 일상 생활에서 화학이 얼마나 지대한 역할을 담당하는지를 보여준다. 부엌에서, 세탁실에서, 욕실에서, 스타디움에서, 병원에서 화학이 없으면 일상이 불편해지고 목숨까지 위협받는 현실을 살폈다.

제4장 "인류를 이끄는 첨단기술 속의 화학"에서는 첨단기술의 영역에서 화학이 얼마나 결정적인 역할을 하는지를 정리했다. 반도체, 유전공학, 환경보호, 디스플레이, 과학수사, 전지와 에너지, 청정 자동차, 어느 것 하나 화학 없이는 불가능하다.

제5장 "화학적 상상력이 스며든 영화와 소설"에서는 영화와 소설 중에서 화학을 주제로 한 것이나 화학의 상상력으로 만들어진 것들을 훑어보았다. 〈신기전〉, 〈제5원소〉, 〈에볼루션〉, 〈마션〉, 〈향수〉, 〈플러버〉, 〈괴물〉, 〈인사동 스캔들〉, 『개미』 같은 영화나 소설들은 얼핏 재미없을 것 같은 화학을 주제로 하지만 신기하고 재미있는 작품들이다.

제6장 "화학이 창조해낸 세계의 명화"에서는 인류의 문화유산인 옛 거장들의 명화에 숨어 있는 화학을 끄집어냈다. 낮 풍경을 그렸지만 화학 작용으로 밤풍경(《야경》)이란 제목으로 바뀐 렘브란트의 명화, 과학으로 태동한 인상주의 그림들, 또한 화학자들이 새로이 만든 재료로 현란

한 색채를 구사하게 된 명화들을 그림과 함께 소개했다.

제7장 "화학에 대한 오해와 편견"에서는 근거 없는 화학혐오증과 오해와 편견으로 억울한 누명을 쓰고 있는 화학물질들을 소개하며 그 속내를 풀어 보였다. 유기농, 방사선, 플라스틱, 다이옥신, MSG, 사카린, DDT 등 우리가 평소 궁금해하고 한편으로는 불안감도 느끼는 문제들을 다루었다.

이 책이 완성되기까지 어려운 용어와 주제들을 공부해가며 꼼꼼히 수많은 조언을 해주시며 환상적인 편집의 옷을 입혀주신 이은영 편집자님께, 또한 여러 문제들을 해결해가며 오래 기다려주신 한국문학사 관계자분들께 깊은 감사의 말씀을 드린다.

2019년 11월
전창림

Chapter 1

화학,
모든 것을 만드는 신비한 마법

—— 화학(化學)은 글자 그대로 변화(變化)에 대한 학문이다. 크게 보면, 변화에는 물리적 변화가 있고, 화학적 변화가 있다. 나무를 베어서 책상을 만들고 책상을 고쳐서 탁자를 만드는 변화는 물리적 변화이고, 포도주가 식초로 변하는 것은 화학적 변화이다. 책상이나 탁자는 나무라는 재료로 만든다. 여기서 '책상'이나 '탁자'라는 단어는 '물체'를 말하고, '나무'라는 '재료'는 '물질'을 가리킨다.

물리학은 '물체'의 운동을 연구하고, 화학은 '물질'의 본질과 변화를 연구한다. 물체의 운동과 물리적 변화는 눈에 보인다. 그러나 물질의 변화는 눈에 보이지 않는다. 그래서 일반인은 화학을 어려워한다.

이 세상에는 무수히 많은 물질이 있다. 물질의 화학적 변화는 물질을 완전히 변형시켜 전혀 다른 물질을 만든다. 시큼한 염산과 역겨운 냄새의 양잿물을 섞으면 짠맛의 소금물이 된다. 염산도 먹으면 큰일 나는 물질이고, 양잿물도 절대 먹을 수 없는 물질인데, 이 둘을 섞으면 먹을 수 있는 소금물이 된다니! 이거야말로 마법이 아닌가?

그렇다. 화학은 마법이다. 눈에 보이지 않아서 마법이고, 예기치 않게 전혀 다른 물질이 탄생하니 마법이다. 실제 화학이 발전하기 전에는 많은 화학적 변화가 마법의 영역에 자리잡고 있었다.

화학은 마법에서 태어났다?

연금술

마법에서 화학으로

우리 주위에서 일어나는 일들 중에 눈에 쉽게 잘 보이지 않는 부분은 거의 화학적 변화를 포함한다. 그래서 옛날에는 화학자가 마법사와 동의어였던 시기가 있었다. '해리포터' 같은 판타지 영화를 보면 마법사가 연기 속에서 이상한 액체를 섞고 끓이는 장면이 많이 나온다.[1-1] 이것이 중세 때까지 화학자의 모습이었다.

영국의 소설가 조앤 롤링의 해리포터 시리즈는 '마법사의 돌'로 시작

하고, 이 '마법사의 돌'은 연금술 화학에서 '철학자의 돌'로 알려진 것이
다.[1-2] 아리스토텔레스는 물, 불, 흙, 공기가 만물을 구성하는데, 그 반
응을 가능하게 해주는 핵심 물질이 바로 '철학자의 돌'이라고 했다.

이 '철학자의 돌'은 불로장생의 묘약으로 여겨졌으며, 여러 화학반응
의 핵심 성분이 될 것이라는 믿음을 주는 물질이었다. 이에 많은 연금술
사들은 이것을 찾기 위해 몇 백 년간 연구하기도 했다.

해리포터에는 '마법사의 돌'뿐 아니라 여러 마법의 약들이 나오는데,
해리포터가 입학한 마법학교 호
그와트의 스네이프 교수가 가르
치는 마법의 약들이 바로 화학일
것이다. 맨드레이크 해독제, 디
터니 원액, 아모텐시아, 유포리
아 등은 현대의 약과 효능이 비
슷하고, 그것들을 만들기 위해
큰 솥에 여러 재료를 넣고 끓이

1-2 영화 〈해리포터와 마법사의 돌〉에 나오는 마법의 돌.

1-3 맨드레이크가 나오는 〈해리포터와 비밀의 방〉 영화 한 장면.

1-4 맨드레이크.

며 이상한 기구를 통과시키는 과정이 사실 모두 화학반응 공정들이다. 즉, 화학적으로 합성했다는 말이다.[1-3]

맨드레이크는 〈로미오와 줄리엣〉에도 나오는 독초로서 맨드레이크 해독제는 현대의 뱀독 해독제인 네오스티그민 같은 약이며, 디터니 원액은 현대의 상처 치료제와 같이 상처를 낫게 하고 새 살이 돋는 것을 도와주는 약이다.[1-4] 사랑의 묘약 아모텐시아는 페로몬 호르몬제이고, 유포리아는 우울증 치료제인 프로작인 셈이다.

이러한 화학 합성약품들은 지금은 모두 합당한 임상을 거쳐 과학의 이름으로 사용하지만, 옛날에는 마법의 약이었을 것이다. 사실 머글('해리포터'에서 마법사의 DNA를 가지지 않은 일반인)의 과학이 마법사의 화학인 셈이며, 특히 눈에 보이지 않는 많은 마법은 필히 화학이었을 것이다. 이렇게 옛날에 마법에 의해 만들어졌다고 믿었던 많은 신비한 약들이 오늘날에는 화학의 힘으로 합성되어 약국에서 팔리고 병원에서 사용되고 있다.

예를 들어 고대 수메르나 이집트인들은 원인을 알 수 없는 열병에 걸렸을 때 제사장이나 마법사가 주는 이상한 약물을 마셨다. 2천 년 넘게 신비하게만 생각했던 이 약물의 정체는 버드나무 껍질을 달인 것이었다. 그리

1-5 영화 〈향수〉에서 향을 추출하는 한 장면.

스의 의성(醫聖)으로 불리는 히포크라테스도 버드나무 껍질을 끓여 만든 차가 해열에 효과가 있다는 사실을 발견하고 기원전 4세기에 기록으로 남겨놓았다. 화학이 발달한 후에 이 물질은 아스피린이라는 뛰어난 효능을 지닌 약으로 재탄생했다. 지금은 하루에 약 1억 개의 아스피린이 소모된다고 하니 이 또한 마법 같은 이야기다.

사람마다 독특한 체취가 있다. 어떤 사람에게는 향긋한 냄새가 나고 어떤 사람에게는 역겨운 냄새가 난다. 〈향수〉라는 영화를 보면 왠지 끌리는 체취를 가진 아름다운 여인들을 납치해서 죽인 뒤 그 몸에 유지를 바르고 그것을 긁어모아 향수를 만드는 장면이 나온다.[1-5]

현대 화학으로 해석하면 체취는 우리 피부의 모공이나 피지선에서 분비되는 안드로스테론 같은 스테로이드 계통의 생체 화학물질들이다. 병원에서 한 실험에 따르면, 환자 대기실의 여러 의자 중에서 어느 한 의자에만 안드로스테론을 뿌려두면 이상하게도 그 의자에 여성 환자들이 앉는 확률이 높았다고 한다. 체취가 사람을 끈다는 화학적 생리작용의 적절한 예라고 할 수 있겠다.

기분이 좋을 때는 통증도 잘 느끼지 않는다. 물론 운동을 격하게 하면 당연히 통증을 느끼지만 동시에 쾌감도 느낀다. 임산부가 아이를 낳을

때 동반되는 엄청난 통증을 신기하게도 이겨내는 모성애의 신비를 생각해보라. 이 모든 경우에 엔도르핀이라는 화학물질이 관여한다. 엔도르핀은 우리 몸에서 생성하는 마약인 셈이다.

신비로운 마법 같은 일들이 사실은 모두 화학물질의 작용으로 일어나는 것이다. 고대의 마법사들이나 제사장들이 부리는 마법의 상당수는 현대 기술로 보면 화학인 경우가 많다. 그런데 다른 마법보다 화학 마법은 판별하기가 어려웠다. 그 마법에 사람들이 주목하기 시작했고, 전문적으로 연구하는 사람들도 나타났으니, 그들이 바로 연금술사들이다.

'케미'는 화학반응의 결과

우리들이 사용하는 말 중에 '케미'라는 말이 있다. 누구와 말이 통하거나 마음이 맞으면 "케미가 맞는다, 케미가 있다"고 표현한다. 물론 '케미'란 '케미스트리(chemistry)'를 줄인 말이다.

케미스트리를 화학이 아닌 일상용어나 심리를 표현하는 데 사용한 것은 괴테의 소설 『친화력(Die Wahlverwandtschaften)』에서가 처음이다.[1-6] 괴테는 인간관계에서의 친화력

1-6 괴테의 장편소설 『친화력』(1809) 속표지. 이 소설의 제목인 '친화력'이란 어떤 원소와 어떤 원소는 잘 결합하고, 어떤 원소와는 잘 결합하지 않는 반응 경향성을 가리키는 화학 용어다. 이 소설의 내용은 인간관계의 친화력도 화학의 친화력처럼 작용한다는 이야기다.

이란 자의적으로 생긴다기보다 화학반응처럼 필연적 결과라는 뜻으로 사용했고, 이후 남녀 사이에서 왠지 모르지만 끌리는 상황이나 기업 간 거래나 합병에서 시너지를 낼 정도로 서로 잘 맞는다는 뜻으로 사용하게 되었다.

보통 청소년들이 쓰는 이 '케미'라는 말에는 사랑이 싹트고 호감이 생기고 협력이 잘 되는 데에는 화학반응이 필요하다는 뜻이 담겨 있다. 화학이 원래 비밀스러운 마법에서 나온 말이니 요즘 청소년들은 화학의 진면목을 아주 잘 이해하는 것 같다.

이 '케미'라는 말은 원래 연금술에서 나왔다. 연금술을 뜻하는 '알케미 (alchemy)'의 '알(al)'은 아라비아어의 정관사에 해당하므로 우리가 쓰는 '케미'는 연금술과 연관된다. 연금술은 보통 금속에서부터 금을 만들려는 기술로 알려져 있으나, 화학, 금속학, 재료학, 점성술, 천문학과 신비주의가 합해진 고대 과학이라고 보면 된다. 이 단어는 원래 아라비아어의 'al-kymiya'에서 왔고, 그리스어로 갔다가 현대 영어의 'chemistry'가 되었다. 아랍어 'kymiya'의 어원은 이집트어에서 검은 흙을 뜻하는 'chemi'에서 비롯되었다.

인류문화사학자인 제레드 다이아몬드(Jared Diamond)는 문명을 이루어낸 핵심 재료를 총, 균, 쇠라고 지적했고, 이 세 가지 물질을 설명한 『총, 균, 쇠 (Guns, Germs and Steel)』(1997)라는 책을 썼다.[1-7] 이 책은 저자가 1972년 뉴기니의 한 정치가로부터 자기들 원주민과

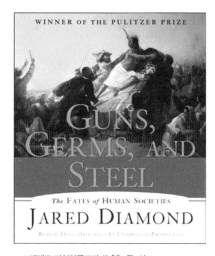

1-7 제레드 다이아몬드가 쓴 『총, 균, 쇠』.

서양의 문명이 왜 현격한 차이가 나게 되었는지를 질문 받고 25년간 연구한 결과물이다.

고대사회에서 지배자의 필요에 의해, 또는 알 수 없는 병의 치료를 위해 시작된 마술과 마법들은 끊임없이 발전하여 '총, 균, 쇠'로 집약되었고, 이 세 가지 핵심 재료가 궁극적으로 세계 문명을 바꾼 것이다. 강력한 파괴력으로 전쟁을 승리로 이끌어주는 총의 화약, 백성들의 질병을 일으키는 세균을 제거하여 인류의 평균 수명을 획기적으로 늘려준 의약, 문명사회를 건설하는 데 결정적인 역할을 한 금속 재료들을 개발함으로써 현대 문명이 탄생하게 된 것이다. 이 셋은 모두 화학으로 만들고 발전시킨 재료들이다.

인류 문명사에서 철기시대는 대략 기원전 1200년부터 500년 사이에 주로 철을 사용하여 도구나 무기를 만들던 시대를 말한다. 뛰어난 강도를 가진 철기는 당시 사용되던 청동기를 몰아내고, 국가의 흥망도 결정했다. 히타이트와 아시리아 제국은 바로 이 우수한 철기 무기를 바탕으로 성립되었다. 우리나라도 기원전 7세기경에 철기문화가 시작되었다고 한다.[1-8]

1-8 아시리아 제국의 군인을 그린 벽 부조, 기원전 7세기, 영국 브리티시박물관 이라크 니네베실 소장.

금은 자연에서 순수한 상태로 얻을 수 있는 몇 안 되는 금속 중 하나이며, 변하지 않는 순수성과 광택 덕분에 '보석의 왕'으로 인식되었다. 따라서 모든 문명시대를 통해 언제나 환금성을 보장받을 수 있었으므로 금은 곧 재물을 의미하게 되었다. 정치권력을 쟁취하거나 유지하는 데는 막대한 재물이 필요할 것이다. 고대에도 그랬고, 중세나 현대에도 마찬가지다. 고대 권력자들은 자신의 권력을 증대하기 위해 연금술을 이용하려고 했다. 궁정 안에 비밀 연금술 실험실을 만들고 많은 학자들을 동원하여 금을 만드는 연구를 진행시켰다.[1-9] 구리나 납처럼 흔하고 싼 금속으로부터 금을 만든다는 말은 지금의 시각으로 보면 전혀 과학적으로 들리지 않는다.

1-9 연금술사 하인리히 쿤라드의 실험실, 1595.

연금술은 화학의 뿌리

영국의 철학자 프랜시스 베이컨(Francis Bacon, 1561~1626)은 연금술에 대해 다음과 같은 말을 남겼다.[1-10]

프랜시스 베이컨(Francis Bacon)
영국의 철학자이자 정치인. 하원의원, 검찰총장을 거쳐 대법관을 지냈다. 데카르트와 함께 근대 철학을 연 선각자로 추앙받으며, "아는 것이 힘이다"라는 유명한 말을 남겼다.

1-10 〈프랜시스 베이컨 초상화〉, 1617.

"연금술은 아마도 아들에게 자신의 과수원 어딘가에 금을 묻어두었다고 유언을 남긴 아버지에 비유할 수 있을 것이다. 아들들은 금을 찾기 위해 온 밭을 헤쳐보았지만 그 어디서도 금을 발견하지 못했다. 그러나 밭을

잘 갈아놓음으로써 풍성한 수확을 얻을 수 있었다. 금을 만들고자 했던 연금술사들은 금을 만드는 데는 실패했지만, 이 과정에서 유용한 기구와 실험방법과 신물질들을 다수 발명·발견하여 인간에게 큰 혜택을 가져다주었다."

1-11 〈철학자의 돌을 찾는 연금술사〉, 조셉 라이트, 1771, 캔버스에 유채, 127×102cm, 영국 더비 미술관.

그런데 이 말처럼 단순히 연금술이 우연히 부산물을 얻게 된 실패한 사기술에 지나지 않았을까? 사실 중세 회화에서도 연금술사들은 철에 맞지 않는 외투를 입고 사이비 교주 같은 태도에 이상한 냄새를 풍기며 알 수 없는 실험을 하는 약간은 사기꾼 같기도 한 모습으로 그려지는 것이 대부분이다. 영국의 화가 조셉 라이트가 그린 연금술사를 보면 18세기까지도 연금술사에 대한 인식은 마법사의 이미지를 벗지 못했으며, 금을 만들려는 환상을 완전히 버린 것으로 보이지 않는다.[1-11]

일반적으로 연금술은 1142년경에 시작되었다고 하지만 사실은 이런 유의 비술(秘術)은 기원전 4500년까지 거슬러 올라가서 고대 중국, 인도, 이집트, 메소포타미아에서 시작되었다고 한다. 금은 자연에서 유리된 상태로 발견되기 때문에 인간이 최초로 다룬 금속이었을 것이다. 권력을 가지거나 갖고 싶은 통치자들은 금의 채광과 정제에 관한 야금술을 비롯한 모든 것을 비밀리에 발전시켰다. 그 금의 보유 또한 왕이나 국가에게 제한시킨 이유는 금의 환금성이 높아 가장 확실한 재물의 권세를 가졌기 때문이다.

금은 광택이 변하지 않고 무르며 노란색을 띠고 있어서 그와 비슷한 성질을 갖는 금속들, 즉 금처럼 무른 납, 금처럼 노란 황, 금처럼 노란 광택이 나는 구리, 금속이면서 액체인 신비한 수은 등으로 금을 만들 수 있을 것으로 생각하고 학자들에게 연구를 시켰고, 그 결과 연금술이 발전하게 된 것은 어쩌면 당연한 일이다. 연금술은 가장 가치 있는 기술이면서 엄청난 권력을 약속해주는 마법이었다.[1-12]

특히 헤르메스 트리메지스트 (Hermes Trimegist, 위대한 헤르메스) 가 천상의 지배자인 창조주에게

1-12 연금술사들이 쓰던 레토르트 증류병.

TABVLA SMA-
RAGDINA HERMETIS TRIS-
megisti ται χρυσας. Incerto interprete.

Erba Secretorũ Hermetis, q̃ scripta erãt in tabula Smaragdi, inter manus eius inuenta, in obscuro antro, in q̃ humatum corpus eius repertũ est. Verũ sine mendacio, certũ, & uerissimũ. Quod est inferius, est sicut q̃d est superius. Et q̃d est supius, est sicut q̃d est inferius, ad ppetrãda miracula rei unius. Et sicut oẽs res fuerũt ab uno, meditatiõe unius. Sic oẽs res natæ fuerũt ab hac una re, adaptatione. Pater eius est Sol, mater eius Luna. Portauit illud uentus in uẽtre suo. Nutrix eius terra est. Pater omnis telesmi totius mũdi est hic. Vis eius integra est, si uersa fuerit in terrã. Separabis terrã ab igne, subtile à spisso, suauiẽ cũ magno ingenio. Ascendit à terra in cœlũ, iterumq̃; descẽdit in terrã, & recipit uim superiorũ & inferiorũ. Sic habebis gloriã totius mundi. Ideo fugiet à te omnis obscuritas. Hic est totius fortitudinis fortitudo fortis, q̃ uincet omnem subtilem, omnemq̃; solidam penetrabit. Sic mundus creatus est. Hinc erunt adaptationes mirabiles, quarũ modus hic est. Itaq̃; uocatus sum Hermes Trimegistus, habens tres partes philosophiæ totius mundi. Completũ est, q̃d dixi de operatiõe Solis.

1-13 1541년에 뉘른베르크에서 요하네스 페트레이우스가 출간한 연금술 저서에 나오는 에메랄드 평판. 여기엔 초기의 연금술 비술들이 다수 기록되어 있다.

서 하늘의 지혜를 전수받았다는 구전과 그를 보여주는 헤르메스에 대한 기록(에메랄드 평판)들에서 그 신비한 모습을 조금이라도 찾아볼 수 있다.[1-13] 금을 다른 원소로 만들 수 있다는 생각은 비과학적인 말로 들리

지만 오히려 더욱 과학적이었다 할 수도 있다. 싼 물질로부터 비싼 다른 원소를 만들 수 있다는 생각은 결국 모든 물질은 같은 근원에서 시작한다는 현대의 원자설에 뿌리를 내리고 있기 때문이다.

엠페도클레스(Empedocles, 기원전 490?~430)와 아리스토텔레스(Aristoteles, 기원전 384?~322)는 우주 만물은 모두 흙, 물, 공기, 불의 4원소로 이루어져 있는데, 이 물질들이 반응을 일으키려면 '철학자의 돌'이라는 제5원소가 필요하다고 했다. 이 이론을 현대에 대입해보면 흙, 물, 공기, 불은 각각 고체, 액체, 기체, 에너지를 말하며, 제5원소는 촉매에 해당한다고 할 수 있다. 제5원소를 찾기만 하면 납을 금으로 만들 수 있을 것이라 믿었던 것이다.

이 연금술이 이슬람에 전해졌는데, 특히 우마이야드 야지드 다마스 왕의 아들인 칼리드(Kalid)가 왕위 계승도 포기하고 연금술에 전념하여 많은 성취를 이루어냈다. 그 이후 연금술이 중세 유럽에 전해지게 되었다.

중세 신비주의 수도사들의 장미십자가회도 연금술의 비밀 보존에 관련되어 있으며, 아이작 뉴턴(Isaac Newton)은 연금술의 마지막 현자로 인정받았다. 그리고 라부아지에(Lavoisier)의 등장 이래 비술로의 연금술은 정통 과학에 밀려 급속하게 쇠퇴했다.

화학의 시작, 문명의 출발

불

우리가 일상생활에서 하는 모든 행위, 즉 세탁하고 화장품 쓰고 요리하고 음식을 소화시키는 것도 다 화학이며, 우리가 먹고 입고 신고 쓰는 모든 물건들도 거의 다 화학의 산물이다. 그래서 생물학도, 물리학도, 수학도, 심지어는 음악, 미술, 체육까지도 화학이 없이는 실체가 없는 경우가 많다. 아무리 신기한 아이디어를 냈어도 그 근본 재료는 화학이 만들어줘야 한다. 그런데 화학은 그 속이 잘 보이지 않는다. 그래서 화학을 아는 사람과 모르는 사람의 차이는 다른 과학보다 더 크다. 그렇다 보니 화학을 약간만 알아도 다른 사람들은 보지 못하는 세상의 실상을 꿰뚫어보며 이해할 수 있다.

실제 화학의 많은 반응들은 마법 같다. 산소는 발화시에 꼭 필요한 원소다. 수소는 불을 만나면 폭발하듯이 잘 탄다. 그런데 이 둘이 결합하면 불을 끄는 물이 된다. 이것이 화학의 마법이다. 우리 주위에는 이와 같은, 이보다 더 신기하고 복잡한 화학 마법이 가득하다.

마법사가 마법을 부리거나 마법의 묘약을 만들 때는 항상 불길이 등장하는데, 이때의 불이야말로 화학반응을 유발하는 중요한 요소 중의 하나이자 화학의 출발점이다.

인간에게 불을 가져다준 프로메테우스

동물과 인간의 차이를 문명이 있는가 없는가로 구분할 수 있으며, 이로써 문명의 본질과 그 출발은 무엇이었을까를 연구한 학자들이 많다. 보통 도구와 언어의 사용 등을 문명의 핵심이라고 이야기하는데, 원숭이나 새도 여러 도구를 사용하고, 동물들도 나름의 언어를 사용한다는 연구들이 속속 발표되었다. 그렇다면 인간과 동물을 구분하는 가장 독특한 것은 아마도 불의 사용이 아닐까 한다.

최근 생태학자들은 호주의 맹금류들이 불이 붙은 가지를 던져 사냥을 하는 것을 발견하고 불을 사용하는 것은 인간만이 아니라는 연구결과를 발표하기도 했다. 하지만 호주 맹금류들은 산불이 났을 때 불붙은 가지를 물어다 사용하기는 하지만 불을 직접 일으키지는 못한다.

고대 그리스 신화에서 프로메테우스는 신들의 왕 제우스 몰래 불을 인간에게 전해주었다. 이 일로 분노한 제우스가 프로메테우스를 코카

1-14 〈독수리에게 간을 쪼이는 프로메테우스〉, 루벤스, 캔버스에 유채, 1611~2.

서스 산 바위에 쇠사슬로 묶어 독수리에게 간을 쪼아 먹히는 벌을 내렸다.[1-14] 그리고 신만이 쓰던 불을 사용하게 되면서부터 인간의 문명이 시작되었다.

동물인류학자인 리처드 랭엄 교수는 『요리 본능』이란 책에서 이렇게 주장하기도 했다.[1]

"인간은 불을 피움으로써 맹수의 습격을 걱정하지 않게 되었고, 음식을 조리하여 먹음으로써 기생충도 방지하고, 다른 동물에 비해 작고 약한 이와 턱으로 높은 소화능력을 갖게 되어, 적은 음식으로 생명을 유지하며 잉여시간으로 농경사회와 문명을 발달시키게 되었다."

그리스 신화의 프로메테우스는 신의 문명을 인간에게 전해준 핵심이 불이라고 함으로써 문명에서 불이 차지하는 중요성을 말하고 있다. 불은 바로 화학의 시작이다.

불이 일으키는 연소반응은
삶의 동력이다

연소는 다르게 말하면 산화반응이다. 즉 산소와 결합하는 화학반응이다. 연소는 속도에 따라 아주 다른 현상으로 드러난다. 느린 연소는 우리가 호흡하고 생명을 유지하는 것, 철이 녹스는 것, 술을 먹고 머리가 아프다가 술이 깨는 과정 등에서 볼 수 있다. 우리가 움직이려면 동력이 필요한데, 이 동력을 우리는 음식물을 연소시켜 얻는다.

연소가 일어나려면 세 가지 요소가 필요하다. 우선 태우려는 연료가 있어야 하고, 연소를 시작하게 해줄 정도의 에너지, 즉 점화가 있어야 하며, 이때 산소가 필요하다. 우리는 공기 중에서 산소를 마시고, 헤모글로빈에 실어 산소를 우리 몸의 각 기관에 보내고, 체온과 효소에 의해 점화하여 음식물을 태워 에너지를 만든다. 철이 녹스는 것도 느리지만 연소반응이다. 철은 공기 중의 산소와 반응하여 산화철이 되는데, 이 산화철이 바로 녹이다.[1-15] 우리가 술을 먹으면 알코올이 몸으로 유입된다. 이 알

1-15 녹슨 철.

코올이 산화하면 알데히드가 되며 이것이 머리를 아프게 한다. 시간이 지나면 알데히드는 산화가 더 진행되어 산이 되고, 이때 비로소 머리가 아픈 현상이 사라지며 술이 깬다고 한다.

1-16 화재 장면.

빠른 연소는 화재나 발전, 자동차 엔진 등에서 일어난다. 화재라는 연소도 연료, 산소, 점화라는 연소의 3요소가 필요하므로 화재를 진압하려면 이 셋 중의 어느 하나를 차단하면 된다.[1-16] 여기서 산소를 차단하는 것이 가장 일반적인데, 이불을 덮어 산소를 차단하기도 하고, 소화기에서 나오는 기체나 가루로 불길을 덮어 산소를 차단하기도 하며, 물을 뿌려 산소를 차단하기도 한다. 이와 달리 불에 타는 연료를 제거하는 방법도 쓴다. 산불이 너무 강하여 소화가 어려울 때는 바람이 진행하는 앞쪽의 나무를 미리 없애서 산불을 끄는 것이 바로 이 방법이다.

화력발전소에서는 석탄이나 석유나 가스를 연소시켜 얻은 에너지로 전기를 생산한다. 그런데 연소의 연료는 대개 탄소화합물이고, 연소 후에 물과 이산화탄소가 생긴다. 이산화탄소는 지구온난화의 주범이다. 지구온난화로 지구의 온도가 1도만 올라가도 지구 생태계는 심각한 재앙을 맞는다.

지금은 삼한사온이라는 우리나라의 특징적 겨울 날씨도 실종되었고, 만년설과 빙하가 녹으면서 엘리뇨나 라니뇨 현상이 생겼다. 이로 인해 태풍과 이상저온, 이상고온, 가뭄 등이 창궐하고, 해수면이 높아지면서 태

1-17 지구온난화에 의해 무너져내리는 아이슬란드 빙하.

평양 일부 나라는 바닷속으로 들어갈 정도의 재앙이 예견되고 있다.[1-17] 이산화탄소 배출은 어찌 보면 핵의 위험보다 결코 적지 않은 위협이기도 하다.

더 빠른 연소로는 폭발이나 불꽃놀이 등을 들 수 있다. 폭발이 일어나기 위해서는 연소의 연쇄반응이 일어나야 하는데, 그것을 가능하게 한 것이 화학이다. 인류의 역사를 전쟁의 역사라고 할 만큼 전쟁에 의하여 인류 전체 또는 한 나라의 운명이 바뀌어왔으며, 문명사의 대가 제레드 다이아몬드가 총과 화약이 인류 역사를 바꿨다고 이야기할 정도로 화약은 인간의 중요한 발명품이다.

화약은 9세기경 중국에서 처음 만들었다고 알려져 있다. 흰 초석과 노란 황, 그리고 검은 숯을 적절한 비율로 섞어서 화약을 만들었다는데, 이 혼합물이 폭발력을 가지는 것은 거의 초석 때문이다.

초석(硝石)의 주성분은 질산칼륨(KNO_3)이며, 이것은 질소와 산소를 포함하고 있고 잘 용해되며 잘 탄다. 여기에 숯 대신 목탄가루나 심지어 설탕이라도 탄소를 포함하는 무엇이든 추가하면 질산칼륨과 황과 탄소화합물이 반응하여 질소 가스와 이산화탄소 가스가 대량 생성된다. 반응 시작 물

질인 질산칼륨과 황과 탄소화합물은 모두 고체 물질이므로 부피가 아주 작지만, 생성물인 질소와 이산화탄소는 모두 기체이므로 부피가 매우 크다. 이 부피의 급격한 팽창이 바로 폭발력이다.

폭발력을 이용하는 불꽃놀이는 두 가지 다른 폭발을 연차적으로 사용하여 아름다운 볼거리를 제공한다.[1-18] 우선 아름다운 불꽃을 상영하도록 정밀하게 디자인된 색색의 불꽃 원소들을 포함한 포탄은 잘 포장되어 있고, 적절한 시간에 차례로 발화하도록 도

1-18 불꽃놀이.

화선이 설치되어 있다. 그 포탄을 공중으로 날리기 위한 폭발력은 따로 만들어서 포탄 밑에 설치한다. 발사용 화약이 불꽃놀이 포탄을 공중으로 쏘아올리면 그 다음은 우리가 익히 아는 것과 같이 차례로 포탄 안의 각 성분들이 터지면서 아름다운 장관을 연출한다.

불꽃의 모양은 폭약의 형태와 용기의 구조에 의해 조절한다. 각각의 불꽃 색은 여러 가지 금속염에 의해 나타난다. 구리나 바륨을 태우면 강한 녹색 불꽃을 내며, 스트론튬은 장미처럼 빨간색을 드러낸다. 칼슘은 분홍색 빛을 내며, 파란색 불꽃은 염소를 사용하여 만든다. 불꽃놀이는 화학으로 그려내는 아주 인상적인 예술이라 하겠다.

플로지스톤설을 반박한
라부아지에

1-19 헬몬트.

중세시대의 연금술사들은 기체도 연구했다. 그러나 기체와 공기를 엄격하게 구별하지 않았다. 처음으로 공기와 기체를 구별한 사람은 벨기에의 헬몬트(Jan Baptista van Helmont, 1579~1644)였다.[1-19] 그는 기체도 고체나 액체처럼 여러 종류가 있으며, 공기도 기체의 일종이라고 생각했다. 기체를 연구하기 시작하면서 자연히 연소현상이 중요한 연구 과제로 등장했다.

옛날 사람들은 연소를 하나의 원소로 생각했다. 그래서 잘 타는 물질은 이 원소를 많이 가지고 있고, 잘 안 타는 물질은 이 원소를 적게 가지고 있다고 생각했다. 그 증거로 나무가 타고 나면 무게가 가벼운 재만 남는데 그 이유를 잘 타는 원소가 빠져나갔기 때문이라고 믿었고, 독일의 화학자 게오르크 에른스트 스탈(Georg Ernst Stahl, 1659~1734)은 이 원소를 '플로지스톤(phlogiston)'이라고 불렀다.

그런데 플로지스톤설로는 설명하기 어려운 문제가 하나 있었으니, 그것이 금속의 연소였다. 금속은 나무와 달리 연소하고 나면 무게가 오히려 무거워졌다. '근대화학의 아버지'라고 불리는 앙투안 로랑 라부아지에(Antoine-Laurent

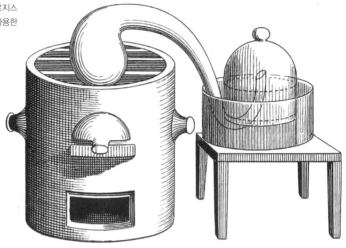

1-20 라부아지에가 플로지스톤설을 반박하기 위해 사용한 실험장치.

Lavoisier, 1743~94)가 철을 연소시키면 오히려 무게가 무거워지는 현상을 들어 플로지스톤설을 배격했다. 그는 나무를 태울 때 나오는 기체를 포집하여 연소 뒤 무게가 가벼워 보이는 나무의 연소도 철의 연소와 마찬가지로 무게가 오히려 늘어난다는 것을 증명해 보이고, 그 늘어난 무게만큼 산소가 결합한 것이라고 정리했다.[1-20]

라부아지에는 파리의 부유한 법률가 집안에서 태어나 아버지의 뜻에 따라 20세에 변호사 자격증을 취득하고, 대법원 판사로 가는 지름길인 고등법원 법정 판사가 되는 등 엘리트 법률가로의 길을 걸었다. 그의 아버지는 라부아지에에게 훌륭한 법률가가 되려면 인문과학뿐 아니라 자연과학도 공부해야 한다는 신념에 따라서 한림원 회원들인 라카이유(Lacaille)에게서 수학과 천문학을, 루이유(Rouelle)에게서 화학을, 베르나(Bernard)에게서 식물학을 배우게 했다.

그 후 자연과학에 더 큰 흥미를 느낀 라부아지에는 1766년 가로등을 발명하여 프랑스 과학한림원 금메달을 받았다. 이어 1764년부터 1770

1-21 〈라부아지에 부부〉, 다비드, 1788, 캔버스에 유채, 미국 뉴욕 메트로폴리탄 미술관. 이 그림은 당시 세계 최고의 화가가 세계 최고의 학자를 그린 흔치 않은 그림인데, 이유는 그의 아내 마리안 라부아지에가 다비드의 제자였기 때문이다. 실제 마리안은 그림을 매우 잘 그렸다. 라부아지에의 논문에는 빠짐없이 그녀의 삽화가 들어갔으며, 그의 불멸의 걸작 『화학원론』에 삽입된 그녀의 주옥 같은 삽화는 실험 기구와 실험 장면을 매우 정교하게 묘사해서 후대의 많은 화학자들에게 큰 도움을 주었다.

년에는 한림원 회원이던 게타르 (Guettard)와 함께 알자스-로렌 지방의 광물지질도를 완성했는데, 그 공로로 1768년 25세 나이에 프랑스 한림원 회원이 되었다. 같은 해 세금징수원 조합에 들어가 자크 폴제 (Jacques Paulze)를 만나게 되고, 그의 열세 살 된 딸과 결혼했다.[1-21]

라부아지에는 아침과 저녁에는 화학 실험을 하고, 낮에는 관리로 일했다. 1775년에는 탄약국장이 되어 초석 제련법을 개선하고, 프랑스 화약제조 수준을 유럽 최고로 끌어올렸다. 라부아지에는 뛰어난 화학자였을 뿐 아니라 법률을 공부한 덕에 금융과 행정에도 정통했다. 1785년에는 농업위원이 되어 농기계와 농업기술 발전에 큰 업적을 남겼으며, 1787년에는 오를레앙 시의 도의원으로 선출되어 행정과 사회 분야를 합리적으로 개혁함으로써 이름을 떨쳤다. 또한 그 해에 세계 최초의 화학 학술잡지 『화학연보(Annales de Chimie)』를 간행했다. 1788년에는 현 프랑스 국립은행의 전신인 디스카운트 은행(Discount Bank)의 디렉터로 일하기도 했다.

4원소설과 플로지스톤에 근거한 잘못된 연소이론을 철저한 실험으로 바로잡은 라부아지에와는 달리 플로지스톤설과 불이 하나의 원소라고 믿었던 과학자 중에 영국에서 의학 공부를 한 장 폴 마라(Jean Paul Marat, 1743~93)가 있었다. 영국과 프랑스에서 의사로서 평판을 얻은 그는 학문적으로도 정치적으로도 야심이 있는 사람이었다. 인간에 대한 철학적 에세이와 빛, 불에 대한 연구 결과를 발표하고 프랑스 한림원 회원이 되려 했으나, 라부아지에는 그의 학문적 성취의 불완전성을 지적하며 그의 한림원 입성을 반대했다. 이 일을 계기로 마라는 라부아지에를 학문적 적으로 여기고 그를 제거하기 위해 수단과 방법을 가리지 않았다.

1789년 프랑스 대혁명이 시작되자 마라는 『시민의 친구(L'Amie du Peuples)』라는 신문을 발간하여 9월 피의 대혁명을 일으키는 데 지대한 공헌을 했다. 그 여세를 몰아 과격한 자코뱅 당의 당수에 오른 마라는 엄청나게 많은 사람들을 단두대로 처형했다.[1-22] 마라는 정적이자 학문적 원수인 라부아지에가 가난한 시민의 세금을 착취하는 악덕 세금징수원이라고 고소했다. 마라는 적폐를 척결한다는 미명하에 "공화국은 과학자를 필요로 하지 않는다. 정의만 있을 뿐이다"라는 말로 인류의 귀중한 재산인 라부아지에의 생명을 단두대로 끊어버렸다. 훗날 전 세계의 많은 사람들이 "머리를 베어버리는 데는 일순간으로 충분하지만, 같은 두뇌를 만들려면 백 년도 넘게 걸릴 것이다"라며 라부아지에의 죽음을 애도했다.

그의 사형이 집행된 지 얼마 지나지 않아 그 사형은 잘못된 것이고 라부아지에를 재평가해야 한다는 여론이 일었다. 이 일로 세계는 큰 아쉬움과 큰 교훈을 얻었다. 아

1-22 프랑스 대혁명 때 사용했던 단두대.

1-23 화가 다비드가 1793년에 그린 〈마라의 죽음〉. 다비드는 프랑스 혁명을 주도한 과격파 자코뱅의 편에 서서, 마라를 시민의 친구로 미화한 이 그림을 그려 피의 숙청을 선동하는 데 기여했다. 다비드는 마라가 욕조에서 살해된 것으로 연출했는데, 마라의 손에는 코르데가 마라에게 보낸 편지가 들려 있다.

쉬움은 그가 몇 년만 더 살았어도 화학의 발전이 달라졌을 것이라는 사실이고, 교훈은 사랑 없는 정의는 인류에 오히려 큰 해가 되며 얼마나 잔혹할 수 있는가 하는 깨달음이다.

그의 절친한 친구였던 뒤퐁(Pierre Samuel DuPont)은 라부아지에 사후에 미국으로 이주하여 라부아지에의 기술을 이용하여 뒤퐁 드 느무르(DuPont de Nemours)라는 화약공장을 세웠는데, 그것이 지금의 세계 최고의 화학 기업인 듀폰사이다.

한편 과격한 자코뱅 당의 입장에 서서 공포정치를 진두지휘했던 마라는 온건한 혁명주의를 지향하는 지롱드 당의 지지자였던 샤를로트 코르데에 의해 암살되었다.[1-23]

물질의 기본 요소는 무엇일까?

원자 · 분자 · 원소 집합체

물질을 계속 쪼개면
원자가 된다

　　　　　원자설(原子說)은 이미 기원전의 그리스 철학자 데
모크리토스(Democritus, 기원전 460~370)가 주장했다.[1-24] 이 세상에는 수
많은 물질들이 있는데, 그 많은 물질들이 제각각일 리가 없고 어떤 기본
적인 원소(元素, element)가 있어서 그것들이 이리저리 조합해서 만물을
만들어낸 것이라는 생각을 했다. 그 가장 기본적인 물질은 더 이상 쪼갤
수 없는 미세한 것으로 '원자(atom)'라고 불렀다. 이미 기원전에 현대적

1-24 데모크리토스.

의미의 원자를 비슷하게라도 생각해냈다는 것은 놀라운 일이다. 지금도 거의 같은 뜻으로 원자라는 낱말을 쓰고 있다.

원자는 중심에 원자핵이 있고, 주위에 전자가 있다. 전자는 무게가 없을 만큼 가볍고, 매우 빠르게 움직여 공간을 차지하며, 원자의 크기를 결정한다. 원자핵은 아주 작으나 원자 전체의 무게를 거의 다 차지한다. 원자핵은 양성자와 중성자로 이루어져 있다. 양성자는 전기적으로 양성을 띠는 입자이고, 중성자는 양성자와 무게는 같으나 전기적으로 중성이다. 전자는 전기적으로 음성을 띠고 있어서 원자 전체는 보통 양성자와 같은 수의 전자를 가짐으로써 전체적으로 중성이 된다.

무게가 제일 가벼운 수소를 시작으로 무게 순으로 원자번호를 부여하는데, 이 원자번호는 양성자의 수와 같다. 수소는 양성자가 하나, 전자가 하나인 원자번호 1의 원자다. 원자번호 2는 헬륨인데 전자가 2개, 원자핵 안의 양성자가 2개다. 양성자는 좁은 원자핵 안에 같은 양전기를 띠는 양성자끼리 붙어 있어서 서로 반발하므로 그 사이를 같은 수의 중성자가 들어 있어 안정시켜준다. 즉, 양성자 2개, 중성자 2개, 그래서 합이 4개가 되므로 헬륨은 무게(원자량)가 4가 된다.

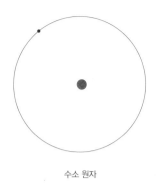

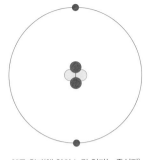

수소 원자   헬륨 원자(핵 안의 노란 입자는 중성자)

분자와 원소 집합체,
루이스 전자점식

　　　　　　물질의 최소단위는 분자(分子, molecule)와 원소 집
합체다. 앞에서 이야기한 원자가 몇 개 모여 분자가 되는데, 분자가 물질
의 성질을 유지하는 가장 작은 단위가 된다. 무기물질은 분자는 아니지
만 원소들이 규칙적으로 모여서 결정을 이루며, 원소 집합체가 된다. 물
질이 자신의 물성을 유지한 채 존재하는 가
장 작은 단위가 분자나 원소 집합체다.

　　수소(H_2) 원자는 불안정해서 수소 2개가 결
합해 수소 분자의 형태로 존재한다. 그리고
원자가 결합할 때 최외각 전자가 관여한다.
최외각 전자는 가장 바깥쪽에 있는 전자라는
뜻인데 원자핵에서 가장 멀리 있어서 다른 원
자와 결합할 때 관여하거나, 원자가 안정화할

> **최외각 전자**
> 각 원소가 각기 다른 반응을 하는
> 차이는 바로 이 최외각 전자의 유
> 무와 그 수에 의해 결정되는 경우
> 가 많다. 원소에는 하나 이상의 전
> 자가 있는데, 가장 바깥에 존재하
> 는 전자는 원자의 경계 바깥으로
> 떨어져 나오기도 하고 다른 원자
> 의 전자를 받아들이기도 하여 다
> 양한 화학반응을 가능하게 한다.

때 떨어져나간다. 수소는 1주기 원소인데 최외각 전자가 1개뿐이다. 이 1
주기에서는 전자가 2개가 되어야 안정화된다.

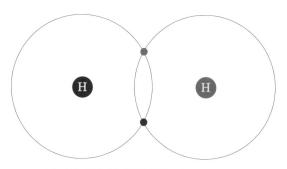

수소 분자는 각자 가진 전자 하나씩을 공유하여 안정화된다.

1-25 길버트 뉴턴 루이스(Gilbert Newton Lewis, 1875~1946). 미국의 물리화학자.

수소 원자는 양성자와 전자를 하나씩 갖고 있다. 이렇게 전자 2개를 공유하면 수소 주위의 전자가 각각 2개처럼 되어 수소 분자는 안정적이 된다.

원자 사이의 전자를 점으로 표시하는 방법을 '루이스 전자점식(Lewis electron-dot for-mular)'이라고 한다.[1-25] 수소 분자에서 전자 2개가 공유된 것을 분명하게 보여주므로 루이스식 전자표시법을 많이 쓴다. 공유결합의 전자 2개를 하나의 선으로 표시하기도 한다.

H:H H-H

염소(Cl)는 최외각 전자가 7개이다. 수소와 헬륨 같은 1주기 원소를 제외한 원소들, 예를 들어 염소는 최외각 전자가 8개가 되어야 안정하여 8개가 되려는 경향을 가진다. 그러므로 염소는 1개의 전자를 더 받아 안정화되려는 경향이 강하다. 염화수소는 수소와 염소가 결합한 분자로써 기체다. 염화수소는 염소와 수소가 공유결합을 하고 있다.

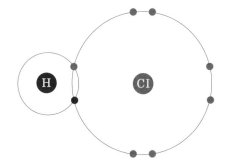

염화수소 분자

이것도 루이스 전자점식으로 표현할 수 있다.

이 염화수소 기체를 물에 녹이면 염산이 된다. 다시 말하면 염산은 염소 음이온과 수소 양이온이 물에 녹아 있는 상태를 말한다. 염화수소가 이온이 되는 것도 전자의 안정으로 설명할 수 있다. 염소는 최외각 전자가 7개여서 하나를 더 받아 8개가 되려는 경향이 강하다. 전자 하나를 받아 전자가 8개가 되면 안정되지만 음전기를 띤 음이온(Cl⁻)이 된다.

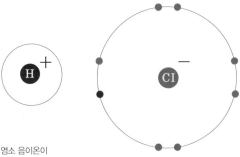

염산은 수소 양이온과 염소 음이온이
물에 녹아 있는 상태다.

반면 수소는 전자 하나를 잃고 양성자만 있는 상태가 된다. 그 수소 원자는 전자를 잃었으므로 수소 양이온(H$^+$)이 된다. 수소 양이온(H$^+$)과 염소 음이온(Cl$^-$)은 정전기적으로 서로 끌린다. 이렇게 생긴 결합이 '이온결합'이다. 같은 HCl라도 기체 상태에서는 공유결합 상태다. 그러나 물에 녹으면 물의 이온화 능력에 영향을 받아 염산이라는 이온결합물이 된다. 이 염산 같은 이온결합물도 루이스 전자점식으로 표현할 수 있다.

소금은 나트륨 양이온(Na$^+$)과 염소 음이온(Cl$^-$)이 고체 상태에서 교대로 규칙적으로 공간에 쌓인 결정이다.[1-26] 소금을 나트륨과 염소로 쪼개면 소금의 성질을 갖지 않는다. 소금이라는 결정은 소금의 성질을 가

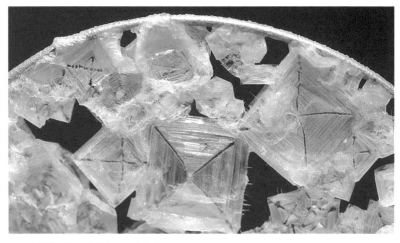

1-26 소금 결정. 2010 NASA Image of the Day.

지는 최소 단위가 된다.

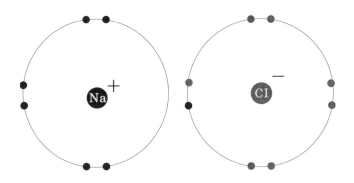

소금은 나트륨 양이온과 염소 음이온의 결정이다.

앞에서 이야기한 분자를 처음 주창한 사람은 이탈리아 화학자 아메데오 아보가드로(Amedeo Avogadro, 1776~1856)다.[1-27] 이탈리아 토리노에서 태어난 아보가드로는 원래 아버지의 뜻에 따라 법률을 공부하여 변호사가 되었으나 독학으로 화학과 물리학을 공부하여 서른 살에 토리노 대학교의 교수가 되었다. 그는 기체법칙, 전기화학, 원자와 분자에 대한 연구를 계속하여 1811년에 현재 '아보가드로의 법칙'으로 부

1-27 아메데오 아보가드로.

르는 이론을 발표했다. 이에 따르면 기체의 종류가 다르더라도 온도와 압력만 같으면 일정 부피 안에 들어 있는 입자의 수는 같다. 그 입자는 원자일 수도, 분자일 수도 있다.

처음에는 아보가드로의 주장이 화학자들의 주목을 받지 못했는데, 1926년 노벨 물리학상을 받은 프랑스 화학자이자 물리학자 장 바티스트

페랭(Jean Baptiste Perrin, 1870~1942)이 아보가드로가 말한 입자의 일정한 수를 '아보가드로수'라고 이름지었고, 이후 원자나 분자처럼 아주 작고 수가 큰 물질량의 기본 단위로 아보가드로수를 '몰(mole)'이라고 부른다.

아보가드로수는 독일의 화학자 요한 요제프 로슈미트(Johann Joseph Loschmidt, 1821~95)가 1865년 이상기체의 법칙을 사용하여 계산해냈는데 6×10^{23}이다. 분자량이 2인 수소 분자 6×10^{23}개는 2g의 무게가 된다. 달리 말하면 수소 분자 1몰은 2g이다. 몰은 아주 작은 물질을 셀 때 편하다. 6천억의 백억 배가 1몰이므로 원자나 분자나 미립자의 수를 나타낼 때 사용한다.

유기화학은 탄소의 화학
: 생기론과 전생론

옛날 사람들은 생명체에서 나오는 물질과 흙, 모래, 광석 등에서 얻을 수 있는 물질의 근본은 다르다고 생각했다. 실제로 유기화학에서 다루는 물질들은 지금도 거의 다 동물이나 식물 같은 생명체에서 얻을 수 있는 물질이거나 그것에서 파생된 물질이다.

이렇게 생물과 무생물은 근본적으로 다르며, 생명체 안에는 눈에 보이지 않지만 생명을 유지해주는 힘을 가진 물질이 있다는 생각을 '생기론(生氣論)'이라고 한다. 이 생기론은 18세기 실험과 검증에 의하여 실증과학이 발달하기 전까지 서구 철학자들과 과학자들을 지배한 사상이었다. 그러므로 당연히 무기물질과 유기물질은 근본이

요소(尿素)
포유류의 오줌에 함유되어 있는 질소 화합물. 체내에서 단백질이 분해되어 생성되며 녹기 쉽고 빛깔이 없다. 무색의 기둥 모양의 결정으로, 비료, 요소 수지, 의약, 접착제의 원료로 쓴다.

다르고, 유기물질은 무기물질에서 나올 수
없다고 믿었다.

독일의 화학자인 프리드리히 빌러(Friedrich
Wöhler, 1800~82)는 무기화합물인 시안산암모
늄으로부터 유기화합물인 요소(尿素)를 합성
하는 데 성공했다.[1-28] 이는 곧 무기물질에서
유기물질을 합성한 것이고, 인간이 생명체 밖
에서 유기물질을 합성한 역사적인 사건이었
다. 이후 유기물질에 대한 정의가 '생명체에
서 얻는 물질'에서 '탄소화합물'로 바뀌었다.
다르게 말하면 유기화학은 탄소의 화학이다.

1-28 프리드리히 빌러.

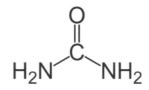

시안산암모늄(무기물)

요소(오줌에 들어 있는 유기물)

1-29 메피스토펠레스(악마)의 도움을 받아 미세인간 호문쿨루스를 합성하게 된 연금술사. 괴테의 『파우스트』 2막 2장에 나오는 삽화. 1899년 프란츠 자버 심(1853~1918)의 그림.

뷜러의 실험 후 생기론은 힘을 잃었다. 나아가 과학 만능주의가 싹트는 계기가 되었다. 독일의 문호 괴테는 뷜러의 유기물 합성 성공 사실을 알게 된 후 인간 전체의 합성까지 꿈꾸게 되었다. 실제로 괴테의 작품 『파우스트』에서는 실험실에서 탄생한 '호문쿨루스'가 등장한다.[1-29] 아이러니하게도 '호문쿨루스'는 '전생론(preformationism)'과 뷜러의 실험 결과의 융합이라 할 수 있다.

전생론이란 인간 같은 생물이 태어나기 전 배아 상태나 정자에서부터 성체의 모든 기관이 갖춰져 있다는 이론이다. 생기론의 시대에도 함께 존속되어 왔던 전생론은 뷜러의 실험으로 생기론이 깨진 이후에도 끈질기게 살아남음으로써 연금술과 화학의 발전에 힘입어 호문쿨루스라는 신화를 창조했던 것이다. 그 후 생리의학이 발전하면서 전생론도 사라졌다.

그런데 유기화학이 하나의 원소 탄소만의 화학이니 단순한 것이라고 판단하면 오산이다. 탄소를 제외한 원소 100여 개의 화학이 무기화학인데, 지구상의 모든 물질 중 탄소화합물이 80%를 넘는다. 왜 이렇게 탄소화합물은 다양할까? 탄소는 최외각 전자가 4개로, 탄소끼리 또 다른 원소와도 다양한 결합을 할 수 있다. 특히 탄소끼리의 결합은 매우 안정하여 사슬형·고리형 등 엄청난 수의 화합물을 만들어낸다.

유기화합물은 아주 다양한데, 알코올, 알데히드, 산, 아민, 방향족 화합물 등의 그룹으로 나뉜다. 유기화합물의 종류를 구분하게 해주는 이들을 '기능기(functional group)'라고 한다. 기능기에 의해 유기화합물을 나누는 이유는 기능기를 가진 화합물마다 독특한 성질을 공유하기 때문이다.

유기화합물은 크게는 사슬형 구조와 고리형 구조로 나눌 수 있는데, 특히 콘쥬게이트 고리 구조는 '방향족'이라고 부른다. 콘쥬게이트란 단일결합과 이중결합이 교대로 연결된 구조를 말한다.

방향족 화합물은 향긋한 냄새를 가지며, 일반적으로 상당히 안정된 구조다. 대표적인 방향족 화합물은 벤젠이다. 구조가 아름다운 대칭 구조여서 화학을 나타내는 상징 마크로 많이 사용한다. 여러 화학 공정에서 용매로 많이 사용하며, 의약품, 플라스틱, 향료, 염료, 폭약 등의 원료로 매우 중요한 산업재료이다. 방충을 위해 사용하는 나프탈렌도 중요한 방향족 화합물이다.

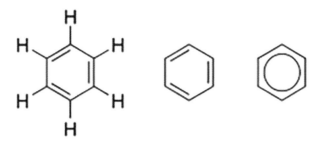

벤젠(C_6H_6)을 표시하는 세 가지 형태. 유기화학자들은 보통 탄소를 생략하며, 수소도 생략하여 가운데 그림의 형태로 표시한다. 단일결합과 이중결합이 교대로 배치되지만, 사실 그 둘이 고정된 것이 아니라 거의 동등한 전자밀도를 갖기 때문에 가운데에 원을 그려서 그러한 공명 구조를 나타낸다.

화학식으로
물질의 정체를 드러내다

화학 반응식, 이성질체

한눈에 알기 쉬운
화학 반응식

화학반응이 일어나면 물질의 변화가 일어난다. 그 변화를 한눈에 볼 수 있도록 화살표를 사용하여 화살표 왼쪽에 반응물을, 화살표 오른쪽에 생성물을 표시한 것이 화학 반응식이다. 만일 A가 B와 반응하여 D와 E가 되었고, 그 반응에 C라는 촉매를 사용했다면 다음과 같이 표기한다.

$$A + B \xrightarrow[\Delta]{C} D + E$$

여기서 이 반응이 가역반응이라면 양쪽 화살표(⇌)를 사용하고, 이 반응에 열을 가한다는 뜻으로 Δ를 첨가하기도 한다. '가역반응'이란 왼쪽 물질이 오른쪽 물질로 변화하는 정방향의 반응과 함께 오른쪽 물질이 왼쪽 물질로 되돌아가는 역방향 반응도 일어난다는 뜻이다.

전 세계의 화학자가 알아볼 수 있도록 화학물질을 표기하는 방법에도 규칙이 있다. 화학물질을 표기하는 것을 '화학식(chemical formula)'이라고 하며, 여기에는 실험식(empirical formula), 분자식(molecular formula), 시성식(rational formula), 구조식(structural formula) 들이 있다.

실험식은 화합물에 포함된 원소의 종류와 원자의 수를 가장 간단한 정수의 비로 표시한 것이다. 분자를 정의하기 어렵거나 명확한 경계를 정하기 어려운 고분자나 이온결합물을 표시할 때 편하다. 그러나 아세틸렌(C_2H_2)과 벤젠(C_6H_6)은 실험식이 CH로 똑같다. 이런 문제를 해결한 것이 분자식이다. 분자 단위로 표기하므로 좀 더 알아보기 쉽다. 앞의 아세틸렌과 벤젠은 분자식으로 표기해야 명확하게 구분된다.

	실험식	분자식
아세틸렌	CH	C_2H_2
벤젠	CH	C_6H_6

아세트산은 실험식으로 표시하면 CH_2O이고, 분자식으로 표시해도 $C_2H_4O_2$가 된다. 그런데 이런 분자식을 갖는 분자들은 매우 많다. 아세트

산뿐만 아니라 메틸포르메이트, 글리코알데히드, 1,2-에틸렌디올, 1,1-에틸렌디올 모두 분자식이 같다. 이럴 때는 시성식이 좋다. 시성식은 특정한 기능기나 원자단을 표기하여 물질의 물성을 나타내주는 표기법으로 유기화학에서 특히 유용하다. 이 물질들을 시성식으로 표시하면 다음과 같다.

	실험식	분자식	시성식
아세트산	CH_2O	$C_2H_4O_2$	CH_3COOH
메틸포르메이트	CH_2O	$C_2H_4O_2$	CH_3OCHO
글리코알데히드	CH_2O	$C_2H_4O_2$	$HOCH_2CHO$
1,2-에틸렌디올	CH_2O	$C_2H_4O_2$	$HOCH=CHOH$
1,1-에틸렌디올	CH_2O	$C_2H_4O_2$	$CH_2=C(OH)_2$

앞에서 언급한 아세틸렌도 시성식으로 표현하면 삼중결합이 드러나기 때문에 훨씬 유용하다.

	실험식	분자식	시성식
아세틸렌	CH	C_2H_2	$CH\equiv CH$
벤젠	CH	C_6H_6	C_6H_6

유기화학자들이 더 선호하는 표현법은 구조식이다. 특히 탄소와 수소를 생략하는 표시법을 널리 쓰는데 간단하고 한눈에 알아볼 수 있기 때문이다.

	실험식	분자식	시성식	구조식
아세트산	CH_2O	$C_2H_4O_2$	CH_3COOH	
메틸포르메이트	CH_2O	$C_2H_4O_2$	CH_3OCHO	
글리코알데히드	CH_2O	$C_2H_4O_2$	$HOCH_2CHO$	
1,2-에틸렌디올	CH_2O	$C_2H_4O_2$	$HOCH = CHOH$	
1,1-에틸렌디올	CH_2O	$C_2H_4O_2$	$CH_2 = C(OH)_2$	
벤젠	CH	C_6H_6	C_6H_6	

같은 듯 같지 않은, 이상한 거울상 이성질체

1957년 독일에서 콘테르간(Contergan)이라는 상품명으로 의사 처방 없이 살 수 있는 탈리도마이드(thalidomide) 수면제가 시판되었다.[1-30] 이 약은 특히 임산부의 입덧을 완화하는 데 특효가 있어 인기가 좋았다. 그러나 이 약을 복용한 임산부에게서 사지가 없거나 기형인 아이들이 태어났다.[1-31]

탈리도마이드의 부작용은 화학적으로 완전히 똑같으나 공간 배치만

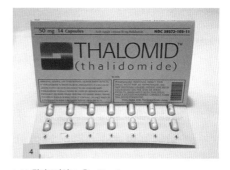

1-30 탈리도마이드. © wikipedia.org

1-31 탈리도마이드의 부작용으로 태어난 아이.
© Helix Magazine—Northwestern University

살짝 다른 이성질체(異性質體) 때문인 것으로 밝혀졌다. 화학식으로는 거의 구분하기 어려운 한쪽은 입덧 진정 효과를 보이지만 다른 하나는 혈관의 생성을 억제하여 신생아의 성장을 방해했던 것이다.

한 가지 반전은 이 치명적인 부작용이 한센병과 암 치료에 획기적인 효능이 있음이 알려져 미국 FDA(Food and Drug Administration, 미국 식품의약청)도 제한적 사용을 승인하게 되었다는 것. 한센병이나 암을 일으키는 세포의 혈관을 억제하여 병의 원인 세포를 굶겨 죽이는 것이다.

> **한센병**
> 나병이라고도 부르는 만성감염병. 짧으면 5년, 길면 20여 년의 잠복기를 가지는데 발병하면 피부, 눈, 신경계 등에 육아종이 발생한다. 이 육아종은 통증을 느끼지 못하고 병이 진행하며, 살이 썩거나 떨어져 나가는 심각한 병이다.

이러한 차이는 거울상 이성질체 현상에서 기인한다. 우리의 두 손은 똑같이 생겼지만 오른손 장갑을 왼손에 낄 수 없는 것처럼 화학 구조에도 이러한 차이가 있을 수 있다. 분자식이나 화학식은 똑같은데 왼손-오른손처럼 배치만 다른 화합물들이 있다. 이런 이성질체를 '거울상 이성질체'라고 하고, 그리스어의 '손'을 뜻하는 '키랄(chiral)'이라고 부른다.[1-32, 1-33]

설탕의 200배 정도의 단맛을 내는 합성 감미료의 일종인 아스파탐도 한쪽은 단맛을 내지만 다른 한쪽은 오히려 쓴맛을 낸다. 결핵 치료제로 쓰는 에탐부톨도 이성질체 중의 하나는 실명을 일으킨다. 스피어민트 잎과 캐러웨이 씨앗은 같은 카르본이라는 물질이지만 하나는 시원하고, 하나는 전혀 시원하지 않다.

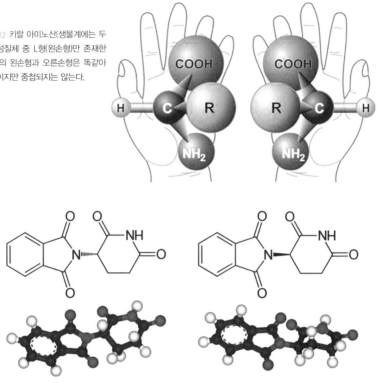

1-32 키랄 아미노산(생물계에는 두 이성질체 중 L형(왼손형)만 존재한다)의 왼손형과 오른손형은 똑같아 보이지만 중첩되지는 않는다.

1-33 탈리도마이드의 거울상 이성질체. 왼쪽 : (S)–(–)–thalidomide, 오른쪽 : (R)–(+)–thalidomide.

    신기하게도 동식물의 대사과정에 관여하는 대부분의 화학물질들은 이성질체 중 어느 하나만의 구조로 되어 있다. 자연계의 당은 거의 다 D형이지만 아미노산은 거의 L형이다. 서로 다른 입체 구조를 갖는 이성질체의 반응이나 작용이 이같이 극명하게 다른 이유는 손에 맞는 장갑을 끼어야 하는 것과 같은 이유다. 두 물질이 만나서 반응을 할 때 손이 장갑을 끼는 것과 같이 접근하여 만나고 충돌한다. 이때 입체적인 선택 효과를 나타내는 것이다. 분자의 모양이 입체적으로 다르므로 '입체 이성질체'라고도 부른다.

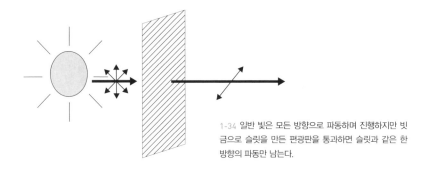

1-34 일반 빛은 모든 방향으로 파동하며 진행하지만 빗금으로 슬릿을 만든 편광판을 통과하면 슬릿과 같은 한 방향의 파동만 남는다.

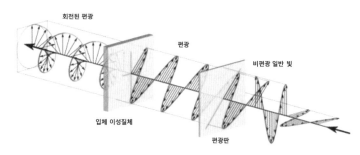

회전된 편광

편광

비편광 일반 빛

입체 이성질체

편광판

1-35 오른쪽에서 일반 빛이 들어가 편광판을 통과하면서 편광이 된다. 이 편광을 입체 이성질체(키랄 물질)로 통과시키면 편광축이 회전하게 된다. 이때 왼쪽으로 돌면 좌선형, 오른쪽으로 돌면 우선형이라고 부른다. 성질이 매우 다른 중요한 입체 이성질체를 분석하기 위해 편광분석기를 사용한다. 편광분석기에서 어느 방향으로 얼마만큼 회전시키는지를 측정한다.

편광

빛이 직진할 때 사방으로 파동을 치며 나아가는데, 이 빛의 진행 방향을 판으로 막고 좁은 직선의 틈을 내어 빛을 통과시키면 사방으로의 파동 중 한 방향만 살아남아 통과하여 판 모양의 파동을 갖는 빛이 된다.

또 이성질체에 편광을 투과시키면 편광면이 회전하는데, 서로 반대 방향으로 회전한다. 그래서 거울상 이성질체를 부를 때 왼손형, 오른손형으로 부르기도 하고, 우선형, 좌선형으로 부르기도 한다. 편광면을 우선(오른쪽으로 회전시킨다는 뜻)하거나 좌선한다는 뜻이다.[1-34, 1-35]

화학은 모든 분야와
연관되어 있다
화학의 융합적 성격

뭐든지 만드는 건
다 화학

화학은 거의 모든 분야에 깊게 연관되어 있다. 미래의 가장 중요한 세 가지 기술은 'IT-BT-ET'라고 이야기한다. 곧 인터넷 전자 기술(IT), 생물-유전공학(BT), 환경기술(ET)이 그것이다. 어느 분야든 실제 제품을 생산하고 실제 재료를 준비하는 단계에서는 화학의 힘이 절대적이다. 전기제품이건 기계제품이건, 바이오제품이건 의약품이건 거의 모든 제조공정에는 화학이 절대적으로 필요하다.

IT 기술은 아주 넓은 분야를 포함하고 있고, 앞으로 그 범위가 더욱 더 확장될 것이다. 그러나 이 모든 기술을 현실화하기 위해서는 반도체(semiconductor)가 필요하다. 반도체는 전기가 통했다 안 통했다 변하게 만드는 소재를 말한다.[1-36]

도체
전기가 통하는 물질.

부도체
전기가 통하지 않는 물질.

물질은 보통 도체와 부도체가 있다. 구리나 금은 도체이며, 나무나 플라스틱은 부도체다. 금속이 일반적으로 도체인 것은 자유전자 때문이다. 규소는 보통은 부도체다. 그러나 규소의 최외각(가장 바깥에 위치한) 전자가 쉽게 더 높은 에너지 상태의 전자궤도로 올라감에 따라 자유전자처럼 거동하여 도체의 성격을 띤다. 이런 반도체의 특성을 이용하여 정보를 생성하거나 저장할 수 있다.

IT 기술의 핵심인 반도체 제조에는 웨이퍼 제작, 산화공정, 포토공정, 식각공정, 박막-증착 공정, 금속화공정, 전기특성검사, 패키징과 같은 여덟 단계의 공정이 필요하다. 그중 일곱 번째인 검사공정을 빼고는 모두 화학공정이다. 이러이러한 성능을 가진 반도체를 만들었으면 좋겠다고 설계하는 것은 전자공학의 몫이지만 그것을 구체적으로 만들고 생산하는 것은 화학이다.

유전공학이나 분자생물학에서도 유전자를 조작하고 자르고 붙이는 공정이 모두 화학반응이다. 생물-유전공학(BT)은 그 뿌리부터 화학이다. 아서 콘버그(Arthur Kornberg, 1918~2007)가 스탠퍼드 대학교에 처음으로 개설한 생화학과가 유전공학의 시작을 열었다고 할 수 있다.[1-37]

1-37 아서 콘버그.

아서 콘버그(Arthur Kornberg)
미국의 분자생물학자. DNA와 RNA의 생물학적 거동을 규명하고, 그 합성법을 찾아낸 공로로 1959년 노벨 생리의학상을 받았다.

콘버그가 이 생화학과에서 시작한 일은 DNA 분자를 자르고 연결하는 유전자 조작이었다.[1-38] 유전공학에서 유전자를 조작하며 자르고 붙이는 기술은 근본적으로 화학이다.

농산물을 개량하여 병충해에 강한 작물, 생산량이 많은 식물, 특별한 기능을 갖는 특수 작물을 만들어내는 유전자 재조합 기술은 DNA를 절단하고 다른 부분을 연결해 붙이는 기술들을 말한다.

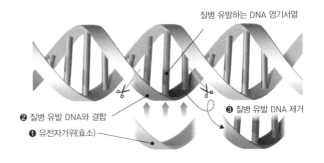

질병 유발하는 DNA 염기서열

❷ 질병 유발 DNA와 결합
❶ 유전자가위(효소)
❸ 질병 유발 DNA 제거

1-38 유전자가위 기술 개념도. 원래 있던 질병을 유발하는 유전자 부분을 화학적으로 자르는 것을 가위로 표현했다. 잘라낸 자리에 정상적인 유전자 부분을 화학적으로 붙여주면 질병을 근원적으로 치료할 수 있다.

또한 인간의 많은 병이 인슐린 같은 특정 단백질이나 호르몬에 의한 경우가 많은데, 이 병들을 치료하기 위해 이들을 대량으로 합성할 필요가 있다. 이때 특정 단백질을 합성하는 유전자를 식물 유전자에 넣어서 그 식물을 배양하게 되면 원하는 단백질을 비교적 쉽게 대량으로 얻을 수 있다.

비슷한 분야로, 분자생물학은 생물체에서 일어나는 유전자의 복사·전사 등의 전 과정을 분자 차원에서 화학적으로 규명하고 연구하는 학문이다. 현대 생물학의 주요 연구 분야는 생화학, 유전공학, 분자생물학이라고 할 수 있는데, 이들 모두가 화학을 기반으로 하고 있다.

환경오염의 원인과 특성을 분석하고 규명하는 일도 화학이다. 아울러 오염된 환경을 깨끗하게 되돌려놓는 일, 예를 들면 수질오염 처리나 대기오염 처리에도 모두 화학을 사용한다. 화학이 환경을 오염시켰다는 말은 맞는 말이지만, 그러나 지금 환경을 깨끗하게 되돌려놓을 기술도 역시 화학이다. 자동차의 배기가스나 공장 굴뚝에서 나오는 연기는 여러 오염물질을 포함하고 있다. 이들을 그대로 대기로 날려 보내면 대기는 오염되어 더욱 큰 대가를 치러야 한다. 반드시 적절한 기술을 활용하여 배출 가스를 깨끗하게 처리해야 하는데, 여기에는 고도의 화학이 필요하다.

예를 들어 자동차 배기가스에는 일산화탄소, 질소산화물, 황산화물, 미세먼지, 중금속 등이 들어 있다. 이들을 없애는 방법으로 배기가스를 붙잡아 연소실로 다시 보내 한 번 더 연소시키는 방법을 쓰거나 적절한 화학촉매를 사용하여 화학적으로 처리하기도 한다.

모든 학문의
기본이 되는 화학

학생들이 가장 싫어하는 과목은 아마도 화학일 것이며, 일반인이 가장 어렵게 느끼는 분야도 화학일 것이다. 다른 과목은 명시적으로 이해가 가능한데, 화학만은 전혀 그렇지가 않고, 모든 반응을 외워야 하는 것으로 생각하기 쉽다. 같은 과학이지만 수학이나 생물이나 물리처럼 분명한 개념이 잡히지도 않고, 어떤 원리가 눈에 보이지도 않는다.

왜 화학은 다른 자연과학, 수학, 물리, 생물과 다르게 느껴질까? 대체 화학은 어떤 학문일까? 수학이 양, 공간, 구조의 개념을 다루며, 생물학은 생명체 현상을 탐구하고, 물리학은 '물체의 운동'을 연구하는 데 비해, 화학은 '물질의 본질과 변화를 탐구한다'. 다른 학문은 모두 '물체'를 연구하는데 화학은 '물질'을 연구한다. 그래서 화학적 변화는 물리적 변화처럼 눈에 보이지 않는 경우가 많다. 그래서 화학이 감 잡기가 쉽지 않고 어렵게 느껴지는 것이다. 그래서 거꾸로 생각해보면 화학이 다른 학문보다 더 큰 가능성을 품고 있다고 말할 수 있다.

그리고 교양과학 출판 분야를 보면 수학자, 물리학자, 생물학자가 쓴 교양과학 책은 널려 있는데, 화학자가 쓴 교양과학 책은 아주 드물다. 화학은 기본적으로 이론보다 실험이 더 중요하고, 수많은 실험 경험을 바탕으로 얻게 된 화학자의 직관과 통찰이 상당히 중요하다. 수학과 물리학은 머릿속으로 이론을 전개하여 중요한 원리를 얻거나 성과를 낼 수도 있는 반면, 화학은 반드시 실험을 통해 진위를 가려내야만 하는 특징을 가지고 있다. 다음 표는 물리학과 화학의 노벨상과 수학의 노벨상이라는 필즈상 수상자의 수상 시기와 나이를 통계한 것이다.

수상 연도	1901~1925	1926~1950	1951~1975
화학(노벨상)	50.5세	50.1세	55.9세
물리(노벨상)	47.8세	45.7세	50.6세
수학(필즈상)	(1936~1974) 34.6세		

이 통계가 화학의 학문적 특성을 어느 정도 나타내준다. 비슷한 시기의 노벨 화학상 수상자의 나이는 물리학상 수상자의 나이보다 평균 3세 이상 높으며, 최근에는 5세 이상으로 나이차는 더 커졌다. 수학에 비해서는 15세 이상 차이가 난다. 화학은 긴 시간과 꾸준한 노력을 들여야만 어느 정도 성과를 낼 수 있다는 특징이 있다. 다르게 말하면 천재가 아니라도 화학에서는 큰 성과를 낼 수도 있다는 말이다. 그런데 그만큼 화학을 공부한 사람과 그렇지 않은 사람의 차이는 더 커진다. 교양이나 상식과 달리 화학은 쉽게 단시간에 익히기 힘든 특성이 있다. 그래서 머리 회전이 빠르고 수용성이 좋은 젊은 나이에 화학을 기본으로 잘 배워둬야 한다. 화학이 모든 학문의 기본이 되기 때문이다.

통합과학 안에서도 화학이 핵심이다

현대사회를 융합의 시대, 통섭의 현장이라 부른다. 그리고 학교에서도 통합과학을 가르쳐야 한다는 말들을 한다. 물론 자연현상들 중에서는 한 가지 과학이나 이론만으로는 설명이 부족한 경우가 많다. 그런데 고등학교 통합과학 교과과정을 보면 모든 과학에서 화학이 중요 핵심이 된 것처럼 보인다. 통합과학의 4개 단원은 '물질과 규

칙성', '시스템과 상호작용', '변화와 다양성', '환경과 에너지'다.[2]

'물질과 규칙성'에서는 물질의 이해와 분자나 원소들의 결합과 결합에 중요한 작용을 하는 최외각 전자, 지구의 원소 분포와 생물체 내 원소의 역할, 그리고 신소재를 다룬다. 이는 거의 모두 화학을 중심으로 하는 내용들이다.

'시스템과 상호작용'에서는 태양계, 지구계의 수권과 지권, 생태계에서의 에너지와 물질의 이동을 이해하고, 미시적으로는 생명 시스템 안에서의 물질대사, 세포나 DNA의 변화를 탐구한다.

'변화와 다양성'에서는 이 모든 시스템에서 일어나는 산화-환원 반응, 산-염기 반응 등의 화학변화가 어떻게 이 모든 시스템을 변화시키고 다양성을 주게 되는지를 이해하는 데 초점이 맞춰져 있다. '생물의 다양성과 진화'도 미시적으로는 결국 DNA의 화학적인 변화에 기인한다는 사실에서 출발한다.

이런 다양한 내용들은 결국 우리 인류의 가장 중요한 삶의 터전인 지구 생태계를 깨끗하게 보존하고, 오염된 부분을 어떻게 되돌릴 것인지를 탐구하는 '환경과 에너지' 문제로 귀결된다. 지구온난화나 대기오염, 수질오염, 토양오염, 오존층 보존 등을 위해 우리가 고쳐야 할 것은 무엇이고, 새로 갖춰야 할 기술은 어떤 것들인지 이해해야 하기 때문이다.

우리는 삶의 질을 향상시키기 위해 어떤 형태로든지 에너지를 생성하고 소비해왔다. 그리고 이제는 그동안 사용해온 화석연료의 폐해를 정확히 인지하고, 화석연료를 연소시킬 때 발생하는 지구온난화의 주범인 이산화탄소를 배출하는 대신 태양에너지, 핵에너지, 연료전지, 수력, 풍력, 조력, 지열 에너지의 사용을 추구하고 있다. 바야흐로 인류는 지구 전체의 청정 발전에 이바지할 방안을 탐구하는 것을 지향해야 할 시점

1-39 통합과학 속에서 화학의 중요성.

에 도달한 것이다.

　이와 같이 통합과학의 거의 모든 단원의 핵심이 바로 화학이다.[1-39] 그동안의 논의 과정을 살펴보면 통합과학의 교과과정이 너무 어렵다든지, 과학 포기자가 많을 것이라든지, 너무 화학 위주라든지 등의 문제들이 제기되었지만, 통합과학으로 가는 길의 방향은 올바르게 설정된 것으로 보인다. 다만 그 내용이 어렵다는 이야기는 통합과학 교과과정의 거의 모든 부분에 화학 내용이 스며들어 있기 때문일 것이다. 다른 과목 전공 교사들이 화학적 원리가 깊게 스며든 문제를 적절히 설명하고 학생들을 이해시키기는 쉽지 않을 것이다.

　통합과학의 큰 4개 교과 중, '물질과 규칙성'과 '환경과 에너지'는 전부 화학이고, '변화와 다양성'의 반은 완전히 화학이다. '시스템과 상호작용'도 순수 물리 내용인 '역학적 시스템'을 제외하면 화학에 대한 이해 없이는 설명이 불가능한 내용들이다.

　그렇다면 왜 이렇게 화학이 중요해졌는가? 왜 모든 교과에 화학이 연관되어 있는가? 현재 교육에서 중요시하는 지구 환경과 생태계의 문제점은 어떤 해결책을 제시한다 해도 궁극적으로 화학의 도움을 필요로 하기 때문이다. 그리고 미래의 주력 산업으로 성장할 각 분야의 핵심은 에너지와 신소재인데 새로운 에너지와 소재를 만드는 일 역시 바로 화학의 전문 분야이기 때문이다.

화학,
넓고도 깊은 통섭의 세계
화학의 분야

물리학이 '물체의 운동'을 탐구하는 데 비해 화학은 '물질의 본질과 변화'를 탐구하는 학문이라고 했다. '물체'는 형태를 가진 사물을 말하고, '물질'은 형태가 바뀌어도 변하지 않는 본질적 재료를 말한다. 의자는 물체고, 의자의 재료인 나무는 물질이다. 그러한 이유 때문에 자연히 화학이 다루는 분야와 영역은 상당히 넓으며, 거의 모든 분야와 뿌리 깊게 연결되어 있다고 하겠다.

유기화학과 무기화학, 탄소가 핵심

유기화학과 무기화학을 논의할 때 그 차이점을 '기'가 있고 없다고 하는데, 이 기(機)란 무엇인가? 여기서 '기' 한자의 뜻은 '기계, 틀'이다. 영어로는 'organ(기관)'이다. 생명체의 장기, 곧 위·소장·대장 등을 말한다. 그러한 맥락에서 보면 유기화학은 생명체에서 나오는 물질을 다루는 화학이다.

생명체에서 얻을 수 있는 물질들은 대개 탄소화합물이다. 그런데 앞서 말했듯이 19세기에 독일의 화학자 프리드리히 뵐러가 무기물질 시안산 암모늄으로부터 우리 오줌에서 발견되는 요소를 합성하였다. 유기물과 무기물의 경계가 허물어진 것이다. 이후 유기화학의 정의는 바뀌었다. 탄소화합물에 대한 화학이 유기화학으로 정착된 것이다.

우리가 보는 산과 들의 거의 모든 식물들의 몸체와 잎과 꽃과 뿌리는 모두 탄소화합물로 이루어져 있다. 식물뿐만이 아니다. 동물, 곤충, 벌레들의 몸체와 이들이 배출하는 배설물 또한 모두 탄소화합물이다. 유기화학은 이들 탄소화합물들의 물질 자체를 연구하고, 반응 원리를 탐구하며, 그들을 인공적으로 합성하는 방법을 찾아내고, 또 그로부터 인류에게 유용한 파생물질을 합성하여 생활에 유용한 물질이나 의약품을 만들어낸다.

유기화학자들이 설계한 복잡한 유기물의 예를 하나 보자. 이름이 엄청나게 길다. 유기화학자들은 이런 화합물을 설계하고, 이를 다른 간단한 화합물로부터 합성하는 방법을 찾아낸다.

2-((4-((2E,4E,6E,8E,10Z,12E)-5-cyclopropyltetradeca-2,4,6,8,10,12-hexaenyl)cyclopenta-1,3-dienyl)
methyl)benzoic acid

　무기화학은 유기화합물이 아닌 물질들의 화학이다. 유기화학이 주로 탄소화합물을 다룬다면, 무기화학은 탄소를 제외한 원소들에 대해 탐구한다. 주로 금속류 원소들을 대상으로 삼는다. 유기화합물들이 대개 공유결합을 하고 있는 반면, 무기화합물들은 대개 금속결합이나 이온결합을 하고 있거나 그 염의 형태를 띠고 있다. 그 중에서도 산화물, 황산염, 탄산염, 할로겐 화합물들이 많다.

　많은 무기화합물들은 첨단산업의 핵심 소재로서 매우 중요한 역할을 한다. 지금 세계는 휴대용 소형 전자기기의 세상인데, 그 핵심이 되는 소형 전지는 현재 리튬전지를 가장 많이 사용하고 있다. 리튬이라는 금속은 무기물질이다. 초기의 발광소자도 무기물이었고, 초기의 레이저 발생소자도 무기물이었다. 유기화학의 반응에서 중요한 역할을 하는 촉매는 대개 무기물이거나 무기-유기 화합물이다. 촉매는 화학산업에서 성패를 가름하는 아주 중요한 비밀 병기다.

　또한 반도체를 만드는 기초 물질인 실리콘 웨이퍼도 무기화학의 결정육성 기술로 만든다. 흡착제나 촉매로서 중요한 제올라이트(zeolite),[1-40] 비행기나 로켓을 만드는 초경량 금속인 듀랄루민 같은 여러 가지 합금들도 여러 첨단산업에서 매우

> **제올라이트(zeolite)**
> 미세 다공성 알루미늄 규산염 광물인 제올라이트는 주로 흡착제나 촉매로 활용된다.

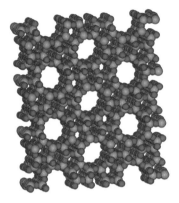

1-40 제올라이트의 구조.

중요한 역할을 한다.

실생활에서 보면 우리가 사용하는 도자기도 무기화학의 산물이다. 그릇뿐만 아니라 변기 같은 위생자기로부터 내화벽돌이나 초내열성 기기의 표면 코팅까지 무기화학의 적용 범위는 날로 넓어지고 있다.

거대분자를 다루는 생화학과 고분자화학

생명체를 이루고 생명체 내에서 만들어지고 배출하는 거의 모든 물질이 유기화합물이고, 이들 물질과 반응을 연구하는 학문이 유기화학이다. 그 중에서도 특히 생물체의 생사와 대사과정에 관여하는 물질들과 그 반응을 연구하는 학문이 생화학이다. 물론 옛날에는 생화학이 유기화학의 한 분야였다. 그러던 것이 인간의 수명이 늘어나 의학의 중요성이 커짐에 따라 생체 내에서의 화학반응이 더욱 중요해지고 자세한 탐구가 필요한 시대가 되면서 생화학은 중요한 분야로 독립하게 되었고, 의학, 유전공학, 생물공학과 연계하여 중요 과목으로 성장했다.

생화학은 동물의 3대 영양소라는 탄수화물, 지방, 단백질과 지질, 핵산, 효소 등 세포의 구성 요소와 대사물질을 연구하며, 그들이 일으키는 생명현상을 분자적인 차원에서 탐구한다. 우리 유전자를 이루는 DNA, RNA, 그리고 특정 단백질들에 대한 분석과 합성 및 조작을 통해 생명현상의 본질을 알아내는 연구를 하며,[1-41] 그를 통해 인간의 병을 없애거나 장수의 원리를 알아내려는 연구가 요즈음 생화학자들의 연구 주제로 자리잡아 가고 있다. 식물의 광합성을 모방하여 화학만으로 식량을 생산하려는 연구도 진행되어 현재 생화학은 인류의 생존과도 직접적인 관련이 있는 중요한 분야다.

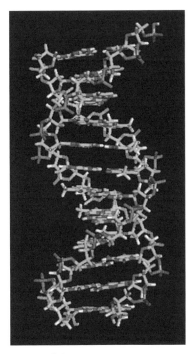

1-41 DNA의 구조.

그리고 동물이나 식물들의 세포를 이루는 물질들은 대개 분자량이 매우 큰 물질로서 긴 사슬 구조를 하고 있는 물질이 많은데, 이들을 '고분자(polymer)' 물질이라고 하며, 이를 연구하는 학문을 '고분자화학'이라고 한다. 우리가 먹는 곡물이나 숲의 나무들이 모두 고분자 물질이다. 고분자 물질은 말 그대로 분자량이 큰, 더 쉽게 말하면 크기가 큰 분자들이다. 크기가 그냥 큰 것이 아니라 규칙적으로 크다. 작은 구조가 반복적으로 연결되어 큰 분자량을 이룬다. 그 단위가 되는 작은 구조의 물질을 '단량체(monomer)'라고 한다.

1-42 플라스틱 가구들.

고분자화학에서는 동식물의 세포를 이루는 생체분자를 연구하는 생고분자화학, 플라스틱의 생산법을 연구하는 고분자 가공학,[1-42] 여러 첨단 과학에 사용하는 기능성 고분자를 연구하는 고분자 재료학, 고분자의 분자량, 열적 성질, 강도, 크리프 특성과 유변학을 연구하는 고분자 물리화학 등을 연구 주제로 삼는다.

취업전선에서 유리한
분석화학과 화학공학

분석화학자는 어느 분야에서나 다 필요하다. 심지어 은행과 유통업체에도 화학분석실이 있고, 분석화학자를 채용한다. 기업의 기술평가나 구매하는 제품의 성분 분석을 해야 하기 때문이다.

1-43 분석화학 실험실.

주로 분석화학자는 물질의 조성과 화학적 구조와 그 물성을 확인하는 일을 한다.[1-43] 미지의 시료를 분석하여 그 안에 있는 원소의 종류와 함량을 알아내는 일은 때로는 엄청난 중요성을 갖는다. 범죄 수사에 쓰는 여러 분석 기술도 분석화학을 토대로 한다. 새로운 물질을 합성할 때도 원하는 물질이 제대로 합성되었는지는 분석화학으로 확인할 수 있다.

분석화학의 기법에는 습식분석과 기기분석이 있다. 습식분석은 시료와 시약의 화학반응을 사용하여 화학성분을 분리·침전·여과히여 분석한다. 현대에는 많은 분석기기들이 개발되어 기기를 통해 빠르고 정밀하게 성분을 분석하고 정량한다. 몇 광년이나 떨어진 외계 행성의 대기가 어떤 성분으로 되어 있는지도 그 행성 대기의 스펙트럼을 분석하면

집광렌즈　　　　　파장선택기　　　　검출기

광원　　　　단색화 프리즘　　　시료　　　모니터

1-44 일반적인 분광분석법의 원리 개요도. 분석에 필요한 빛(예를 들면 자외선, 적외선, 편광 등)을 발생시켜 샘플로 통과시켜 나오는 결과를 분석하여 많은 유용한 화학적 정보를 얻는다.

알 수 있다.

　이와 같이 물질이 방출하는 빛을 분석하거나 물질에 특정한 빛을 투과시켜서 분석하면 물질의 많은 화학적 정보를 얻을 수 있다. 이러한 기법을 '분광분석법'이라고 하는데, 여기에는 적외선 분광법, 자외선 분광법, X선 분광법, 핵자기공명법, 라만 분광법, 원소 분광법, 유도플라스마 분광법 등이 있다.[1-44]

　또한 시료의 질량을 정밀 분석하여 성분을 확인하는 질량분석법과 분자량분석법이 있고, 기체크로마토그래피, 액체크로마토그래피, 겔투과크로마토그래피, 역삼투압 측정법 등 분리분석을 자동으로 하는 크로마토그래피들과 X선 결정분석법, 광분산법, 전기분석법 등의 첨단 기기들이 있다.

　그리고 화학의 여러 지식을 사용하여 물질을 실제로 제조하려면 장치와 공장을 건설해야 한다. 쉽게 이야기하면 화학실험실에서 플라스크와 비커만으로 하던 실험을 대규모로 확대하여 실제 공장을 짓고, 제품을 생산하는 것이 '화학공학'이다.

　화학공학에서는 장치설계, 역학계산, 플랜트 건설, 공정개선 등의 실

1-45 울산 석유화학 콤비나트. 우리나라는 경공업밖에 할 수 없다는 인식의 한계를 깨트리고 대규모 중화학공업을 일으켜 현재의 기적적인 산업선진국을 세웠다.

제 공장을 건설하는 데 필요한 제반 내용을 연구하고, 건설된 공장에서 화학공정들을 운영하는 일을 한다. 중화학공업은 장치산업이므로 화학공학이 중요한 역할을 담당하게 된다.

우리나라는 경공업이나 농업만이 우리의 살 길이라는 생각이 지배하던 1973년에 중화학공업 발전 방향을 정밀하게 설계한 후 외국의 차관을 들여와 개별 기업은 엄두도 내지 못할 정도의 막대한 투자를 하여 국가적 사업으로 추진했다. 결국 이 정책변환으로 농업이나 경공업 등 노동집약적 산업구조를 지녔던 우리나라를 기술집약적 산업구조로 변혁시키는 데 성공하여 세계가 놀란 산업의 기적을 이루었다. 결국 중화학공업의 발전에 의하여 모든 산업의 소재를 국내에서 안정적으로 공급할 수 있는 산업체제를 갖추면서 비약적인 경제성장을 이룩한 것이다.[1-45]

플랜트(plant)
일반적으로 필요한 물질이나 에너지를 얻기 위해서 여러 원료를 공급하여 물리적·화학적 작용을 하게 하는 장치나 공장 시설 또는 생산 시설을 말한다.

화학공학자들은 플랜트(plant)를 설계하고 건설하고 운영한다. 1970년대 초에 우리나라 화학공학자들은 해외에 플랜트를 수출하기에 이르렀다. 플랜트를 수출하는 일은 외국에 공장을 짓는 일이고, 부수적으로 그 공장의 운영이나 보수도 맡게 되는 일인데, 이는 장기간 막대한 재화를 안정적으로 벌어올 수 있는 국가의 캐시카우(Cash Cow)가 된다.

> **캐시카우(Cash Cow)**
> 당장 수익을 벌어들일 수 있는 자금원을 뜻하며, 발전 가능성은 낮지만 꾸준하고 확실한 수익을 내는 기업 또는 제품을 말한다. 대표적인 경우가 철강이나 정유 등 중화학공업 같은 시설투자업이다.

화학공학자는 수학과 유체역학을 기본으로 공부한다. 그리고 여기에 핵심이 되는 단위조작을 배운다. 단위조작은 공장에서 물질과 에너지의 이동과 변화를 공정별로 이해하는 매우 중요한 과목이다. 반응공학, 물질전달과 공정제어도 중요한 과목이다. 공장을 설계하고 운영하려면 기계공학과 전기공학도 필요하다.

이론물리학과 유사한 물리화학과 전기화학

물리화학은 화학의 분야 중 가장 이론적인 분야로서, 여기에는 열과 에너지를 다루는 열역학, 화학반응 속도론, 전자 같은 미립자의 거동과 분포를 연구하는 양자화학, 분자나 원자의 배열 상태와 그로 인해 나타나는 화학적 성질을 연구하는 입체화학, 물질 표면의 특성을 연구하는 계면화학 등이 있다.

물리화학은 물리학과도 중첩되는 부분이 많은데, 특히 양자화학은 화학반응의 메커니즘도 미립자의 수준까지 탐구하게 된다. 이는 결국 전

자나 미립자의 이동에 관한 연구 영역이므로 화학과 물리가 합쳐지는 경지가 된다. 열과 에너지와 전자의 이동을 기술하는 방식은 수학의 몫이다. 그래서 물리화학은 수학이 기본 도구가 된다. 자연히 이론적이고 때로는 철학적인 내용이 된다. 특히 열역학은 물리학과 함께 우주를 이해하는 기본 개념이다.[1-46]

1-46 19세기 프랑스 화학자 베르틀로가 만들어 사용하던 열량계.

화학반응은 거의 대부분 열을 가하면서 시작된다. 열을 가하면 물질 내부의 분자나 원자들, 전자들의 운동성이 자연히 증가한다. 전자의 이동은 화학반응의 시작이다. 이런 모든 변화를 아우르는 학문이 '열역학'이다. 온도라는 척도도 열의 산물이다. 절대영도의 개념, 열역학 제1법칙, 제2법칙, 제0법칙, 제3법칙이 차례로 나와 미시적인 화학반응과 함께 거시적으로는 우주의 변화까지도 이해할 수 있게 되었다. 이로써 수학보다는 실험에 많은 시간을 쏟는 화학도들이 매우 큰 어려움을 느끼게 되었음은 물론이다.

1-47 방문을 꼭 닫고 냉장고 문을 열고 있으면 방안의 온도가 내려갈까?

화학의 기본 법칙 가운데 열역학 법칙이 4개가 있는데, 하나씩 간단히 살펴보겠다.

제1법칙은 '에너지 보존의 법칙'으로서 '계(界)의 에너지는 일정하다'는 것이다. 쉽게 이야기하면 에너지는 형태가 변하기는 해도 새로 생성되거나 소멸되지 않기 때문에 에너지의 총량은 동일하다는 것이다.

아주 더운 날 방문을 꼭 닫고 냉장고 문을 열고 있으면 시원해질까?[1-47] 바로 앞에 있으면 시원한 냉기는 나올 것이다. 그러나 방 전체의 온도는 똑같다. 왜? 냉장고가 냉기를 만들기 위해 냉장고 뒤편에선 그만큼의 열이 나오기 때문이다. 그러나 이 상태대로 오래 있으면 방안의 온도는 천천히 올라간다. 왜? 전기선을 통해 이 방으로 전기 에너지가 유입되기 때문이다. 이런 어려운 문제가 쉽게 풀리고 이해되는 것은 열역학 제1법칙 때문이다.

열역학 제2법칙은 '엔트로피 증가의 법칙'으로서 "계의 엔트로피는 증가한다"는 것이다.[1-48] 여기서 엔트로피란 '무질서도'라고 하는데, 계

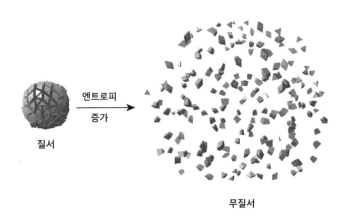

질서 엔트로피 증가 무질서

1-48 엔트로피 증가의 법칙. 인위적으로 어떤 힘을 가하지 않으면 물질의 상태는 자연적으로 흐트러져 무질서하게 된다는 법칙이다.

전체가 균일해지려는 경향의 척도를 말한다. 이 법칙을 쉽게 이야기하면 자연적으로는 전체가 균일해지는 쪽으로 일방 변화를 하고 있다는 뜻이다. 연기는 가만 두어도 저절로 퍼진다. 특별한 일을 가하지 않으면 다시 한 곳으로 모이는 일은 일어나지 않는다.

자연계의 많은 반응들이 가역반응이 아니다. 가역반응이란 A가 B가 되었다면 B가 다시 A가 되기도 한다는 것이다. 생물은 태어나면 점차 늙고 죽으며 썩어서 결국 자연계에 균일하게 흩어진다. 우주는 끝이 있을까? 있다. 왜? 우주 전체의 엔트로피는 감소하는 법 없이 증가만 하기 때문이다. 이런 철학적인 질문에 확실한 답을 할 수 있는 것도 이 열역학 제2법칙 덕분이다.

열역학 제3법칙은 '절대영도의 법칙'인데, "절대영도에 가까워지면 엔트로피는 일정한 값에 수렴한다"는 것이다. 우리 눈에는 움직이지 않는 것으로 보이지만 모든 물질의 원자는 진동하고 있다. 온도가 높아지면 그 운동은 격렬해지고, 온도가 낮아지면 그 운동은 적어진다. 이 모든 운동이 정지한 상태가 절대영도다. 절대영도가 되면 에너지도 0이고, 엔트로피도 0이 된다. 그러나 에너지 자체가 없다는 말은 물질 자체도 존재하지 않는다는 말이 되어 모순이 되므로 절대영도는 도달할 수 없는 상태다. 이 법칙을 쉽게 말하면 "절대영도는 도달 불가능하다"는 말이 된다.

열역학 제0법칙은 열역학 제1, 제2 법칙이 발견된 뒤에 발견되었으나 제1, 제2 법칙의 전제조건이 되므로 제0법칙이라 부르게 되었다. 어떤 물체 A와 B가 열평형 상태에 있다면, 또 물체 B와 C가 열평형 상태에 있다면 물체 A와 C가 열평형 상태에 있는 것이다. 얼핏 당연한 말 같지만 이 전제가 있어야 온도도 정의되고 측정될 수 있다. 우리가 온도계를 사용하여 온도를 측정할 수 있는 것도 이 법칙 덕분이다.

전기화학은 전기를 만들고 저장하는 데 관여하는 화학이다. 전기를 생산하고 충전하고 방전되는 모든 과정이 화학반응이다. 이같이 전기에 관계되는 화학을 연구하고 제조하는 분야가 전기화학이다. 화학반응은 미시적으로는 전자의 이동에 의해 일어난다. 전자의 이동을 다르게 표현하면 바로 전류다. 따라서 유기화학의 메커니즘 연구도 엄밀히 말하면 전자 이동의 연구이고, 전기화학적 반응이라고도 할 수 있다.

전자공학의 시대가 되면서 당연히 전기화학의 중요성도 더욱 높아졌다. 전기를 생산하는 가장 세련된 방법이 바로 전기화학이다. 석탄이나 석유를 연소시켜 열을 얻고 그 열로 터빈을 돌려 전기를 생산하는 화석연료 발전은 이제 지구온난화의 주범이라고 해서 비난을 받고 있다.

그렇기 때문에 이제는 화학적 방법으로 전기를 생산해야 하는데, 그 이론적 토대가 되는 것이 전기화학이다. 태양에너지를 받아 들뜬 전자가 이동하여 전류를 생산하는 것이 태양전지이고, 전기분해의 역반응으로 전기를 생산하는 것이 연료전지다.[1-49] 요즘 친환경차로 각광받는 수소자동차도 연료전지를 사용하는데,

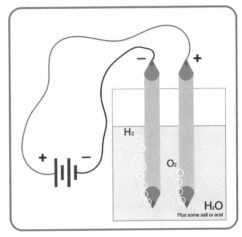

1-49 전기분해의 역반응이 연료전지다.

1-50 현대 투산 수소자동차. 2018.

연료전지는 전기화학 반응을 응용하여 전기를 생산한다.[1-50] 산소와 수소를 반응시키면 물을 생성하고 전기를 발생하는데, 이때 산소는 공기 중에 20% 정도 있는 산소를 사용하고, 수소는 압축하여 갖고 다녀야 한다. 그래서 연료전지 자동차를 수소자동차라고 부르기도 한다.

건전지, 알칼리전지, 한동안 널리 쓰던 니켈 카드뮴 전지, 납축전지 등은 모두 전기화학의 산물이다. 휴대폰, 노트북 컴퓨터, 개인용 스마트 기기나 전기자동차 등의 발전이 빨라질수록 전지의 중요성은 더 커지고 있다. 기존 자동차에 널리 쓰는 납축전지는 값이 싸기는 하지만 무겁다. 현대의 전기자동차에서는 리튬전지를 많이 사용한다.

우리가 사용하는 휴대폰이나 컴퓨터에도 리튬전지를 사용하며, 전동 킥보드나 전기자전거도 가볍고 전력밀도가 높은 리튬전지를 사용한다. 자동차에도 지금은 리튬전지가 대세다. 리튬전지는 리튬이온전지, 리튬폴리머전지, 리튬금속폴리머전지 등으로 발전해왔다. 지금도 더 작고 전류밀도가 높은 새로운 전지를 개발하기 위해 전기화학자들은 밤을 새우며 연구하고 있다.

전기화학이 전지에만 국한되는 것은 아니다. 우리가 사용하는 금속 식기의 대부분을 차지하는 알루미늄 역시 전기화학적 방법으로 생산된다. 알루미늄은 사실 지구상에 규소 다음으로 많은 고체 원소다. 그러나 알루미늄은 너무 강한 산화성 때문에 철이나 다른 금속처럼 보통의 제련법으로는 생산이 어렵다. 그래서 비교적 늦게 대량생산하고 사용하기 시작했다. 알루미늄은 전기화학적 방법, 즉 전기분해법으로 제련한다. 인류 역사에서 청동기시대가 철기시대보다 앞서 나타났듯이 구리는 광석에서 제련하면 보통 황을 포함하는 합금의 형태가 된다. 순수한 구리를 얻으려면 알루미늄처럼 전기분해를 거쳐야 한다.

지구를 지키는
환경화학과 핵화학

　　　　　　지구온난화나 환경오염 같은 지구환경의 문제가 갈수록 심각해지고 있다. 환경이 오염되는 과정이나 그 환경을 다시 깨끗하게 되돌리는 모든 과정 안에 화학이 깊이 관여하고 있고, 이와 관련된 분야를 환경화학이라고 한다. 그동안은 화학물질의 오남용이 환경을 오염시켰고, 그래서 화학이 불명예스럽게 거론되기도 한다. 하지만 지난 세기 동안의 일은 우리가 화학을 잘 몰랐기 때문이지만 이제는 그렇지 않다.

　환경을 오염시키는 현상에는 크게 대기오염과 수질오염이 있다. 도시의 여러 곳에 대기오염 표지판이 있는데, 여기에는 보통 질소산화물(NOx), 황산화물(SOx), 일산화탄소(CO), 오존(O_3), 미세먼지 농도 등을 표시한다. 오염원으로는 공장, 화력발전소, 자동차의 배기가스, 산불이나 화재, 쓰레기 소각, 황사 등이 있다.[1-51] 이들을 줄이려면 모든 에너지 장치의 배기가스를 처리해야 하며, 쓰레기는 소각하지 않아야 한다.

1-51 자욱한 미세먼지에 잠긴 서울시 모습. 2019.

　수질오염은 쓰레기나 산업 폐기물이 강이나 토양으로 흘러들어가서 발생한다. 이것도 배출하기 전에 처리해야 하며, 만일 흘러들어가서 오염되면

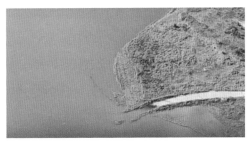

1-52 경북 영천 고현천을 가득 메운 녹조. 2019.

1-53 고리 원자력 발전소.
1974~86년까지 건설된
1,2,3,4호.

부영양화가 일어나 녹조나 홍조가 생긴다.[1-52] 녹조나 홍조가 생기면
강이나 호수의 산소를 이들 조류가 다 먹어치워 생물이 살 수 없는 죽은
물로 변한다. 이를 방지하고자 산업 및 농축산 폐수를 처리하여 깨끗한
물로 만들기 위해서는 고도의 화학공정이 필요하다.

　지금 지구환경에서 가장 큰 문제의 주범은 지구온난화를 일으키는 이
산화탄소다. 이산화탄소를 배출하지 않는 에너지 생산방식은 수력, 풍
력, 조력, 지열, 태양전지 등 재생에너지와 핵발전뿐이다. 이중 에너지
효율은 핵발전이 제일 높다. 또한 지구의 장래를 위해서도 핵기술은 매
우 중요하다. 핵폐기물의 문제가 있지만 우리나라 주위의 많은 나라들
이 핵발전소를 짓고 있기 때문에 핵안전 기술을 발전시키는 것이야말로
매우 중요한 일이다.[1-53]

　모든 원자는 중심에 원자핵을 가지고 있다. 원자핵은 양성자와 중성자
로 되어 있다. 이 원자핵에 다른 소립자를 충돌시켜 핵분열을 유도시킬
수도 있고, 핵융합을 일으킬 수도 있다. 원자핵끼리 충돌하거나 핵에 양
성자나 중성자가 충돌하면 어떤 에너지를 방출하는데 이것을 방사능이
라고 한다.

　방사능이 얼마나 많이, 빨리 방출되는지는 반감기로 알 수 있다. 이렇

게 원자핵의 성질을 연구하고, 원자핵을 변화시켜 에너지를 얻거나, 방사성 동위원소를 활용한 의학, 화학, 생물학적 연구나 동위원소 연대측정 등을 연구하는 학문이 핵화학이다.

　방사능은 생각처럼 아주 위험하고 이상한 것이 아니다. 우리 몸도 분당 6,000개의 감마선을 방출한다. 방사선이라는 단어는 무서운 느낌을 불러일으키지만 잘 사용하면 매우 유익한 것이다. 미국에서는 실제 파파야의 살균에 방사선을 쓰고 있다. 방사선으로 처리한 파파야에 방사능을 검출하는 가이거 계수기를 대도 전혀 방사능이 검출되지 않는다. 방사선은 광선으로 지나간 것이지 물질이 아니기 때문이다. 방사선은 거의 모든 물질에서 작든 크든 어느 정도는 방출된다.

　앞으로도 핵발전과 핵기술은 여러 분야에서 큰 역할을 할 것이다. 우주선이나 우주정거장에서는 그 핵심 동력원으로 핵발전을 이용하고 있다. 따라서 핵화학에 대한 관심과 연구가 위축되어서는 안 된다. 특히 사방에 핵위협의 가능성을 가지고 있는 우리로서는 핵의 안정성에 대한 연구가 너무도 중요한 일이다. 핵화학자를 더욱 양성하고 지원하여 앞으로의 위협에 대비할 필요가 있는 것이다.

지구온난화의 주범 이산화탄소의 화려한 변신

인구 1인당 이산화탄소 배출량(단위 = t)

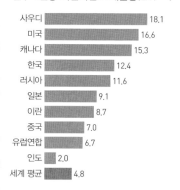

사우디	18.1
미국	16.6
캐나다	15.3
한국	12.4
러시아	11.6
일본	9.1
이란	8.7
중국	7.0
유럽연합	6.7
인도	2.0
세계 평균	4.8

1-54 2018년 이산화탄소 배출량. 출처: 글로벌 카본 프로젝트(GCP).

현재 지구온난화는 매우 심각한 전 지구적인 문제다. 지구온난화를 일으키는 온실가스에는 이산화탄소, 메탄가스, 아산화질소, 불화탄소화합물 등이 있는데, 이중 이산화탄소가 가장 양도 많고 심각한 물질이다. 이산화탄소는 동식물이 호흡으로 배출하며, 발전용으로 가장 널리 사용하는 화력발전, 산업시설 등에서도 배출된다.

1992년 리우 유엔환경회의에서 기후변화협약을 한 이래 1997년 교토의정서에서 온실가스 감축을 위한 국제협약을 체결했으나 여러 국제 외교 문제 때문에 실질적으로 이행되지 못하고 있다가 2016년 파리기후협약에 의해 각국이 자체 온실가스 감축 목표를 제시하는 결실을 이루어냈다.

우리나라는 2018년 이산화탄소 배출량 세계 7위, 1인당 배출량 OECD 4위인 이산화탄소 대량 배출국이다.[1-54] 우리나라는 파리기후협약에 의해 2030년까지 2016년 기준으로 37%를 감축할 목표를 세웠으나 점점 그 실현이 어려워지고 있다.

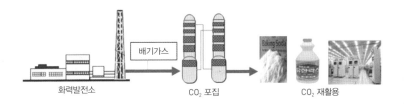

화력발전소　　　　　　CO₂ 포집　　　　　　CO₂ 재활용

1-55 CCU 기술개념도. ⓒ KEPCO

온실가스를 감축하는 방법은 이산화탄소의 배출을 줄이거나 배출된 이산화탄소를 소비하는 것이다. 거의 대부분의 산업에서 탄화수소 화합물을 연료로 사용하기 때문에 이산화탄소의 배출을 줄이는 것은 산업을 위축시킬 수 있어서 쉽지 않다. 특히 발전용 시설에서 이산화탄소가 다량 배출되기 때문에 온실가스 배출을 줄이는 가장 확실한 방법은 발전용 시설에서 이산화탄소를 배출하는 발전 방법을 피하는 것이다.

세계적 에너지 기업 BP의 2018년도 세계에너지통계보고서에 따르면 우리나라는 석탄, 석유, 천연가스 등 화석연료 발전비율이 69.5%로 OECD 평균인 56.4%보다 훨씬 높다. 그나마 이산화탄소를 배출하지 않는 원자력발전이 26%를 담당하고 있었으나 탈원전 정책으로 화석연료 발전비율은 더 높아질 전망이다. 우리나라는 낙차와 수량이 많은 강이 절대 부족하여 수력발전의 비율이 겨우 0.5%에 지나지 않으며, 국토가 좁고 산악이 많으며 연중 일조량이 부족하여 태양광발전이나 풍력발전 등 신재생 에너지도 2.8%에 그치고 있다.

그러나 요즘 이산화탄소가 지구온난화의 주범이라는 오명을 벗고 새로운 자원으로 떠오르고 있다. 새로이 각광받는 기술은 '탄소 포집 및 재활용(CCU, Carbon Capture and Utilization)' 기술이다.[1-55] 이산화탄소를 포집하는 기술은 크게 연소전포집과 연소후포집, 순산

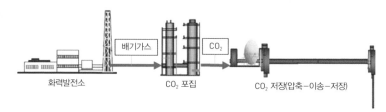

1-56 CCS 기술개념도. ⓒ KEPCO

소연소포집 공정으로 나눈다.

연소후포집기술은 연소공정을 거친 배기가스에 포함되어 있는 이산화탄소를 분리하는 기술인데, 고온 고압이 필요하지 않아 상용화 연구가 가장 많이 되어 있는 분야이지만 불순물을 선제 정제해야 하므로 비용이 많이 든다는 단점이 있다.

연소전포집기술은 배기가스를 산화시켜 수소와 일산화탄소로 전환시킨 뒤 다시 일산화탄소를 이산화탄소로 산화시켜 분리하는 방법으로 전 세계적으로 많은 연구가 진행되고 있다.

순산소연소포집기술은 고농도의 이산화탄소를 생성하기 때문에 별도의 정제공정 없이 적용할 수 있다는 장점은 있으나 고순도의 산소가 필요하여 비용이 많이 들고 공정 중 질소산화물의 제거에 별도의 비용이 든다는 단점이 있다.

그리고 대량의 이산화탄소가 대기로 배출되기 전에 고농도로 모아 압축 수송해 저장하는 기술이 있는데, 바로 '탄소 포집 및 저장(CCS, Carbon Capture and Storage)' 기술이다.[1-56] CCS에는 아민계흡수제, 암모니아용액법, 탄산칼륨용액법 등 액체 흡수제 공정과 제올라이트, 다공성 실리카, 탄소나노소재, 탄산칼륨분말 등을 사용하는 고체 흡착제, 그리고 분리막 등이 있다. 이산화탄소를 간단히 물에 주입하여 청량음료를 만들기도 하며, 또한 소화제로도 쓰고, 고체화하여

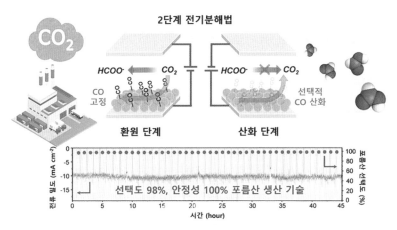

1-57 2단계 전기분해법을 이용한 전기화학적 포름산 생성 기술의 모식도 및 성능자료. ⓒ KIST. 'KIST Joint Research lab' 사업팀이 인공광합성 분야의 난제 중 하나인 이산화탄소로부터 포름산을 안정적으로 만들어내는 전기분해 기술을 개발했다. 2019.9.11.

냉각제인 드라이아이스도 만든다.

최근에는 새로운 CCU 기술이 뜨고 있는데, 바로 인공광합성, 식물학적 변환기술, 화학적 변환기술이다.

식물은 광합성을 이용하여 이산화탄소를 고정화시킴으로써 식물의 몸체를 만들고 우리가 먹을 수 있는 채소와 과일을 만든다. 그래서 현재 각국의 과학자들이 인공광합성으로 신기술을 개발하는 일에 매진하고 있다. 따라서 미래에는 인공광합성에 의해 농사를 짓지 않고 광합성공장에서 식량을 생산하는 꿈같은 일이 가능해질 것이다. 인공광합성은 광촉매와 효소를 사용하고 햇빛 에너지에 의해 식량 원료, 의약품 원료, 기타 화학 원료를 생산한다.[1-57]

그리고 미세조류에게 이산화탄소를 먹이로 주어 대규모로 광합성을 수행하는 생물학적 변환 공정이 있는데, 이 공정에 의해 메탄올, 에탄올, 에틸렌 등 산업에 필요한 기초 원료를 생산할 수 있다.

또 한 가지 방법은 화학적 변환인데, 산업에서 배출되는 배기가스 중에 포함되어 있는 이산화탄소나 일산화탄소, 그리고 쓰레기 매립지에서 발생하는 메탄가스 등을 화학적으로 반응시켜 포름산, 메탄올, 에탄올, 부탄올을 비롯하여 올레핀이나 방향족 탄화수소나 지방족 탄화수소들을 생산하는 방법이다.

최근에는 이산화탄소를 물에 용해하여 전해질화하면 음극에서 전자를 발생하고 양극에서 수소를 발생하는 새로운 공정이 개발되어 연구되고 있다. 이 공정은 전기와 수소를 생산하는 일석이조의 효율성 높은 공정이어서 많은 연구가 진행되고 있다.

이렇게 이산화탄소를 포집하여 재활용하는 CCU 기술은 지구온난화를 일으키는 온실가스를 오히려 산업자원으로 활용해서 온실가스도 줄이고 산업원료도 얻는 일석이조의 가치 높은 기술이라고 할 수 있다.[3]

Chapter 2

역사적 기적에는
언제나 화학이 함께한다

—— 기원전 586년 역사에서 사라졌던 나라가 땅 한 평도 마음대로 확장하거나 축소시키지 못하는 냉엄한 현대의 세계 질서 속에서 20세기에 새로이 건국된 것은 있을 수 없는 기적이다. 그렇게 건국된 이스라엘의 초대 대통령이 화학자 바이츠만이다. 그리고 이런 기적을 일으키는 데 바탕이 된 것이 바로 화학의 힘이다. 이스라엘은 화학의 힘으로 건국할 수 있었던 것이다.

그뿐만이 아니다. 나치가 일으킨 제2차 세계대전을 종식시킨 것도 화학의 힘 덕분이었다. 절체절명의 위기에서 판세를 뒤집은 그 유명한 노르망디 상륙작전도, 일본의 항복을 받아낸 원자폭탄 투하도 모두 화학의 힘에서 비롯되었다.

14세기에 유럽 인구 3분의 1의 생명을 앗아간 흑사병 같은 전염병의 재앙을 막게 된 것도 항생제 개발과 위생 기술의 발전을 가져온 화학의 힘 때문이다. 이와 같이 화학은 역사적인 순간마다 그 위력을 한껏 발휘했다.

노벨상도 화학이 탄생시켰다
다이너마이트

세계 과학의 척도가 된 노벨상도 화학에 의해 탄생했다. 노벨은 스웨덴의 화학자다. 노벨은 다이너마이트라는 폭약을 발명하여 엄청난 부를 쌓았는데, 이것이 전쟁 도구로 악용되는 것을 매우 안타까워했다. 그는 거의 전 재산을 스웨덴 한림원에 기부함으로써 세계 평화에 공헌하고자 했고, 이로써 노벨상이 제정되었다. 이처럼 노벨상의 시작은 화학이고, 역설적이게도 그 화학의 핵심 물질은 화약이었다.

화약은
흑색화약에서 출발

흑색화약

질산칼륨, 황, 숯가루를 섞어 만든 흑색 또는 갈색의 폭약.

화약의 시작은 초석(KNO_3, 질산칼륨)을 기반으로 하는 흑색화약이다.[2-1] 초기의 화약은 폭발력이 약해 무기로 활용되기보다는 불꽃놀이 같은 볼거리에 그쳤을 것이다. 화약을 중국이 처음 발명했다는 이야기들을 많이 하지만, 기록에 따르면 화약의 성분을 명시한 것은 1260년경 영국의 수도사 로저 베이컨

2-1 전장식 총포에 사용되는 흑색화약. ⓒ Hustvedt

이 처음이다. 그는 초석 41%, 숯 29.5%, 황 29.5%라는 화약 성분의 혼합비율을 비밀 문자로 기록해놓았고, 수세기가 지나서 화약이 일반화된 후에야 그 암호가 해독되었다. 아마도 기독교 수도사인 베이컨은 이슬람어까지 능통해 중국에서 아랍으로 전해진 화약의 조성 비법을 알게 되었으나, 그 가공할 파괴력을 예측했기 때문에 화약 제조법을 비밀에 부쳤을 것이다.

화약은 어떻게 폭발력을 나타낼까? 흑색화약의 핵심 물질은 초석인데, 숯은 불타는 물질이면 어느 것으로도 대체할 수 있다. 목탄도 좋고 밀가루도 좋다. 표면적이 크면 더 잘 탈 것이다. 이때 황은 발화가 쉽게 되도록 도와준다. 성냥에 황을 쓰는 것과 같은 이유다. 초석을 근간으로 하는 화약이 폭발력을 나타내는 이유는 그 화학반응에서 다량의 기체가 생성되기 때문이다. 그 반응은 일반적으로 다음과 같이 표시한다.

$$2KNO_3(s) + 3C(s) + S(s) \rightarrow K_2S(g) + 3CO_2(g) + N_2(g)$$

괄호 속의 s는 solid(고체)를 말하고, g는 gas(기체)를 말한다. 기체는 고체에 비해 부피가 매우 크다. 반응 후 생성물을 보면 모두 기체다. 초석의 분자량이 101.1g/mol, 탄소는 16g/mol, 황은 32g/mol이므로 만일 1몰(mole)로 반응을 시작했다면 반응물의 전체 질량이 282g밖에 안 된다. 즉 한 주먹 정도다. 이것이 반응하면 기체 5몰이 생기는데, 기체법칙에 의하면 대략 100리터 정도의 부피가 된다는 말이다. 실로 엄청난 팽창이 아닐 수 없다. 이것이 바로 화약 폭발력의 정체다.

앞치마에서 탄생한 면화약

프랑스의 화학자 테오필 줄 펠루즈(Theophile-Jules Pelouze)는 종이나 나무 펄프에 질산을 적시는 방식으로 폭발물을 만드는 데 성공했다. 그러나 1838년 당시에는 이 물질이 너무 불안정하고 위험하여 상용화되지는 못했다. 면화약을 발명한 펠루즈는 훗날 니트로글리세린을 발명한 아스카니오 소브레로(Ascanio Sobrero, 1811~88)와 다이너마이트를 발명한 노벨을 가르친 스승이다.

1846년 어느 날 독일의 화학자 쇤바인(Christian Friedrich Schönbein)이 부엌에서 진한 질산과 황산으로 실험을 하다가 엎지르는 일이 벌어졌다. 그는 그것들을 부인의 앞치마로 닦은 다음 앞치마를 불 앞에서 말렸는데, 순간적으로 폭발이 일어나 불이 붙는 사고가 발생했다. 그는 이 현상을 계속 연구하여 니트로셀룰로스(nitrocellulose)를 발명

2-2 니트로셀룰로스. ⓒ wikipedia.org

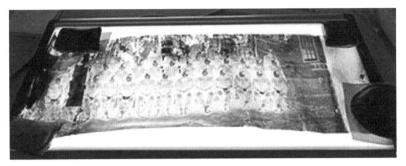

2-3 라이트 박스의 니트로셀룰로스 필름. 캐나다 도서관 및 기록 보관소 소장.

하게 되었고,[2-2, 2-3] 그것을 '면화약'이라고 불렀다.

니트로셀룰로스를 아세톤에 녹이면 젤 모양의 새로운 물질이 되는데, 이것은 가소성(plasticity)이 있어서 반죽하여 사용하기 편한 콜로이드 상태였기 때문에 '콜로디온(collodion)'이라고 부르게 되었다.

니트로셀룰로스

콜로디온은 폭발력도 크고 연기가 나지 않는 무연화약이었다. 콜로디

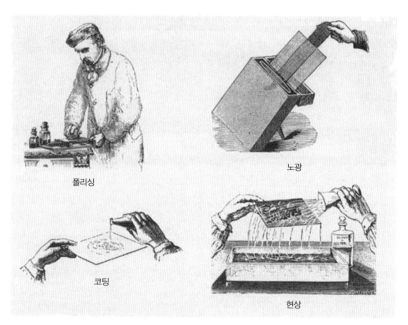

폴리싱

노광

코팅

현상

2-4 콜로디온 습판법을 이용해 사진을 제작하는 과정.

온은 특히 추진체로 큰 인기를 끌어 많은 연구가 진행되었고, 여러 형태로 조금씩 변형되면서 폭약의 발전을 이루는 역할을 했다. 폭약뿐 아니라 다른 많은 분야에도 효용이 있었다. 이것을 적신 붕대는 단단해지고 상처의 복원에도 효과가 뛰어나 의료용 드레싱으로도 사용되었다. 이것을 녹여서 얇게 눌러 필름 형태로 만들면 투명하고 내구성이 있어서 사진이나 영화의 필름으로 쓸 수 있었다.[2-4]

그런데 1926년 영국의 드롬콜리어에서 영화 필름 쌓인 곳에 화재가 발생하여 48명이 사망하는 사고가 났고, 1929년에는 '글렌 영화관 참사'라고 부르는 사고가 일어났다. 이 사고로 69명의 어린이가 화재로 숨졌는데, 이 대형 사고 이후에 영화 필름은 셀룰로스 아세테이트로 대체되었다.

노벨,
다이너마이트를 발명하다

　　흑색화약은 폭발력이 약하고 연기 발생량이 많아 전쟁 중에 사용하는 데는 많은 불편이 따랐다. 이 점에 착안한 아스카니오 소브레로는 연기가 나지 않고 폭발력도 배가된 니트로글리세린(nitroglycerin)이라는 폭발 물질을 발명했다.

　니트로글리세린은 매우 불안정한 화합물이어서 취급에 큰 주의를 기울여야 한다. 쉽게 불이 붙고, 충격을 주면 폭발한다. 종이에 적셔서 망치로 치면 총소리를 들을 수 있을 정도다.

　아이러니한 사실은 이와 같이 위험천만한 폭발물을 의약으로도 긴요하게 사용한다는 점이다. 니트로글리세린은 협심증 같은 심장병이나 전립선암의 예방과 치료제로도 사용한다. 니트로글리세린을 복용하면 우리 체내에서 산화질소로 전환되는데, 이것은 강력한 혈관확장제 또는 정맥이완제의 역할을 한다.[2-5]

2-5 의료용 니트로글리세린의 세 가지 형태. 정맥주사액, 스프레이, 패치.

니트로글리세린

노벨(Alfred Bernhard Nobel, 1833~96)은 스웨덴의 발명가의 아들로 태어났다. 그의 아버지는 기계기술자로 여러 가지 기계를 발명했으나 계속 실패하곤 했다. 그러다가 물속에서 폭발하는 기뢰를 발명해 러시아에 판매하게 되었고, 이를 계기로 아예 온 식구가 러시아의 상트페테르부르크로 이주했다. 영특한 노벨에게 아버지는 화학공학을 공부시켰다.

프랑스에 유학하던 시절, 노벨은 유명한 화학자 테오필 줄 펠루즈의 실험실에서 젊은 이탈리아 출신의 화학자 아스카니오 소브레로에게서 그가 발명한 니트로글리세린의 위험성에 대한 정보를 알게 되었다. 소브레로는 노벨에게 그 화합물을 다루지 말라고 경고를 보낸 것인데, 노벨은 그 폭발력이 매우 유용할 것이라고 판단하고 연구를 계속했다. 니트로글리세린은 기존의 흑색화약이나 니트로셀룰로스보다 폭발력이 훨씬 강했다. 노벨은 아버지의 영향을 받아 토목공사를 할 때 발파제로 쓸 폭약으로 니트로글리세린의 효용성이 매우 클 것이라는 사실을 깊이 깨달았다.

노벨은 1857년 독일에 알프레드노벨사를 설립하고 니트로글리세린 기반의 발파제를 생산했다. 노벨이 만든 화약은 폭발적인 인기를 끌어 순식간에 거액의 수익금을 챙길 수 있게 되었다. 이로써 당시 건설, 토목, 탄광에서 발파작업에 사용하던 화약은 수요가 급증했으나 한편으로는 취급 중에 사고가 많이 발생했다. 보관하고 운송할 때도 아주 위험했다. 급기야 1864년 9월 노벨의 화약공장에서 큰 폭발 사고가 일어났는데, 노벨의 동생 에밀과 직원들이 함께 사망하는 큰 사고였다. 노벨은 크게 상심했고, 노벨의 아버지도 그 충격으로 얼마 뒤 세상을 떠났다.

그럼에도 노벨은 일을 그만두지 않고 오히려 1865년 독일에 다이너마이트노벨사를 설립했다. 여전히 니트로글리세린 기반의 폭약은 운송과

2-6 노벨과 다이너마이트. ⓒ wikipedia.org

보관에 안전하지 않은 상태였다. 또한 액체이기 때문에 취급이 어렵고, 충격에 민감하여 폭발사고가 잦았다. 불꽃이 닿거나 충격을 주면 폭발하고, 늘 발생할 수 있는 정전기만 닿아도 큰 폭발을 야기할 수 있었다. 심지어 저장 중에 저절로 폭발하기도 했다. 약간의 불순물에 의해 부반응이 일어나 열이 발생하기 때문이다. 노벨의 공장에서뿐만 아니라 폭약을 사용하는 여러 곳에서 크고 작은 사고가 끊이지 않았다.

노벨은 그 이유가 폭약이 액체 상태이기 때문이라고 여기고, 폭발력은 유지하면서 사용과 보관에 안전하려면 폭약이 고체 상태가 되어야 한다고 판단했다. 결국 규조토에 니트로글리세린을 스미게 하면 비교적 안전한 고체 화약을 만들 수 있다는 것을 발견한 후, 그는 여기에 '다이너마이트(Dynamite)'란 이름을 붙이고 특허까지도 받았다.[2-6]

이 고체화약은 웬만한 충격을 받아도 폭발하지 않았고, 그래서 보관과 수송이 훨씬 안전해졌다. 여기에 충격에 의해 폭발을 개시토록 하는 뇌관을 발명하여 사용할 때의 안정성을 향상시켰다. 사실 노벨의 위대한 점은 이 뇌관의 발명에 있는 것인지도 모른다.

다이너마이트는 지금은 보통명사처럼 쓰지만 원래는 노벨이 생산한 폭약의 상표명이다. 폭발력도 우수한데 안전하기도 한 다이너마이트는 세계적인 베스트셀러로서 노벨에게 엄청난 부를 가져다주었다. 하지만 이에 만족하지 않고 노벨은 더욱 연구에 매진하여 니트로셀룰로스로 만든 콜로디온과 니트로글리세린을 혼합하여 더욱 강력한 '발리스타이트(Ballistite)'까지 만들었다. 그런데 이것은 폭발력이 엄청나서 노벨의 생각과는 달리 전쟁 무기로 적극 개발되었다.

노벨상 제정으로
세계 평화를 꿈꾸다

노벨은 자신이 만든 강력한 화약이 전쟁에서 수많은 죽음을 일으키는 것에 대해 평소 매우 가슴 아파했다고 한다. 노벨은 평생 독신으로 살았으며, 발리스타이트 특허권 분쟁으로 스트레스를 많이 받았고, 원래 건강체질도 아니었다. 그러던 중 그의 형 루드비히 노벨이 죽었을 때, 프랑스의 한 신문 기자가 노벨이 죽은 것으로 착각하고 "죽음의 상인이 죽었다"는 노벨의 부음 기사를 신문에 실었다. 노벨은 자신의 부음 기사를 보고 충격을 받았다. 이후 노벨은 평화에 이바지할 마음을 품고 유언으로 세계 평화를 위해 써달라고 스웨덴 한림원에 그의 재산 중 94%인 3,200만 크로나(440만 달러)를 기부했다.

노벨의 뜻에 따라 한림원은 1901년 인류 문명의 발전과 인류의 평화에 기여한 사람에게 수여하는 노벨상을 제정했다. 모든 분야의 과학자들의 꿈이 된 노벨상은 이렇게 화학이 탄생시킨 것이다.

평화상, 화학상, 물리학상, 문학상, 생리의학상은 1901년부터 수여했고, 경제학상은 1968년부터 수여했는데, 원래 명칭은 '노벨을 기념하는 스웨덴 국립중앙은행상'이나 이제 통상 노벨 경제학상이라고 부른다. 노벨이 가장 중요하게 생각한 노벨 평화상만 유일하게 노르웨이 오슬로에서 수여한다. 이는 그의 유언에 따른 것인데, 아마도 가까이 있으면서 경쟁 관계에 있는 두 나라의 평화를 위해 그랬을 것이라는 설이 있다.

노벨상 메달은 금으로 되어 있고, 노벨재단의 수익성에 따라 상금이 정해진다. 노벨상은 인류에게 큰 기여를 한 학문적 업적에 대해 수여하며, 살아 있는 사람에게 수여하는 것을 원칙으로 하고, 응용 연구나 산업적 개발에 대해서는 수여하지 않는다. 공동 수상은 최대 3명까지 가능하다.

1901년, 드디어 노벨상이 처음으로 수여되었다. 화학상은 반응속도, 화학평형, 삼투압 등에 관해 연구한 네덜란드의 화학자 반트 호프가 받았으며, 물리학상은 진단의학의 문을 열게 한 X선을 발견한 빌헬름 콘라트 뢴트겐이 수상했다. 생리의학상은 혈청을 이용한 디프테리아 치료법을 만든 독일의 에밀 아돌프 폰 베링이 받았다. 문학상은 『구절과 시』의 저자로 프랑스 아카데미 프랑세즈 회원인 시인 르네 프랑수아 아르망 프뤼돔에게 돌아갔다. 평화상은 두 명이 공동으로 수상했는데, 국제적십자사를 창립한 스위스의 장 앙리 뒤낭과 국제평화연맹을 설립한 프랑스의 프레데리크 파시가 수상했다.

노벨 화학상은 2018년까지 총 110차례 수상되었다.[2-7, 2-8] 해마다 선정하는 것이 원칙이지만 제1, 2차 세계대전으로 8차례는 수상자를 내지 않았다. 노벨상 초기에는 단독 수상이 많았으나, 1990년대 이후 공동 수상이 늘어났다. 공동 수상자를 포함해 지금까지 노벨 화학상을 받은 과학자는 모두 181명에 이르는데, 다만 영국의 생화학자 프레데릭 생어가

2-7 노벨 화학상 메달의 앞면. 노벨의 얼굴이 새겨져 있다.

2-8 노벨 화학상 메달의 뒷면. 자연의 여신(Natura)의 베일을 들추고 얼굴을 엿보는 과학의 여신(Scientia)의 모습이 그려져 있다. 자연이란 풍요의 뿔을 든 채 베일을 쓴 여인처럼 살짝 감추어져 있고, 과학은 지적 호기심으로 베일을 걷고 자연의 참모습을 보려고 한다는 의미를 담고 있다.

1958년과 1980년 두 차례 받아 실제 수상자 수로 보면 180명이다. 가장 나이가 어린 수상자는 프랑스의 물리학자 마리 퀴리의 사위 프레데릭 졸리오인데, 그가 아내 이렌 졸리오 퀴리와 공동 수상할 당시 나이는 35세였다. 그간 배출된 여성 수상자는 마리 퀴리(1911), 이렌 졸리오 퀴리(1935), 도로시 크로풋 호지킨(1964), 아다 요나트(2009), 프란시스 아놀드(2018) 등 5명이다.

이스라엘 건국의 비밀은 바로 화학의 힘

ABE 공정

전쟁의 승패는
화약 기술에 달려 있다

초석을 기반으로 하는 흑색화약은 폭발력이 약해서 불꽃놀이용이나 추진제로 쓰는 정도였기 때문에 직접 살상을 하는 용도로 쓰기에는 충분하지 않았다. 특히 이 흑색화약을 사용한 고대의 총포류는 몇 발만 쏘고 나면 연기가 너무 많이 나서 시야를 가리므로 효율적인 전투를 수행하기 어려웠다. 그래서 총을 사용하는 군대의 경우 군복을 빨간색과 파란색 등 눈에 잘 띄는 화려한 색을 썼는데, 그 이유가 총포의 연기로 시야가 뿌옇게 된 상황에서 동료 군인의 모습이 잘 보여야하기 때문이었다. 아울러 적의 눈에도 잘 띄는 부작용도 감수할 수밖에없었다. 흑색화약은 분말 형태였기 때문에 습기에 취약해 덩어리가 되기 쉬웠다. 또 불발탄이 되기도 하고, 이 덩어리진 화약을 폐기하다가 폭발 사고가 일어나는 등 취급이 쉽지 않았다.

그 뒤 발명된 면화약은 연기가 나지 않아 무연화학이라 부르는 첫 화약이 되었다. 화학적으로 니트로셀룰로스인데, 목면(cotton)을 질산과 황산을 섞은 용액에 담가 니트로화 반응을 시킨 후 조심스럽게 건조하여만든다. 건조시에 이물질이 없어야 하며, 특히 금속 분말이나 찌꺼기가들어 있으면 자연발화할 위험성이 상존했다. 아울러 건조한 상태에 있으면 아주 위험해서 보통 알코올을 적신 상태로 보관했다.

그 후 폭발력이 더 큰 니트로글리세린이 발명되었는데, 이것은 액체로불안정하고 취급할 때 매우 위험했다. 그리고 흑색화약과 니트로셀룰로스와 혼합한 화약 등이 개발되었다.

니트로글리세린은 액체 상태여서 보관하는 중에 자연발화하거나 작은 충격에도 폭발하기 일쑤였고, 생산 중에도 사고가 끊이지 않았다. 이러한 상황하에서 알프레드 노벨이 액체인 니트로글리세린을 규조토에흡수시켜 고체로 만들자 안정성이 생겨서 보관과 수송이 편리해졌다.더구나 노벨이 폭발을 개시시키는 뇌관을 발명하여 다이너마이트라는,폭발력이 강하며 안전하고 편리한 화약이 만들어졌다.

노벨은 더욱 강한 폭발력을 갖도록 니트로글리세린과 니트로셀룰로스를 혼합했다. 폭발력을 강화하기 위해 니트로화를 많이 시킨 니트로셀룰로스는 알코올이나 에테르에는 녹지 않고 아세톤에만 녹는다. 이혼합물을 아세톤에 녹이자 젤 형태의 폭약이 만들어졌다. 이것을 젤라

틴 화약, 즉 '젤리그나이트(Gelignite)'
라고 한다.(2-9)

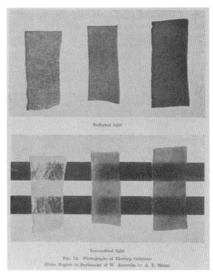

2-9 젤리그나이트. ⓒ wikipedia.org

젤리그나이트는 폭발력도 강하고,
어떤 형태로든 성형할 수 있다는 장
점이 있었다. 총포의 총알이나 대포
의 포탄을 만드는 데 아주 중요한 성
질이었다. 그 후 강력한 고폭화약이
계속해서 등장했고, 이것이 제1차 세
계대전에서 대량 살상무기로서 그 위
력을 가감 없이 보여주었다. 이로써
세계 각국은 화약의 폭발력을 강화하
기 위해 연구에 더욱 박차를 가하게 되었다.

바이츠만, ABE 공정으로 이스라엘을 건국하다

이스라엘 초대
대통령 바이츠만(Chaim Weizmann,
1874~1952)은 러시아에서 목재상의
15남매 중 셋째로 태어났다.(2-10) 그
는 일찍부터 시오니즘(Zionism)에 경
도되었는데, 독일 다름슈타트 대학
과 베를린 샬로텐부르크 공대에서
화학을 전공한 후 스위스 프리부르

2-10 이스라엘 초대 대통령 바이츠만.

대학으로 가서 유기화학으로 박사학위를 취득했다. 1901년부터는 스위스 바젤 대학의 유기화학 교수로 근무하다가 1904년 영국의 맨체스터 대학의 교수로 자리를 옮겼다.

바이츠만은 이미 영국이 지배력을 행사하고 있던 팔레스타인 땅에 유대인 민족 국가를 건설하겠다는 야망을 가진 시온주의자로서 영국에 발판을 마련할 속마음이 있었던 것으로 보인다.

그는 100개가 넘는 특허를 획득할 정도로 열정적으로 연구하여 자신에 대한 평판과 영향력을 키워갔다. 1910년 영국 국적을 취득한 이후 영국 과학계와 정계에 많은 지인을 만들었고, 세계 시오니스트 총재를 맡으며 그의 꿈을 확장해갔다.

그러던 중 세계의 강대국이 모두 참전한 초유의 제1차 세계대전이 일어나자 막대한 양의 화약이 필요하게 되었다. 당시 널리 사용하던 젤리그나이트 폭약을 만들기 위해서는 엄청난 양의 아세톤이 필요했는데, 그 당시 아세톤을 만드는 원료는 독일산 아세트산칼슘이었다.

$$Ca(CH_3COO)_2 \;\rightarrow\; CaO \;+\; CO_2 \;+\; CO(CH_3)_2$$

아세트산칼슘　　　　　탄산칼슘　　이산화탄소　　아세톤

그러나 영국은 독일과 전쟁을 치르느라 독일로부터 아세트산칼슘을 공급받는 것이 불가능했다. 이때 바이츠만은 1914년 박테리아에게 값싼 녹말을 먹이로 주어 아세톤(Aceton)이나 알코올(부탄올, Butanol), 에탄올(Ethanol)을 대량으로 생산하는 'ABE 공정'을 개발했다. 바이츠만이 아세톤을 만들기 위해 사용한 반응은 발효반응이다. 전분이나 포도당 같은 탄수화물을 특정한 미생물로 발효시키면 아세톤이나 알코올을 만들 수 있는데, 술을 만드는 과정을 떠올리면 된다.

그러나 현대의 아세톤 제조 공정은 바이츠만의 발효공정이 아니다. 발효공정은 미생물 공정이기 때문에 정확한 제어가 힘들고, 원료로 사용하는 전분이나 포도당 공급이 불안정하며, 또한 그것이 식량과 상충되기 때문이다. 그래서 지금은 석유화학에서 생산된 벤젠을 이용한 큐멘 반응을 이용한다.

| 벤젠 | 프로필렌 | 큐멘 | 아세톤 | 페놀 |

바이츠만이 개발한 ABE 공정은 영국에게는 가뭄의 단비 같은 희망이었다. 영국 외무장관 제임스 밸푸어(James Balfour)는 바이츠만에게 아세톤을 대량으로 만들어줄 것을 요청하고, 그 대가로 유대인의 국가 건설을 약속했다. 밸푸어는 1917년 11월 2일 세계대전을 치르며 어려워진 영국 경제에 미국이 도움이 될 것이라고 생각하여, 미국에 상당한 영향력을 가진 세계 금융계의 큰손 베이론 로스차일드(Baron Rothschild)에게 손을 내밀었다.

밸푸어는 당시 영국 시오니스트 총재였던 로스차일드에게 전쟁에서 영국의 승리를 위해 유대인들이 지원하면 영국도 유대인이 팔레스타인 지역에 유대인의 국가를 건설하는 것을 적극 지원할 것이라는 문서를 보냈는데, 이것을 '밸푸어 선언'이라고 한다.[2-11]

그 해 바이츠만의 주도하에 영국과 미국에 바이츠만 공정으로 아세톤

November 2nd, 1917.

Dear Lord Rothschild,

I have much pleasure in conveying to you, on behalf of His Majesty's Government, the following declaration of sympathy with Jewish Zionist aspirations which has been submitted to, and approved by, the Cabinet

"His Majesty's Government view with favour the establishment in Palestine of a national home for the Jewish people, and will use their best endeavours to facilitate the achievement of this object, it being clearly understood that nothing shall be done which may prejudice the civil and religious rights of existing non-Jewish communities in Palestine, or the rights and political status enjoyed by Jews in any other country"

I should be grateful if you would bring this declaration to the knowledge of the Zionist Federation.

2-11 밸푸어와 밸푸어 선언.

을 생산하는 공장이 속속 지어졌다. 그리고 감자나 보리, 그리고 미국에서 원조한 옥수수 등을 발효시켜 3천 톤의 아세톤을 만들었고, 이 아세톤을 용제로 사용하여 영국과 미국은 총알과 포탄을 충분히 만들 수 있었다. 이로써 연합국은 제1차 세계대전에서 승리할 수 있었다. 그리고 바이츠만은 로스차일드 뒤를 이어 세계 시오니스트 총재가 되어 외교 · 정치계에도 인맥을 쌓으며 이스라엘 독립을 위해 모든 노력을 아끼지 않았다.

1948년 영국의 팔레스타인 위임통치가 끝나자 밸푸어 선언에 의거하여 1948년 5월 14일, 바이츠만은 이스라엘의 건국을 선언하고 초대 대통령이 되면서 긴 여정의 결실을 맺었다.

맬서스 인구론의 악몽에서
인류를 구하다
질소비료

맬서스의 인구론,
세계를 공포로 몰아넣다

토머스 로버트 맬서스(Thomas Robert Malthus, 1766~1834)는 영국의 지적이고 부유한 집안에서 태어나 충분한 인문 교육을 받았고, 케임브리지 대학에서 수학을 공부한 후 교수로 일하면서 성공회의 성직자가 된 인물이다.[2-12] 그는 1798년 펴낸 『인구론』에서 지구 전체의 인구는 기하급수적으로 증가하는 데 비해 식량 생산은 산술급수적으로 증가하는 데 그쳐, 결국 인류는 큰 재앙을 맞을 것이라고 예언했

다.[2-13]

2-12 맬서스.

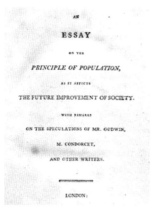

2-13 맬서스의 『인구론』 초판본 속표지.

당시로서는 모든 경제통계가 이 예측을 뒷받침하는 듯했다. 세계의 정치 지도자들은 세기적 공포에 휩싸였다. 그 이론에 따르면 인구증가로 인해 식량이 부족해지고 생산성의 증가는 인구증가를 따라가지 못하므로 한계에 다다르면 기근, 질병, 폭동, 전쟁 등이 일어나 인구를 조절하는 재앙이 초래될 것은 뻔한 이치였다. 그 이론이 워낙 과격하여 초판은 익명으로 발표했으나 세간의 큰 주목을 받고 베스트셀러가 되자 재판부터는 본명을 사용하여 맬서스는 일약 유명 인사가 되었다.

그의 인구론은 많은 분야에 막대한 영향을 끼쳤다. 당시에는 인구증가에 대해 모두 긍정적이고 낙관적인 생각이 팽배했었다. 노동력의 증가는 번영으로 가는 길이었다고 생각했기 때문이다. 그러나 맬서스의 인구론은 완전히 반대 방향으로 사람들의 생각을 바꿔버렸다. 그것도 아주 설득력 있게 말이다.

맬서스의 인구론은 정치에도 영향을 주었다. 인구증가에 따른 빈곤은 필연적이기 때문에 자본주의의 모순이나 잉여 노동력의 착취로 빈곤층이 생긴다는 사회주의자들의 입을 막는 데도 효과적이었다. 급기야는 빈민구제법이 오히려 인구증가를 악화시키고 빈곤문제를 심화시킨다는 이유로 빈민구제법이 폐지되기도 했다.

진화론을 주창한 찰스 다윈도 맬서스의 인구론에서 많은 영향을 받았다고 했다. 인간이라는 한 종 안에서 이토록 심한 생존경쟁과 조절의 재앙이 있다면 생물종 간 생존경쟁에서도 마찬가지일 것이다. 다윈의 머릿속에서 복잡하게 얽혀 있던 문제들이 풀릴 실마리를 제공한 셈이었다. 다윈의 자연선택이라는 진화의 메커니즘은 이렇게 틀을 잡게 되었다.

그간 많은 비판이 있었지만 맬서스의 인구증가에 대한 경종은 지금도 유효하다. 1800년경 전 세계 인구가 10억 명을 돌파했다고 하니, 인류의 역사를 6,000년으로 보든지 2억 년으로 보든지 간에 10억이 되는 데 8,000년 이상이 걸렸으나, 그 후로는 같은 10억의 인구가 증가하는 데 100년밖에 걸리지 않았다. 1940년 전 세계 인구는 23억, 1970년에는 37억 명을 돌파하고, 1991년에는 53억 명을 넘었으며, 2016년에는 73억 명이 되었다. 2025년에는 85억 명이 될 것이라 한다.

분명히 인구증가는 기하급수적이다. 그것도 사회 위생 인프라가 부족하고 경제가 어려운 저개발국이나 개발도상국의 비율이 급격하게 높아지는 것도 문제다. 1991년 전 세계 인구의 77%가 저개발국이나 개발도상국이며, 그 비율은 2025년에는 85%를 넘을 것이라고 한다. 만일 식량 생산이 이를 따라가지 못한다면 맬서스의 예언대로 인류는 재앙을 맞을 것이다.

우선 식량을 증산하기 위해서는 경작지가 늘어나거나, 단위면적당 생산량이 늘어나거나, 획기적인 새로운 식량원이 개발되거나 해야 할 것이다. 그러나 경작지는 도시화 때문에 오히려 줄어들고 있으며, 품종개량에 의한 증산은 더디고, 농업 기술의 발전은 타 분야에 비하면 그렇게 급격한 발전이 일어나는 분야가 아니다. 맬서스의 끔찍한 예언은 지금

2-14 더블린 부둣가에 설치된 아일랜드 대기근 기념 조형물.

도 그렇지만 당시에는 너무도 설득력 있게 들렸을 것이다.

더구나 식물에 병이 생기기도 하고 벌레에 의한 피해도 있어서 식량 증산은 여러모로 어려운 일이었다. 메뚜기 떼가 나타나 식물을 몽땅 먹어치워 사람들은 곡물을 수확할 수 없었다. 또 아일랜드 대기근 같은 사건도 있었다.[2-14] 영국의 지배를 받던 아일랜드는 밀이나 수수 등 대부분의 곡물을 영국 본토로 차출당하고 감자밖에 먹을 게 없었다. 그러던 1845년 감자에 역병이 돌기 시작했고, 그리하여 수많은 사람들이 굶어 죽었고 고향을 떠났다. 800만 명이던 인구는 100년 사이에 거의 절반으로 줄었다.

인구론의 악몽을 깬
하버의 질소비료 생산

이러한 맬서스의 인구론에 대한 공포를 극복하기 위해서 인류는 온갖 노력을 기울였다. 그 결과가 바로 고질적인 식량문

2-15 구아노로 뒤덮인 페루 바예스타 섬.

제를 해결하는 데 획기적인 역할을 한 질소비료의 생산이다.

식물이 자라고 열매를 맺으려면 질소가 필수다. 공기 중의 80%가 질소지만 이 질소는 식물이 흡수할 수가 없다. 질소를 고정화하는 과정을 통해 암모니아가 생성되어야 식물이 자라는데, 이런 질소고정화 반응은 콩과 식물의 뿌리에 사는 일부 박테리아가 수행할 수 있다. 그래서 농부들은 돌려짓기로 땅을 주기적으로 되살려야만 했다. 아무리 노동집약적으로 농업을 해도 이 문제는 해결이 안 되므로 농업 생산의 증가는 제한적일 수밖에 없다는 게 당시 정설이었다. 이 문제를 해결하는 유일한 방법은 질소비료뿐이었다. 당시 질소비료는 칠레에서 나는 초석이 유일한 원료였고, 페루 해안가의 새똥에서 얻은 구아노(guano)가 조금 양을 보탤 뿐이었다.[2-15]

> 구아노(guano)
> 산호초 섬에 바닷새의 축적된 배설물이 바위에 쌓여 화석화한 덩어리(광물질).

그래서 인공적인 질소비료를 개발하기 위한 노력이 시작되었는데, 드디어 1915년 독일의 프리츠 하버(Fritz Haber, 1868~1934)가 고온고압에서 촉매를 사용하여 암모니아를 합성하는 데 성공했다. 하버의 이 발명으로 인류는 식량부족의 악몽을 떨쳐버릴 수

있었다. 그 공로로 하버는 1918년 노벨 화학상을 수상했다.[2-16]

그 후 제1차 세계대전이 일어나자 하버의 신기술로 합성된 암모니아
는 탄약 원료인 니트로글리세린의 대량 합성을 가능하게 만들었다. 하
버의 질소고정 기술은 식량 증산을 통해 인류를 기근에서 구함과 동시
에 전쟁에서 대량 살상 무기로 사용되는 탄약을 만들기도 했으니, 이야
말로 선과 악의 양면을 확실하게 가져온 모순의 과학이기도 하다.

하버는 지독한 독일 애국주의자여서 제1차 세계대전이 일어나자 독일
의 승리를 위해 독가스를 개발하여 적극 사용하기를 독려했다. 같은 화
학자인 아내의 만류에도 불구하고 그런 행보를 멈추지 않자 도덕적 괴
로움을 겪던 아내가 자살하기까지 했으나 하버는 계속 연구에 매진했
다. 전쟁에서 독가스의 효용성이 입증되자 연합군도 독가스를 사용했
고, 전쟁이 끝난 후 하버는 많은 사람들의 비난과 지탄을 받게 되었다.
그러나 그가 발견한 암모니아 합성법이 인류에게 끼친 업적이 너무 탁
월했기 때문에 그는 노벨 화학상까지 수상하게 된 것이다.

그러나 하버도 유대인이었다. 제1차 세계대전 패전국인 독일이 과도

한 전쟁보상금을 지불하기가 어려워지고 경제도 나빠지는 악상황에서, 이를 틈타 집권한 나치가 유대인 탄압을 시작하자 하버도 견디지 못하고 그렇게 사랑하던 독일을 떠나 영국의 케임브리지 대학의 교수로 자리를 옮겼다. 그러나 그곳에서의 삶도 평탄하지 못했다. 늘 그에게는 세계대전의 전범이라는 딱지가 붙어 다녔고, 질소비료의 발명자로서보다는 독가스 제조자로 기억되는 세간의 눈초리를 견디기 힘들어하다가 스위스 바젤로 가는 여정 중 심장마비로 세상을 떠났다.

하버가 발명한 질소고정화 반응은 아래와 같다.

$$N_2 + 3H_2 \rightarrow 2NH_3$$

이 반응은 발열반응이기 때문에 암모니아를 더 많이 생산하기 위해 온도를 높이면 반응속도는 빨라지지만 역반응 속도도 빨라져 암모니아를 얻을 수 없다. 이것이 '르샤틀리에의 법칙'이다. 그렇다고 온도를 낮추면 반응속도가 너무 느려져 생산이 잘 안 된다. 이 딜레마를 해결하려면 특별한 해결책이 필요한데, 그것이 바로 촉매의 사용이다. 촉매를 사용하면 낮은 온도에서 반응을 촉진시켜주므로 두 마리 토끼를 모두 잡을 수 있다. 여기에 압력을 가하면 반응이 더 잘 진행된다. 당시 거대 화학회사인 바스프의 카를 보슈(Karl Bosch, 1874~1940)가 하버의 반응 특허권을 사서 촉매 공정을 완성하였기 때문에 이 암모니아 생산공정을 '하버-보슈법'이라고 한다.[2-17, 2-18]

우리나라도 울산에 질소비료 공장을 1960년대에 지으면서 경제개발이 본격화되는 데

> **카를 보슈(Karl Bosch)**
> 독일의 공업화학자. 고압화학을 연구 개발한 공로로 1931년에 F. 베르기우스와 함께 노벨 화학상을 받았다.

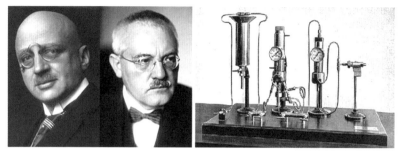

2-17 프리츠 하버, 카를 보슈(왼쪽). 하버-보슈법 실험 기구(오른쪽).

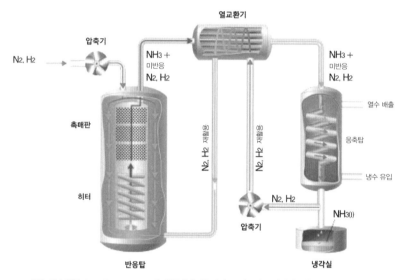

2-18 하버-보슈법(Haber-Bosch process). 왼쪽에서 질소와 수소 가스가 들어가면 반응탑 안에서 압력과 온도와 적절한 촉매에 의해 암모니아 가스가 생성된다. 그 뒤의 오른쪽 공정은 미반응 질소와 수소의 정제와 재활용 공정이다.

큰 역할을 했다. 그러나 이렇게 합성된 암모니아는 부식성이 강한 염기이므로 질산암모늄이나 황산암모늄의 형태로 변형시켜 질소비료로 토양에 투입한다.[2-19] 그런데 장기간 같은 비료를 투입한 토양은 산성화하여 식물생태계에 바람직하지 않은 변화를 초래한다. 또한 과잉으로 투여된 질소비료가 식물에 의해 흡수되지 못하고 빗물에 씻겨 강이나 호수나 바다로 흘러들어 간다. 그렇게 되면 부영양화가 일어나 녹조류나 홍조류 같은 수중 또는 부유 생물이 과도하게 많아져 수면을 덮게 되고, 그 밑의 수중 생물은 산소 부족으로 떼죽음을 당하기도 한다.

2-19 질소비료.

또 한 가지 문제는 화학비료만의 문제가 아니라 식물이 성장하는 데 필요한 질소고정화 반응을 하면, 그것을 자연적인 뿌리혹박테리아가 하거나 화학비료가 하거나 간에 일산화질소가 생성되는데, 이 기체는 이산화탄소보다 더 심각한 지구온난화를 일으킨다는 것이다. 식량증산을 위해선 질소비료가 필요하고, 지구온난화를 막기 위해서는 어느 이상의 질소고정화는 일어나지 않게 해야 한다. 결국 지구의 크기가 정해져 있고, 그 안의 토양의 면적이 정해져 있다면 그 속에서 사는 인구의 수는 어느 정도 한계가 있을 수밖에 없다는 말이 된다.

불가능한 상륙작전으로
전쟁의 판세를 뒤집다

합성고무와 나일론

노르망디 상륙작전을 성공으로 이끈
합성고무의 활약

1944년 제2차 세계대전이 절정에 달하던 때, 독일은 유럽 거의 전역을 점령하고 소련으로 진격하던 때여서 유럽연합군으로서는 풍전등화의 시기였다.[2-20]

독일의 선공으로 전력의 대부분을 잃은 연합군은 전세를 뒤집기 위해 영국에 집결하여 유럽 본토로 상륙해야만 했다. 그것도 전력이 제한적이어서 한 곳에 집중할 수밖에 없었는데, 독일이 연합군의 상륙지점을

독일의 팽창 절정기
1941년-1942년 유럽 지도
나치 독일 직할령*
독일의 점령지
독일의 동맹국*, 동맹 교전단체, 괴뢰국들*
명목상 비점령지
연합국 지역
1941년-1942년 소련 겨울공세 탈환지
중립국
* 합병 및 점령 지역 포함

아이슬란드
(영국이 점령)

페로 제도
(영국이 점령)

노르웨이
국가판무관부

동카렐리야
군정청
(핀란드)

핀란드 공화국

스웨덴 왕국

소비에트 연방

덴마크 왕국

동방
국가판무관부

소련 군정청

아일랜드

영국

네덜란드
국가판무관부

벨기에
북프랑스
군정청

독일국

보헤미아
모라비아

총독부

우크라이나
국가판무관부

프랑스 군정청

비시 프랑스

슬로바키아

헝가리 왕국

크로아티아
독립국

세르비아
군정청

루마니아 왕국

포르투갈

모나코
안도라

산마리노

바티칸

불가리아 왕국

터키 공화국

에스파냐국

이탈리아 왕국

알바니아 왕국
(이탈리아)

그리스
군정청
(이탈리아)

도데카니사 제도
(이탈리아가 점령)

시리아
(자유 프랑스)

키프로스
(영국)

이라크
(영국)

탕헤르
에스파냐령 모로코

몬테네그로
(이탈리아가 점령)

트란스
요르단
(영국)

사우디
아라비아

모로코 (비시 프랑스)

알제리 (비시 프랑스)

튀니지
(비시 프랑스)

몰타
(영국)

2-20 제2차 세계대전 중 독일은 거의 전 유럽을 점령하기도 했다.

알아내면 이 작전도 실패할 수밖에 없었다.

독일도 영국을 중심으로 하는 연합국이 가까운 프랑스를 통해 유럽 본토로 상륙작전을 펼칠 것이라 판단하고 있었다. 그래서 연합군은 세기의 기만작전을 수행하기로 했다. 연합군은 프랑스의 칼레에 가짜 군대, 가짜 탱크, 가짜 항공기를 엄청난 양으로 만들어 배치하고 칼레로 상륙작전을 수행할 것처럼 작전을 펼쳤다.[2-21]

따라서 상륙 며칠 전부터는 포 사격도 집중적으로 하여 독일군의 병력을 이곳에 묶어놓았다. 이 틈을 타 연합군은 1944년 6월 6일 노르망디

2-21 합성고무로 만든 가짜 탱크를 병사 네 명이 옮기고 있다.

2-22 연합국은 칼레에 상륙할 것처럼 기만술을 썼으나 실제로는 노르망디에 상륙했다.

2-23 고무나무 수액을 채취하는 장면.

상륙작전을 성공적으로 개시해 이후 제2차 세계대전의 향방을 결정지었다.[2-22]

이때 연합군의 가짜 무기는 모두 합성고무로 만든 것이다. 고무는 고무나무의 상처에서 분비되는 수액을 수분을 증발시키고 굳힌 것인데, 물이 새지 않는 방수성과 약간의 탄력성, 높은 온도에서는 말랑말랑해지고 낮은 온도에서는 딱딱해지는 특성을 가졌다. 고무를 '카우추(caoutchouc)'라고도 하는데 이 말의 어원은 남미 원주민 말로 'cao(나무)'가 'utchou(눈물을 흘리다)'라는 뜻이라고 한다.[2-23]

고무는 남미가 원산지이며, 남미 원주민들이 가지고 노는 공을 유럽의 탐험가들이 유럽으로 가지고 가서 여러 분야에 쓰게 되었다. 영국이 이 고무나무의 미래가치를 높이 평가하여 그 종자들을 자기들의 식민지인 말레이 반도에 대량으로 보

급했는데, 현재도 말레이 반도가 천연
고무의 생산 대부분을 차지하고 있다.

2-24 고무로 만든 타이어.

고무라는 말도 프랑스어로 고무 수지
를 'gomme(곰므)', 영어로 'gum(검)'이
라고 부른 데서 연유한다. 우리가 씹는
껌(gum)도 같은 어원을 가지고 있다.

천연고무(생고무)는 우리가 아는 것
처럼 신축성이 크지는 않다. 미국의
발명가 찰스 굿이어(Charles Goodyear,
1800~60)는 오랜 연구와 다양한 실험 끝
에 천연고무를 황과 반응시키면 온도

변화에도 강하며 신축성이 대폭 높아져서 매우 유용한 상태가 된다는
것을 알아냈고, 1844년 특허를 받아 자동차 타이어를 생산하여 큰돈을
벌었다.[2-24] '굿이어 타이어'는 지금도 타이어를 생산하는 메이저 기업
이다.

그런데 제1차 세계대전이 끝나면서 세계 각국은 전쟁에서 기동력이
얼마나 중요한지 뼈저리게 느끼게 되었다. 그 당시에는 천연고무를 자
동차나 탱크 등 이동수단의 타이어로 썼는데, 천연고무는 대부분 말레
이시아에서 수입했고 그 양도 제한적이었기 때문에 합성고무 개발의 필
요성이 급증했다. 더구나 제2차 세계대전이 일어나고 일본이 말레이 반
도를 점령함으로써 연합군 측은 말레이시아에서 천연고무를 수입할 수
가 없었다.

그 결과 일본을 제외한 세계 선진국들은 모두 전쟁을 위해, 그리고 자
동차 산업을 위해 합성고무 연구에 집중적으로 매달렸다. 천연고무의

화학적 구조는 폴리1,4이소프렌이다. 이 구조와 똑같은 구조를 화학반응으로 합성하기 위한 연구가 계속되었다.

독일이 처음으로 부나고무(Butadien-Natrium)를 합성했고, 미국의 듀폰사도 1931년 네오프렌고무(polychloroprene)를 합성하기에 이르렀다. 이로써 대량으로 합성고무의 생산이 가능하게 되었다. 노르망디 상륙작전에 쓴 가짜 탱크도 이런 합성고무가 있었기에 가능했던 것이다.

천연고무(폴리1,4이소프렌)의 화학구조

연합군 승리의 토대가 된 미국 여성의 나일론 스타킹

노르망디 상륙작전이 성공한 또 하나의 중요한 요인은 낙하산 공수의 성공이다. 독일이 설혹 연합군의 기만술을 의심했더라도 마음놓은 부분이 있었는데, 그것은 낙하산 부대였다. 상륙작전이 성공하기 위해서는 초기 낙하산 부대의 공수가 절대적인 역할을 하는데, 그 많은 낙하산을 갑자기 만든다는 것은 불가능한 상황이었다. 낙하산은 나일론으로 만들기 때문이었다.

그런데 그 당시 나일론(nylon)의 발명국이자 최대 생산국인 미국이 거

미줄보다 가늘고 강철보다 강하
다는 나일론을 개발하고 나서 처
음으로 대량생산한 제품은 첨단
무기가 아니라 바로 여성용 스타
킹이었다.[2-25] 연합군이 나일론
원료를 갑자기 대량으로 합성하
는 일은 불가능했기 때문에 독일
은 안심했다. 유럽 연합군이 가
지고 있는 대부분의 탱크와 장갑

2-25 1940년 5월 15일 세계 최초로 나일론 스타킹이 미국에서 판매되었을 때, 스타킹을 사려고 기다리는 사람들.

차 등의 무기가 거의 모두 칼레에 집결한 것으로 보일 뿐 아니라 낙하산
을 갑자기 대규모로 합성할 가능성도 없으니 칼레만 막으면 된다고 판
단했던 것이다.

그러나 연합국에 참가한 미국의 여성들이 국가의 부름에 응답하여 스
타킹을 기부하는 데 동참했다.[2-
26] 석탄이나 석유로 나일론을 합
성하는 데는 시간이 걸리지만, 이
미 스타킹으로 만든 나일론은 그
냥 열을 가해 녹이면 낙하산 줄도
쉽게 뽑을 수 있고, 필름으로 만들
어 낙하산 천도 만들 수 있었다.

미국은 밤에 비밀리에 국민이
바친 나일론 스타킹을 녹여 막대
한 양의 낙하산을 며칠 사이에 만
들어 영국으로 보냈다. 마음을 푹

2-26 미국 백화점에 설치되었던 나일론 스타킹 모금함.

2-27 미국 여성들이 기부한 나일론 스타킹을 재가공하여 엄청난 양의 낙하산을 단시간에 만들 수 있었다.

놓고 있던 독일은 노르망디에 엄청난 규모의 낙하산 공수부대와 상륙정들을 맞게 되자 크게 당황했고, 결국 오래 버티지 못하고 유럽 본토로 상륙하는 연합군의 진격에 속수무책으로 당했다. 이후 전세는 급격히 기울어져 판세가 뒤집혔음은 역사가 알려주고 있다.[2-27]

이 굉장한 기적은 합성고무와 나일론이 있어 가능했다. 나일론은 미국의 캐러더스(Wallace Hume Carothers, 1896~1937)가 폴리아미드 반응으로 인류 최초로 만든 진정한 합성 고분자였다. 강도가 뛰어나고 가공도 용이하여 섬유, 기계부품 등에 폭넓게 활용되고 있다. 지금도 어망, 산업용 밧줄, 패션용품, 기계, 공산품 등에서 주요 재료로 사용됨으로써 인류의 삶에 크게 이바지하고 있다.

화학으로 세운 에펠탑,
미운오리새끼에서 랜드마크가 되다

프랑스혁명 100주년에 맞추어 1889년 파리에서 열린 세계 산업박람회. 이때 프랑스는 자국 제철산업의 긍지를 표현하기 위해 7,300톤의 강철을 사용해 파리 중심부에 324미터 높이의 에펠탑을 건설했다.

에펠탑,
프랑스 제철산업의 위용을 뽐내다

1887년 공사를 시작해 1889년 완공된 탑은 설계자

2-28 에펠탑이 완성되기까지 단계적으로 기록한 사진.

구스타브 에펠(Gustave Eiffel, 1832~1923)의 이름을 따서 '에펠탑'이라고 이름 지었다.[2-28] 건설 당시 세계에서 가장 높은 구조물이었고, 1930년 뉴욕의 크라이슬러 빌딩이 세워지기 전까지 세계 최고의 기록을 유지했다.

처음 지어졌을 때 파리 시민들은 고풍스러운 석조 건물이 주를 이루던 파리에 이 냉랭한 철골탑이 들어서는 것을 매우 싫어했다. 작가 에밀 졸라, 작곡가 샤를 구노 등 46인의 예술가들은 에펠탑을 '쓸모없고 흉측한 탑'이라고 혹평하며 완공 반대 서명을 발표하기도 했다.

특히 에펠탑을 향한 프랑스 소설가 기 드 모파상의 비판은 압권이었다. 에펠탑이 보기 싫어 그 반대 방향으로 창문이 난 집에 살던 그는 웬일인지 에펠탑 안에 있는 2층 음식점에서 식사를 하곤 했다. 어느 날 그 이유를 묻자 "파리에서 유일하게 에펠탑이 보이지 않는 곳이기 때문이다"라고 답했다고 한다. 탑이 워낙 높아서 파리 어디서도 에펠탑이 보이

니, 아예 탑 안으로 들어왔다는
소리다. 모파상은 죽은 뒤 에펠탑
이 잘 보이지 않는 몽파르나스 묘
지에 묻혔다.

에펠탑은 원래 박람회 20년 뒤
철거될 예정이었으나 당시 세계
에서 가장 높은 구조물이었기 때
문에 전파 송신탑으로 이용할 수
있어 철거를 피하게 되었다. 그리
고 점차 시간이 지나면서 철재를
이용한 기차역 같은 것이 많이 생
겨나 주변 분위기와 자연스럽게
어우러지는 효과도 있었다. 프랑
스 제철산업의 발달에 힘입어 탄

2-29 프랑스의 상징이 된 에펠탑.

생한 에펠탑은 이제 프랑스를 상징하는 랜드마크가 되었고, 매년 800만
명 넘는 관광객이 찾는 명소가 되었다.[2-29]

르샤틀리에의 화학평형 이론,
프랑스 제철산업을 이끌다

산업혁명을 주도했던 영국은 산업의 가장 중요한
재료인 제철공업도 선도적으로 발전시켰다. 철은 자연계에 산화철의 형
태로 존재하므로 철광석을 채굴하여 환원반응을 통해 철을 뽑아낸다.
이것도 역시 화학반응이다. 철광석의 산화철(Fe_2O_3)은 순수한 철로 환원

하기 위해 탄소와 반응시킨다. 여기서 산소가 적은 상태에서 과잉으로 존재하는 탄소 연료를 코크(coke)라고 하기 때문에 이를 코크스 공정이라고 한다.

$$2Fe_2O_3 + 3C \rightleftarrows 4Fe + 3CO_2$$

이 반응을 수행하는 제철 제련용 용광로는 1709년 영국의 아브라함 다비(Abraham Darby, 1678~1717)가 개발했다. 석탄을 건류하여 코크스를 만들고 용광로에서 철광석과 함께 고온으로 가열하여 반응시키면 철을 환원할 수 있었다.[2-30] 영국은 다비의 코크스법의 발견으로 1852년에는 270만 톤의 철을 생산하여 세계 철 생산량의 약 절반을 점유하며 산업혁명을 이끌고 강국으로 부상했다.

프랑스는 제철공업에 뒤늦게 뛰어들었다. 당시 제철공업의 선두인 영

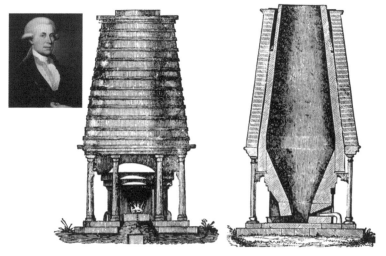

2-30 다비의 코크스법.

2-31 제철 용광로.

국이나 프랑스나 모두 코크스법에 의한 제철
을 하고 있었다. 그런데 이 공정에서 철의 수
율은 상당히 낮았다. 즉, 제철 양이 얼마 되지
않은 것이다. 영국에서는 그 이유를 철광석과
코크스가 충분히 반응하지 않기 때문이라고
생각하여 용광로를 자꾸 크게만 만들었으나
생산성이 나쁘기는 마찬가지였다. 그리고 순
수철을 더 많이 얻도록 반응속도를 빠르게 하
기 위해 온도를 자꾸 높이기만 했다.[2-31]

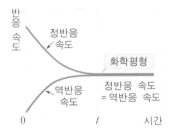

2-32 르샤틀리에의 화학평형 이론. 반응이 진
행함에 따라 정반응 속도와 역반응 속도가 같
아지는 화학평형에 도달하면 반응이 멈춘 것
처럼 보인다. 그러나 반응이 멈춘 것이 아니라
반응물과 생성물이 같은 속도로 만들어지는
동적 평형에 이른 것이다.

그러나 프랑스에는 프랑스의 자랑인 화학자 르샤틀리에(Henry-Louis Le
Chatelier, 1850~1936)가 있었다. 화학반응은 일반적으로 어느 정도 진행
되면 어느 시점에서는 더 이상 반응이 진행되지 않는다.[2-32] 위의 반응
식에서는 철광석(산화철)과 순수철 사이의 화살표가 양쪽 방향이다. 즉,
산화철에서 철이 만들어지기도 하지만 동시에 철이 다시 산화철로 산화
되기도 한다. 두 방향의 반응은 동시에 일어나고, 서로 경쟁적이다. 그
래서 반응이 어느 정도 진행되면, 산화철도 순수철도 모두 어느 정도 양

립하는 선에서 반응은 멈춘 것처럼 보인다. 이 지점을 '화학평형'이라고 한다.

르샤틀리에의 원리란 평형에 어떤 변화가 주어지면 그 외력을 상쇄하는 방향으로 평형이 이동한다는 것인데, 제철반응에서도 르샤틀리에 평형이동의 원리에 의하여 평형을 생성물 쪽으로 이동시키는 것이 해결책이라고 생각했다. 이 평형점을 순수철 쪽으로 옮길 수만 있다면, 연료를 더 쓰지 않고도, 용광로를 더 키우지 않고도, 온도를 더 높이지 않고도 순수철을 더 많이 얻을 수 있을 것이다.

위의 반응식을 다시 보면, 생성물인 우변에 순수철과 이산화탄소가 나온다. 이산화탄소는 기체다. 그러므로 생성되는 이산화탄소를 신속하게 제거해주면 평형점은 오른쪽으로 이동한다.

평형점을 옮겨주는 또 다른 유력한 방법은 촉매를 쓰는 것이다. 촉매를 쓰면 온도를 높이지 않고도 반응을 생성물 쪽으로 유도할 수 있다.

르샤틀리에는 에콜 데 민, 에콜 폴리테크니크, 콜레주 드 프랑스, 소르본 대학에서 교수 생활을 하면서 화학평형에 대한 그 유명한 '르샤틀리에의 법칙'을 정립했다. 이런 반응속도와 화학평형에 관한 연구는 프랑스의 베르틀로(Marcelin Berthelot, 1827~1907)와 르샤틀리에, 독일의 반트 호프(Van't Hoff, 1852~1911)에 의해 완성되었다.

이처럼 화학의 원리는 산업 발전에 직결되어 큰 기여를 한다. 실제로 그 당시 프랑스 제철공업의 위상은 대단했고, 1889년 세계 산업박람회 개최를 계기로 자국 제철공업의 자신감을 세계 최대의 철탑인 에펠탑으로 표현했던 것이다.

질병으로부터 인류를 구한
항생제

페니실린

고대 로마에서 평균수명은 불과 21세였다고 한다. 1세 전에 3분의 1이 죽고, 10세 이전에 절반 정도가 사망했다고 한다. 그러다가 21세기에 와서는 평균수명이 80세에 달하게 되었다. 그 사이에 무슨 일이 있었던 것일까?

질병의 대부분은
미생물 때문

캐나다 브록 대학교 폴크 교수(Anthony A. Volk)에 따르면 18세기 전 유럽에는 12세 전에 죽는 아이들이 반을 넘었다고 한다. 또한 로마시대 연구자인 파킨(T. G. Parkin)에 따르면 고대 로마에서 평균 수명은 불과 21세였다고 한다. 물론 모든 인구가 20~30대에 죽는다는 말은 아니다. 유아기를 넘긴 성인은 보통 70~80세 정도 살았지만 1세 전에 3분의 1이 죽고, 10세 이전에 절반 정도가 사망했다고 한다.

이렇게 유아사망률이 높은 이유는 천연두, 홍역, 파상풍, 말라리아, 콜레라, 폐렴, 패혈증 같은 질병 때문이었다. 19세기까지도 이런 질병의 원인을 알지 못했다. 질병의 원인이 대부분 미생물이란 것을 밝힌 사람은 파스퇴르(Louis Pasteur, 1822~95)였다.

2-33 파스퇴르가 사용하던 백조목 플라스크. 런던 과학박물관.

파스퇴르는 원래 화학자로서 유기화학 물질들의 입체 이성질 현상을 발견한 바 있다. 점차 미생물에 관심을 가진 그는 1861년 구부러진 목을 가진 플라스크(백조목 플라스크)에 내용물을 담아 미생물의 유입을 막으면 플라스크 안의 내용물을 살균된 채로 유지할 수 있고, 발효도 일어나지 않는다는 사실을 밝혀냈다.[2-33] 그리고 한 걸음 더 나아가 1863년에 미생물의 감염도 막고 우유의 맛을 잘 보존할 수 있는 저온살균법을 발견했다. 이를 그의 이름을 따서 '파스퇴리제이션(pasteurization)'이라고 한다.[2-34]

음식물을 장기 보관하기 위해서는 미생물을 죽여야 하는데, 이때 가

열 살균하는 일이 필요하다. 그러
나 끓는점 이상으로 가열하면 어
떤 형태로든 음식이 화학·물리적
으로 변하고, 맛과 질감이 변화하
기 때문에 끓는점 이하의 온도에서
장시간 처리하여 살균한다. 우유의
경우 밀폐한 채로 63~65℃에서 약
30분 정도 살균한다.

2-34 저온살균 처리 중인 우유.

최초의 항생제 페니실린을 발견한 플레밍

파스퇴르가 질병의 원인이 미생물이라는 사실을 밝
힌 후 과학자들은 미생물을 죽이는 방법을 연구했다. 영국의 생물학자
알렉산더 플레밍(Alexander Fleming, 1881~1955)은 1927년 포도상구균 연
구에 매진했다.[2-35] 감기에 걸린 플레밍이 세균을 배양하던 배양접시를
열었을 때 마침 재채기가 나왔다. 다음날 플레
밍은 이상한 점을 발견했다. 세균을 배양하던
접시 안에 군데군데 세균들이 죽고, 깨끗한 영
역들이 보였다. 이것이 자신이 재채기를 할 때
들어간 자신의 타액 때문이 아닌가 생각한 플
레밍은 세균을 죽이는 물질이 존재한다는 것
을 알게 되었다.

그러던 중 플레밍은 포도상구균을 연구하기

2-35 알렉산더 플레밍.

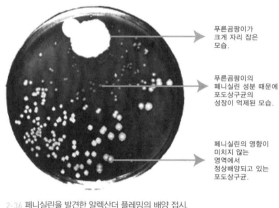

푸른곰팡이가
크게 자리 잡은
모습.

푸른곰팡이의
페니실린 성분 때문에
포도상구균의
성장이 억제된 모습.

페니실린의 영향이
미치지 않는
영역에서
정상배양되고 있는
포도상구균.

2-36 페니실린을 발견한 알렉산더 플레밍의 배양 접시.

위해 한천배지에 상처에서 채취한 균을 접종하고 배양했다. 그리고 가족과 함께 여행을 떠나며 실험실을 한동안 비웠다. 그런데 돌아와 보니 한천이 오염되었던 것인지, 세균을 채취할 때 묻어 들어온 것인지, 접시 틈으로 곰팡이 포자가 날아들어 온 것인지 알 수 없지만 배양 접시 안에는 푸른 곰팡이가 자라고 있었고, 그 근처에는 포도상구균이 죽어 있었다.[2-36]

예기치 않은 오염으로 항생제를 발견한 순간이었다. 플레밍은 이때 어떤 종류의 곰팡이가 세균을 죽이는 항생물질을 만들어내는 것이 아닐까 라는 생각을 했다고 한다. 오랫동안 한 연구에 매진하던 연구자만이 가질 수 있는 직관이 빛을 발한 순간이었다.

그 곰팡이로부터 추출한 성분이 바로 페니실린이다. 특히 페니실린은 병원균을 죽이지만 백혈구를 파괴하지 않고, 동물들에게는 거의 해를 끼치지 않았다. 그러나 페니실린은 불안정한 화합물이다. 페니실린 구조의 핵심은 가운데의 사각고리 구조다. 탄소-탄소 결합의 가장 안정한 각도는 109.5° 정도다. 공간에서 4가결합을 하는 각도가 109.5°이기 때문이다. 그래서 한 꼭지점의 각도가 108°인 5각고리나 120°인 6각고리는 안정하지만 90°인 4각고리는 고리가 열리려는 경향을 갖기 때문에 불안정하다. 그러나 바로 이 불안정성이 페니실린의 장점이기도 하다.

인간을 포함한 고등동물은 세포에 세포벽이 없지만 세포 자체를 몸체로 갖는 세균은 세포벽이 있다. 그런데 세균이 세포벽을 만드는 과정에 페니실린의 불안정한 4각고리가 열리면서 세균의 세포벽 생성 효소와 결합하여 세포벽 생성을 방해함으로써 세균을 죽인다. 그래서 인간을 포함한 고등동물에게는 아무런 해가 없이 세균만 죽이는 천혜의 항생제가 된 것이다. 그러나 어쨌든 불안정한 페니실린을 생산하고 보관하기는 너무 어려운 일이었다.

페니실린의 화학 구조

그러던 중 영국 옥스퍼드 대학의 하워드 월터 플로리(Howard Walter Florey, 1898~1968)와 에른스트 체인(Sir Ernst Boris Chain, 1906~79)은 플레밍의 페니실린의 가능성을 보고 2년간 집중 연구하여 페니실린을 안정되게 분리하고 정제하는 공정을 확립하여 대량생산의 길을 열었다. 때마침 제2차 세계대전이 일어나 전장에서 다친 수많은 사람을 페니실린으로 구하게 되면서, 세 사람은 1945년 노벨 생리의학상을 수상했다.

페니실린은 최초의 항생제이고, 플레밍은 화학요법의 창시자다. 그 후 페니실린을 화학적으로도 합성하게 되었으나 내성이 생긴 바이러스나 세균을 퇴치하기 위해 페니실린 구조의 일부분을 화학변화시킨 유사 물질들도 개발되었다.

만병통치 아스피린,
통증치료의 역사를 새로 쓰다
아스피린

고통받는 인류를 살린
'살리신'

버드나무 껍질이 통증에 효과가 있다는 것은 아주 오래전부터 알려진 사실이었으니, 기원전 1500년경 고대 이집트의 파피루스에 이미 언급되어 있다.[2-37] 그리고 기원전 400년경의 의학의 성인 히포크라테스(Hippocrates, 약 기원전 460~370)가 해열과 진통에 버드나무 껍질을 썼다고 한다.

버드나무의 치료 효과를 이용한 사례는 우리 선조들에게서도 발견된

2-37 버드나무.
© Captain-tucker

다. 『동의보감』에 버드나무는 맛이 쓰고 성질은 차며 독이 없고, 풍을 없애고, 부은 것을 내리며, 황달에 좋고, 악창을 낫게 하며, 소변을 잘 나가게 하고, 아픔을 줄이는 작용이 있다고 소개되어 있다. 특히 버드나무 가지는 치통과 풍열로 붓고 가려울 때 효과가 있다고 밝히고 있다.(『동의보감』, 木部, '柳花' '柳枝') 그리고 이순신 장군은 무과에 응시했을 때 말을 타다가 떨어져 다리가 부러진 적이 있는데, 그때 주변의 버드나무 껍질을 다리에 동여맨 뒤 시험에 합격했다는 일화도 있다.

중국 송나라 문헌인 『계림유사』에는 고려시대 어휘 355개가 실려 있는데, 이를 닦는 것을 '양지(養支)'한다고 하는 말이 나온다. 우리가 흔히 쓰는 양치질은 버드나무 양(楊), 가지 지(枝)의 양지질에서 비롯된 것으로 보인다. 버드나무 가지로 이를 닦던 것이 옛날의 양치 방법이었던 셈이다.(강길운, 『계림유사의 신해독연구』)[1]

고대 중국에서도 이가 아플 때 버드나무 가지로 이 사이를 문질렀다고 하고, 이쑤시개인 요지(楊枝) 또한 '양지'의 일본식 발음이다.

1763년에 영국의 목사 에드워드 스톤(Edward Stone, 1702~68)은 버드나무 껍질을 말려서 갈아 만든 가루를 약 50명의 사람들에게 먹여서 열이 나고 통증이 있는 환자들에게 효능이 있음을 관찰하고 영국 왕립협회에 보고했다.

그 후 1829년 프랑스의 약사 피에르 르루(Pierre Joseph Leroux)가 버드나무 껍질의 약리 성분을 추출해내고, 나무의 학명을 따서 '살리신(salicin)'이라 불렀다.

살리신

그러던 중 이탈리아의 화학자 라파엘레 피리나(Raffaelle Pirina, 1814~65)는 살리신을 살리실산(salicylic acid)으로 변화시켰다. 살리신의 구조를 보면 페놀에 당이 결합된 구조를 하고 있다. 그러나 이 물질을 복용하면 위 쓰림이 있으며, 많이 먹어서 사망에 이르렀다는 기록도 있다.

나중에 밝혀진 사실이지만 살리신이 직접 약효를 내는 것은 아니다. 살리신이 우리 몸에 들어오면 당 부분이 분해하여 떨어져 나가고 살리신산 형태가 된다. 이 살리신산이 통증을 감소시키는 작용을 한다. 물론 살리신의 형태로 복용하는 것보다 살리실산 형태로 복용하면 효과도 더 좋고, 부작용도 조금 적어진다.

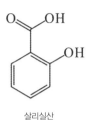

살리실산

아스피린의 탄생,
통증치료의 새 길을 열다

1853년 프랑스 몽펠리에 대학의 화학 교수 샤를 게르하르트(Charles Frédéric Gerhardt, 1816~56)가 살리실산의 수산기를 아세틸로 변화시켜 아세틸살리실산(acetylsalicylic acid)을 합성했다. 물론 그가 이 물질의 약리효과를 알고 있던 것은 아니었다.

염색회사로 출발했던 바이엘(Bayer AG)은 의약 합성이 엄청난 미래를 가져다줄 것이라고 예측했던 최초의 거대 화학회사였다.

바이엘에서 연구하던 화학자 호프만(Felix Hoffmann, 1868~1946)은 여러 곳에 쓰던 버드나무 껍질의 성분인 살리실산에 관심을 가졌다.[2-38] 자신의 아버지가 류머티즘으로 고통받고 있었기 때문이었다. 살리실산을 복용한 아버지는 차도는 있었으나 속쓰림을 호소했다. 화학적 감각을 갖춘 호프만은

2-38 펠릭스 호프만.

속쓰림이 반응성 강한 수산기(-OH) 때문일 것으로 생각하고 수산기를 아세틸기(-COCH₃)로 바꿔서 실험해보았다. 이 간단한 화학으로 호프만의 아버지는 속이 편해졌고, 호프만의 회사는 1899년 아세틸살리실산을 해열진통제로 특허 등록했다.

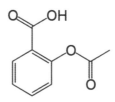

아세틸살리실산

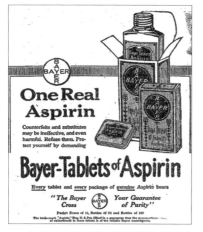

2-39 바이엘사가 특허 만료 직전인 1917년 뉴욕타임스에 게재한 아스피린 광고. © wikipedia.org

바이엘은 이 약제를 가루로 만들어 '아스피린'이라는 상품명으로 판매했다.[2-39] 아스피린(aspirin)의 'a'는 아세틸(acetyl)에서 따오고, 'spirin'은 살리실산의 원재료인 식물 메도스위트의 학명인 스피라이아에서 차용한 것이다.

바이엘은 아스피린을 개발하면서 세계적인 의약 기업으로 성장했다. 그러나 제1차 세계대전 후 타격을 입은 바이엘은 바스프, 훽스트 등 독일의 대표적 화학회사 다섯 개와 합병하여 이게파르벤이라는 유럽 최대의 화학회사가 되었고, 제2차 세계대전 중에는 나치를 지원하고 독가스를 생산하는 등 국가적 기업이 되어 엄청난 부를 쌓았다. 그러나 세계대전 후에 각 회사들은 원래대로 분할되었다. 1972년 바이엘은 미국의 의약 기업 커터와 마일

즈를 인수하고, 캐나다의 폴리사 고무회사를 인수하여 세계 최대의 고무 원료 생산업체가 되었고, 2000년대 들어와서는 리욘델, 쉐링, 머크, 세계적 종묘 기업 몬산토를 인수하여 세계적 화학 종합회사가 되어 화학을 선도하고 있다.

이렇게 세상의 빛을 본 아스피린은 1918~19년 스페인 독감이 유럽에 맹위를 떨치고 있을 때 놀랄 만한 효과를 발휘했다. 독감을 치료한 사례는 한 건도 없었지만 독감으로 생긴 합병증 등에서 세균과 싸울 수 있게 도운 것이다.

인류가 가장 많이 복용하는 약, 아스피린

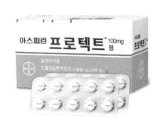

2-40 아스피린.

인류가 가장 많이 복용하는 약은 아마도 진통제일 것이다. 아픔은 누구나 싫어한다. 병이 낫는지 안 낫는지를 떠나 우선 아픔이라도 없어지면 살 것 같다는 경우가 많다. 두통·치통·생리통·신경통·복통·흉통 등 괴로운 통증이 많기 때문에 통증 클리닉이라는 독립 병과가 있을 정도다. 이에 맞춰 여러 진통제가 있지만 아스피린처럼 오래전부터 널리 써온 약은 아마 없을 것이다.[2-40]

1969년 달에 착륙한 아폴로 11호 우주선에 아스피린을 가져갔다는 사실이 기사화되면서 그 인기가 더해졌고, 아스피린 연간 생산량은 5만 톤이나 되었는데, 이것은 흔히 복용하는 1000mg 정으로 5천억 알에 해당한다. 특히 미국은 연간 18,000톤 이상을 생산하며, 전 세계에서 소비되

2-41 동맥 혈관 노폐물에 혈전이 생성된 것을 표현한 그림.

는 아스피린의 약 3분의 1 정도를 소비한다고 한다. 아스피린을 만든 독일 바이엘사가 다른 약을 개발하지 않아도 아스피린 하나만 가지고도 세계 굴지의 의약회사로 군림할 수 있는 이유이기도 하다.

최근 아스피린은 해열과 진통뿐만 아니라 다른 약리효과도 속속 밝혀지고 있어 그 가치가 더 높아지고 있는데, 그것은 바로 아스피린의 항혈전 효과다. 혈전이란 우리말로 피떡이라고 하는 것으로, 피가 응고하여 생기는 덩어리라고 생각하면 된다.[2-41] 우리 몸이 상처를 입어 혈관이 체외로 노출되면 피를 쏟게 되어 사망에 이를 수가 있다. 그래서 우리 몸에는 자동적으로 피를 응고시켜 상처를 덮어서 피가 체외로 손실되는 것을 막는 장치가 내장되어 있다. 그러나 고혈압, 당뇨, 과지방, 혈관내세포 손상 등 여러 가지 이유로 혈관 내에 혈전이 생길 수 있으며, 이 혈전이 혈관을 통해 체내를 돌아다니다가 모세혈관을 막아 심근경색과 뇌졸중 등 여러 가지 심각한 질병을 유발할 수 있다. 그런데 아스피린을 100mg 이하의 적은 용량으로 상복하면 이러한 혈전 관계 질병을 예방할 수 있다고 한다.

그 밖에 아스피린은 알츠하이머성 치매나 대장암, 폐암, 유방암 등 여러 암의 예방에도 효과가 있다는 논문들이 나오고 있다. 이 정도면 거의 만병통치가 아닌가?

공포의 에이즈,
그 치료제를 찾기 위한 노력들
AZT

에이즈,
세계를 공포에 몰아넣다

　　　　　1980년 미국 로스앤젤레스의 젊은 남성 동성애자 몇 명이 칼리니폐렴에 걸렸다. 그때까지 칼리니폐렴은 젊은이는 걸리지 않는 것으로 알려져 있었다. 면역력이 극도로 약해진 노령자만 걸리고, 그것도 아주 드물게 발병하는 희귀병이었다.

　미국립보건연구원(NIH)의 의학자들이 환자들을 검사해보니 그들의 혈액에는 항체가 전혀 없었다. 우리 몸은 외부에서 병원균이 들어오면 항체를 만들어 대항하는 면역체계가 있는데, 이 병에 걸린 사람들은 면역체계가 작동하지 않았다. 이런 상태가 되면 경미한 상처나 감기만 걸려도 치명적이다. 이후 1982년 이 병에 '후천성 면역결핍증(AIDS, Acquired Immune Deficiency Syndrome)'이라는 이름이 붙었다.

1981년부터 필자는 프랑스에서 유학중이었는데, 당시에 아주 조금씩 '에이즈'라는 말이 프랑스 방송에 나오기 시작했다. 병을 일으키는 균이나 원인이 밝혀지지 않았고, 잠복기가 7년 이상이라고 했으며, 병이 드러나면 90% 이상이 2년 안에 죽는다고 했다. 동성애자들이 특히 많이 걸린다고 하여 동성애에 대한 하늘의 저주라고도 하고, 인류가 이 병으로 멸종할지도 모른다는 이야기까지 나왔다. 이로써 사람들이 동성애자들을 편견으로 바라보고 기피하기까지 했다.

그 후 전 세계 의학자들이 에이즈에 관심을 갖고 연구하기 시작했다. 프랑스 파스퇴르 연구소에서 1983년 최초로 에이즈를 일으킨다고 추정되는 'HIV(Human Immunodeficiency Virus)' 바이러스를 발견했다. 에이즈는 면역이 없어지는 질병의 이름이고, HIV는 인간 면역체계를 공격하는 바이러스를 말한다.[2-42]

에이즈를 일으키는 HIV 바이러스는 상처를 통해 인체에 들어와 면역세포인 CD4 양성을 가진 T 세포를 공격한다. HIV 바이러스에 들어 있던 RNA는 면역 T 세포 안에서 에이즈 DNA를 만들고, 그 DNA를 사용하여 엄청난

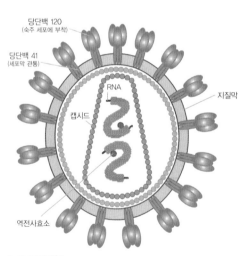

당단백 120
(숙주 세포에 부착)

당단백 41
(세포막 관통)

RNA

지질막

캡시드

역전사효소

2-42 HIV 모식도.

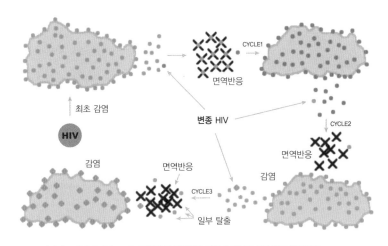

2-43 HIV 바이러스의 변이 과정. HIV는 인체의 면역반응을 피할 수 있도록 계속해서 변이한다.

수의 HIV 바이러스를 복제한다. 놀라운 방법이 아닐 수 없다.

바이러스란 균이나 박테리아처럼 살아 있는 미생물이나 세포도 아니다. 박테리아의 100분의 1밖에 안 되는 크기를 가진 바이러스는 세포를 이루기 위한 전 단계 물질로서 RNA만 가지고 있다. 그렇다고 죽어 있다고 할 수도 없다. RNA만 있어서 단독으로는 번식하지 못하지만 숙주에 침투하여 숙주의 DNA를 이용하여 번식도 하고, 전염도 시킨다. 그리고 DNA처럼 이중나선 구조가 아니어서 돌연변이를 수정하는 장치도 없다. 그런데 이것은 자신의 유전정보를 전달하는 데에는 부족한 단점이지만, 예상치 못한 돌연변이를 쉽게 만드는 특성은 병원체로서는 치명적인 무기로 작용한다.[2-43] 이런 변신의 능력 때문에 백신을 개발하는 것이 원천적으로 거의 불가능하다.

프랑스 TV에서는 에이즈 특집을 여러 번 방영했다. 에이즈 세계지도라는 것도 발표했다. 에이즈가 만연되어서 매우 위험한 곳은 빨강으로, 다음으로 위험한 지역은 주황, 조금 더 안전한 곳은 노랑으로 표시된 지

2-44 파리 파스퇴르 연구소.

도였다. 필자가 살고 있던 프랑스는 물론, 미국 서부와 동부 지역, 아프리카 중부와 북부, 그리고 태국, 필리핀, 일본이 빨간색으로 채색되어 있는데, 놀랍게도 한국이 빨간색이었다. 그 지도가 필자의 머릿속에서 지워지지가 않았다.

1983년 어느 날 프랑스 주재 한국대사관을 통해 필자에게 통역을 맡아 달라는 부탁이 왔다. 한국에서 학자 몇 명과 기자들이 프랑스 파스퇴르 연구소를 방문한 것이다.[2-44]

그들과 함께 연구소를 방문하여 에이즈에 대한 자세한 내용을 배울 수 있었다. 그들도 파스퇴르 연구소 벽에 걸린 에이즈 세계지도를 보고 경악했을 것이다. 아마 프랑스 학자들은 원숭이가 많고 원숭이를 집에서 애완으로 키우기도 하는 일본에 에이즈가 만연되었을 것이 틀림없다고 판단했고, 한국은 일본과 거의 비슷한 생활환경이라고 믿었기 때문에 한국까지 빨간색으로 표시했을 것이다. 당시 에이즈 연구에 관한 한 프랑스의 파스퇴르 연구소가 미국 보건연구원(NIH)을 넘어서 세계 최고로 인정받고 있던 상황이었다.

세월이 흐르면서 점차 좀 더 자세한 병의 성질이 밝혀졌다. 동성애자만 걸리는 것이 아니라 수혈과 임신으로도 전염된다는 것이 알려졌다. HIV는 1930년대 초 아프리카의 녹색 원숭이에 있는 전염성 바이러스인 유인원 면역결핍 바이러스(SIV)가 사람에게 감염되면서 살인 바이러스로 진화했으며, 처음에는 아프리카 오지의 마을 규모 지역에 국한되어 있었던 것이 점차 전 세계로 번져나간 것으로 밝혀졌다. 대부분 아프리

카에서 나타나고 있는 HIV-2
라고 부르는 에이즈 바이러
스는 아프리카 원숭이의 일
종인 수티망가베이로부터 진
화했을 것으로 생각되며, 전
세계로 번지고 있는 HIV-1은
인간과 보다 닮은 유인원인

2-45 아프리카 녹색 원숭이(왼쪽), 수티망가베이(가운데), 침팬지(오른쪽).
© wikipedia.org

침팬지에서 왔을 것으로 추정됐다.[2-45]

그 뒤 많은 유명인들이 그 병에 걸렸다는 사실이 알려지거나 스스로 커밍아웃하는 경우까지 생겼다. 배우 록 허드슨, 화가 키스 해링, 농구 천재 매직 존슨, 록음악 사상 최고의 보컬이고 최근 영화 〈보헤미언 랩소디〉로 다시 세계를 열광케 한 '퀸'의 프레디 머큐리 등 셀 수 없이 많다. 에이즈에 걸린 몇몇 유명인사들이 병원 무균실에서 철저한 보호를 받고 목숨을 이어가는 장면이 방송되고, 그 실상을 흥미진진하게 그려낸 영화도 나왔다. 모든 상황이 가히 인류 최후의 멸망 시나리오를 보는 듯했다.

하지만 세계 HIV 신규 감염자는 1996년에 350만 명으로 정점에 달한 뒤 칵테일요법에 의한 약물치료와 HIV/AIDS 예방교육으로 인해 감염 추세가 줄어들기 시작했고, 2007년에는 270만 명 정도로 줄었다. 세계 에이즈 사망자 수는 1980년대 초 이후 꾸준한 증가세를 보이며 2005년에 220만 명으로 최고에 달한 이후 점차 감소하기 시작했다.(유엔에이즈 (UNAIDS), 2008.7.29.)[2]

2019년 7월 유엔에이즈가 발표한 세계 HIV/AIDS 통계에 의하면 세계 HIV 감염 추세는 2010년(신규 감염자 190만 명) 이후부터 2018년도까지 총

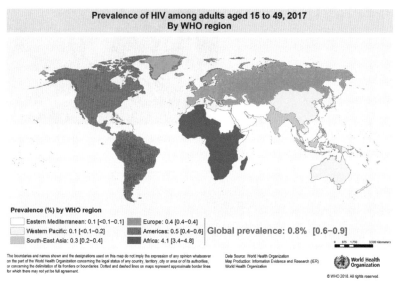

Prevalence of HIV among adults aged 15 to 49, 2017
By WHO region

Prevalence (%) by WHO region
Eastern Mediterranean: 0.1 [<0.1–0.1] Europe: 0.4 [0.4–0.4]
Western Pacific: 0.1 [<0.1–0.2] Americas: 0.5 [0.4–0.6] Global prevalence: 0.8% [0.6–0.9]
South-East Asia: 0.3 [0.2–0.4] Africa: 4.1 [3.4–4.8]

2-46 2017년 전 세계 HIV 감염자의 지역적 분포(세계보건기구).

16% 감소했고, 사망자 수가 2010년 120만 명에서 2018년에는 77만 명을 기록하면서 약 36% 줄었다고 밝혔다. 보고서에 따르면 현재 약 3,790만 명이 HIV를 가진 채 살고 있는 것으로 나타나 있다.[3]

그러나 이와 달리 우리나라는 1981년 첫 감염자가 보고된 이후 감염자 수가 꾸준히 증가하고 있고, 2018년도 국내 신규 HIV 감염자 수가 1,206명으로 전년도보다 16명 증가했다. 현재 우리나라의 HIV/AIDS 감염자 수는 12,991명이다.(2019년 8월 18일, 질병관리본부에서 발표한 「HIV/AIDS 신고 현황 연보」) 무엇보다 청소년 에이즈가 폭증한다고 하는데, 적절한 예방책을 마련해야 할 것으로 보인다.[4] (2-46)

에이즈 치료제
'AZT'

　　미국의 제롬 호르위츠는 1964년 '지도부딘(Zido-vudine)'이라는 상품명으로 항레트로바이러스제를 합성했는데, 본래 목적인 항암제로서의 효과가 적어 사용하지 않았었다. 오랫동안 세간의 관심을 끌지 못하던 지도부딘은 1987년 영국의 제약사 글락소웰컴이 에이즈 치료제로 특허를 받으면서 FDA 인증까지 받았다.

　DNA는 4개의 염기로 이루어져 있다. 네 가지 염기들이 결합손을 2개씩 가지고 서로 연결되어 긴 사슬을 만드는데 이것을 DNA라고 하고, 이 DNA가 생명체의 핵심인 것이다. 네 가지 염기 중 티미딘과 유사한 구조를 가져서 '아지도티미딘(AZT, Azidothymidine)'이라고 부르는 AZT는 에이즈 바이러스가 DNA를 복제할 때 에이즈 바이러스의 RNA가 AZT를 티미딘으로 착각하여 AZT에 결합하는데, AZT는 결합손이 하나만 있어서 긴 사슬로 자라지 못하고 결국 DNA 합성을 실패하게 만든다. 이런 기전을 '역전사'라고 하는데 AZT는 역전사 방해 약제인 셈이다. 구조를 비교해보면 데옥시리보스의 수산기만 아지도기(N=N=N-)로 치환된 형태다. 그래서 이름도 '아지도티미딘'이다.

　HIV 감염 치료에는 AZT를 포함한 여러 기전의 약을 3가지 이상 혼합해서 사용하는 칵테일요법을 쓴다. 하나의 약만 사용할 경우 어느 순간부터 치료 효과가 사라지는 내성 출현을 막기 위해서다.

티미딘-데옥시리보스　　　　　　　AZT(아지도-티미딘)

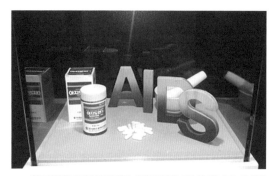

2-47 한국화학연구소에서 개발하여 삼천리제약에 기술이전한 AZT. ⓒ 한국
화학연구원 홍보관

AZT에 얽힌 일화 하나를
소개한다.

필자는 프랑스에서 고분
자 유기합성으로 박사학위
를 받고 파리시립대학교에
서 액정을 연구하다가 1987
년 우리나라 정부의 해외과
학자 유치계획에 선정되어

귀국 후 한국화학연구소(KRICT, 현 한국화학연구원)에 선임연구원으로 근
무하게 되었다. 귀국해보니 한국도 에이즈가 화두였고, 한국화학연구소
에서도 에이즈 연구가 한창이었다. 당시 연탄회사로 유명한 삼천리 주
식회사는 계속 연탄만 팔면서 미래를 맞을 수는 없다고 판단했던지 한
국화학연구소에 유망한 의약품 개발을 의뢰해왔다. 그 결과 연구소 신
약개발팀은 AZT 합성법을 완성한 후 기술이전을 해주었다.[2-47]

그런데 이 약은 세계적 의약기업 글락소웰컴사가 특허를 가지고 있어
서 만들 수도 없고, 팔 수도 없는 것이었다. 삼천리는 이미 1983년 신광
약품을 인수하여 의약품 기업으로의 변신을 준비하고 있었다. 삼천리는
AZT가 특허로 묶여 있지만, 화학연구소에서 개발한 공정으로 생산하면
훨씬 더 싸게 만들 수 있으니 글락소웰컴사의 AZT 생산기지로서 수출을
할 수 있지 않을까 기대했다. 글락소웰컴에게도 삼천리에게 생산을 의뢰
할 만한 이유는 충분히 있었다. AZT는 에이즈를 완치하는 역할을 하지
못한다. 에이즈에 걸렸을 때 계속 AZT를 복용하면 HIV가 더 이상 늘어
나지 않아 겨우 치명적인 상태로 진행하는 것을 막는 정도인 것이다.

지금 전 세계 화학자들이 에이즈 약을 개발하고 있으니 조만간 AZT보다 더 좋은 약이 나올 것이다. 더구나 백신이 개발되면 AZT의 인기와 수요가 사그라들 위험도 있다. 글락소웰컴은 AZT 생산 설비를 늘리는 대신 삼천리제약에게 중간단계 물질 티미딘을 납품하도록 했다. 이런 어정쩡한 상태가 오래갈 것이라고는 아무도 예상하지 못했다.

에이즈 바이러스인 HIV는 RNA만 있고 변이 속도가 너무 빠른데다가 숙주 몸 밖으로 나오면 활동을 멈춰버리기 때문에 정확한 연구가 어려운 문제까지 겹쳐서 백신이나 치료제 개발은 아직까지도 요원하다. 30년이 지났는데도 더 이상 진전이 없고, AZT는 아직까지도 유효한 방법이다. 삼천리제약의 티미딘 수출은 1998년 이미 8,000만 달러를 넘어섰다. 2010년 동아제약에 인수된 후 에스티팜으로 바뀐 뒤에도 AZT의 원료인 티미딘을 전 세계 1위 규모로 공급하고 있다.

하지만 언젠가는 백신도, 치료제도 개발될 것이다. 인류의 생존을 위협한다고 하던 무시무시한 공포의 병도 화학의 힘으로 물리쳐가고 있는 것이다.

우리 생활에서
화학 아닌 것은 없다

—— 화학이 환경을 오염시켰다고 난리다. 화학제품을 쓰지 않고 천연으로
돌아가자는 분위기가 팽배하다. 그런데 정말 화학 없이 사는 것이 가능할까?
모든 물질은 다 화학물질이다. 우리 생활은 화학 없이는 지속 불가능할 정도
로 화학에 의존하고 있다. 우리가 살아가는 데 가장 기본이 되는 물(H_2O)은
수소(H) 두 개와 산소(O) 하나가 결합한 화학물질이다. 화학의 힘을 빌리지
않는다면 우선 집에서 안전하게 마실 물부터 존재하지 않을 것이다. 바다에
있는 물이나 강이나 호수에 있는 물이나 하늘에서 내리는 빗물, 이 모두를 그
냥 마실 수는 없다. 정제하고 여과하고 소독해야 한다. 이 과정에 고도의 화학
기술이 필요하다.

의식주의 모든 분야에는 화학이 깊게 스며들어가 있다. 부엌에서 화학이 사라
진다면 냉장고의 냉매가 없기 때문에 음식을 보관하지 못하고, 걸핏하면 병원
균으로 인해 식중독에 걸릴 것이다. 욕실에서 화학이 사라진다면 물만 가지고
는 때를 씻지도 못할 것이고, 세탁도 거의 하기 힘들 것이다. 옛날에는 잿물로
빨래를 했다지만 알고 보면 그것도 화학이고, 지금은 그 과정을 좀 더 편하게
발전시킨 세제를 쓰는 것뿐이다. 원리나 핵심 물질은 옛날 잿물이나 지금 세
제나 다를 것이 없다. 우리 일상사가 알고 보면 모두 화학과 연관되어 있다.

화학 없는 세상에 살 수 있을까?

산화 · 환원 반응, 산 · 염기 반응

화학 없는 세상

아침에 눈을 떴다. 이불과 요에서 묻었는지 몸에서 냄새가 난다. 세제가 없어서 물로 빨았지만, 찌든 때 냄새는 영 없어질 생각을 안 한다. 세수를 물로만 하고 머리는 감을 생각도 못한다. 샴푸가 없으니 머리 기름 때는 매양 마찬가지다.

아침을 먹는다. 냉장고는 있지만 냉매가 없어서 작동은 안 된다. 어이쿠, 어제 먹던 밥에 곰팡이가 슬었네. 푸른색인데 독이 있나 없나 모르겠다. 버려야겠네. 비닐랩이나 봉지가 있었다면 이런 일은 없었을 텐데. 음식은 전혀 보관할 방법이 없다.

겨울이라 야채나 나물을 구할 수가 없다. 비닐이 없어 비닐하우스 농사도 못하고, 화학비료가 없으니 올해도 식량 생산량이 형편없어서 야채 값이 너무 올랐다. 그래서 우리 같은 서민은 먹을 엄두도 못 낸다. 베이킹 소다가 없으니 빵인지 떡인지 모를 딱딱하고 질긴 빵뿐이다.

맨 밥에 물 말아 감자 반찬만으로 간신히 먹는데 고생스럽다. 아직 청춘인데 이는 벌써 5개나 빠졌다. 치약과 칫솔이 없으니 손가락에 소금을 묻혀 양치질은 하지만 멀쩡한 이가 몇 개 안 남았다. 가끔 이가 시큰거리는데 아주 괴롭다. 치약에는 치아 사이에 낀 음식 찌꺼기나 스케일을 걷어내기 위해 연마제가 들어 있고, 소독제 성분과 충치 예방을 위해 플루오르 성분이 들어 있다.

몸이 으슬으슬한 게 감기가 들었나? 단열재 역할을 잘해주는 플라스틱이나 알루미늄 섀시도 없어서 갑자기 쌀쌀해진 웃풍이 집 안으로 그대로 들어온다. 뽁뽁이라도 있으면 얼마나 좋을까? 아스피린이라도 있으면 좀 낫겠지만. 집은 나무와 진흙으로 지어야 하기 때문에 고층은 불가능하고, 화학재료가 없으니 아파트를 지을 방법이 아예 없다. 벽지도 없고, 페인트도 없어서 집안의 벽도 나무나 흙 그대로다.

아 참, 친구를 만나기로 했는데, 종로를 나가려면 최소 세 시간은 걸릴 텐데. 석유화학공업이 없으니 휘발유가 없어서 차도 못 타고 걸어서 가야 한다. 빨리 집을 나서야겠군. 그런데 무엇을 입지? 날이 추우니 가죽털옷을 입어야겠는데 무겁고 털에서 냄새가 나네. 화학이 있었을 때 입던 패딩이 갑자기 그리워진다. 가볍고 따뜻하던 패딩. 신발은 또 뭘 신나? 신은 정말 신을 게 없다. 고무 밑창이 없으니 딱딱하고 불편하고, 조

3-1 우리 생활에 필요한 여러 가지 화학제품들.

금만 걸으면 발이 아프다. 가죽은 화학처리가 안 되어 냄새나고 뻣뻣해. 전지가 없으니 휴대전화도 무용지물이고. 그러니 나가지 말고 그냥 집 에나 있어야지.

아기가 운다. 뽀송뽀송한 일회용 기저귀가 없어서 무명천으로 채워주 었는데 천이 뻣뻣하고 거칠어서 아기 살이 늘 벌겋게 부어 있어 마음이 아프다. 부드러운 천 인형도 없고, 레고 장난감도 없고, 가지고 놀 플라스 틱 딸랑이도 없어서 흙장난이나 하고 노는데 위생 문제가 늘 마음에 걸 린다. 앞으로 크면 게임기도, 텔레비전도, 휴대폰도 없으니 심심하겠다.

아. 옆집이 상을 당했나봐. 아이가 한 살인데 죽었으니 부모가 얼마나 슬프겠어. 항생제가 없으니 간단한 병으로도 저렇게 쉽게 죽어. 특히 아 이들이. 홍역, 이질, 결핵, 천연두, 수족구, 디프테리아 등에 걸리기 쉬운 데 항생제나 백신이 없어서 면역력이 약한 아이들이 견디지를 못한다.

집에서 장례식을 치른다는데 이렇게 여기까지 냄새가 난다. 시신 부패를 막을 소독제가 없어서 향을 피웠는데도 시신이 부패하는 냄새는 가리질 못하는군. 죽을 때까지 이렇게 힘들어서야 어디 살겠는가?[3-1]

산소 없이는 살 수 없어
: 호흡은 산화 · 환원 반응

자연계에서 발생하는 많은 반응 현상은 거의 다 산소와 관계가 있다. 우리 인간도 산소를 마시면 살고, 산소가 없는 곳에서는 질식해 죽는다. 반응을 잘 안하는 질소를 제외하면 공기 중에서 가장 많은 원소가 산소라서 자연계의 많은 반응이 산소와 관련 있는 반응이다. 인간을 비롯한 대부분의 동물들은 산소를 호흡해야 살 수 있다. 우리 피에는 헤모글로빈(hemoglobin)이 있어서 헤모글로빈이 산소와 결합하는 호흡을 통해 우리 몸 안의 여러 대사반응이 가능해진다.[3-2] 불이 타는 반응이나 쇠가 녹스는 반응도 산소와 결합하는 반응이다.

이렇게 산소와 결합하는 반응을 '산화반응'이라고 하고, 반대로 산소와 떨어지는 반응을 '환원반응'이라고 한다. 그러니까 헤모글로빈이 우리가 호흡한 산소와 결합한

> **헤모글로빈(hemoglobin)**
> 적혈구에서 철을 포함하는 거대분자로서, 산소를 운반하는 역할을 한다.

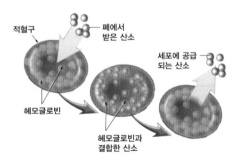

3-2 폐에서 기체 교환을 통해 흡수된 산소는 혈액의 적혈구에 있는 헤모글로빈에 의해 운반된다. 헤모글로빈은 산소 농도가 높은 폐에서는 산소와 결합했다가 산소 농도가 낮은 조직에서는 산소를 분리시켜 조직 세포에 산소를 공급한다.

$$C_6H_{12}O_6 + 6O_2 \rightarrow 6CO_2 + 6H_2O$$

산화
환원
환원제
포도당 산소 이산화탄소 물
반응물 생성물

3-3 호흡의 산화 · 환원 반응.

것이 산화반응이고, 그것을 산소가 필요한 곳까지 핏줄을 타고 가서 떨구어주는 것은 환원반응이다.[3-3] 우리는 이와 같은 산화-환원 반응에 의해 살 수 있는 것이다.

3-4 녹이 슨 철 나사.

철이 산소와 반응하는 과정을 좀 더 자세히 살펴보자.[3-4] 순수한 중성 철은 최외각 전자가 2개이다. 최외각 전자가 8개가 되어야 안정하므로 6개를 얻거나 2개를 잃어야 안정한 상태가 될 것이다. 그런데 6개를 얻는 것보다는 2개를 잃는 것이 쉽다. 그 과정을 반응식으로 쓰면 다음과 같다.

$$Fe \rightarrow Fe^{+2} + 2e^-$$

여기서 e^-는 전자를 말한다. 산소는 최외각 전자가 6개이다. 그래서 전자 2개를 받아 8개가 되어 안정하려는 경향을 갖는다. 이 과정을 반응식으로 쓰면 다음과 같다.

$$O_2 + 4e^- \rightarrow 2O^{-2}$$

두 반응을 더하면 철이 산소와 결합하는 반응이 된다. 이 반응이 바로 쇠가 녹스는 반응이다. 이 반응에 의하여 순수 쇠가 산화철이 된다. 산화철이 바로 쇠의 녹이다.

$$+\begin{array}{|l} 2Fe \rightarrow 2Fe^{+2} + 4e^- \\ O_2 + 4e^- \rightarrow 2O^{-2} \\ \hline 2Fe + O_2 \rightarrow 2FeO(Fe^{+2} + O^{-2}) \end{array}$$

화학자들은 이 반응에서 산소와 결합하기 전에, 철이 전자를 잃기만 해도 산화반응이라고 정의했다. 이렇게 하면 훨씬 더 많은 반응을 쉽게 이해할 수 있게 된다. 즉 전자를 잃는 반응이 산화반응이고, 전자를 얻는 반응이 환원반응이다.

그리고 산소가 관여하지 않는 은 도금 반응도 산화-환원 반응이다. 질산은 수용액에 구리(Cu) 조각을 넣으면 은(Ag)이 석출되어 구리 표면에 은이 도금되고, 구리는 녹는다. 즉 구리는 이온(Cu^{2+})이 되어 용액이 된다. 이 반응식은 다음과 같다.

$$Cu + 2Ag^+ \rightarrow Cu^{2+} + 2Ag$$

구리(순수한 구리이며 중성)는 전자 2개를 잃고 구리 이온(Cu^{2+})이 되었다. 전자를 잃었으니 산화반응을 한 것이다. 은 이온(Ag^+)은 전자 하나를 받아 은 금속으로 환원되었다. 구리는 자신이 산화하면서 상대 물질을 환원시켰으므로 '환원제'라고 부른다. 자신이 환원하는 것은 상대를 산화시키므로 '산화제'라고 한다. 옷에 얼룩이 있을 때 강한 산화제를 사용하면 얼룩 물질을 산화시켜 분해한다. 세탁에 사용하는 표백제는 이런

3-5 납축전지.

역할을 하는 강한 산화제다.

전지가 충전되고 방전되는 것도 산화-환원 반응이다. 현재 자동차에 널리 쓰는 납축전지도 산화-환원 반응으로 충전-방전을 한다.[3-5] 이렇게 충전하고 방전하며 계속 쓸 수 있는 전지를 이차전지라고 한다. 납축전지는 산화(-) 전극에 금속납(Pb) 판을 달고, 환원(+) 전극에 이산화납(PbO₂) 판을 단 것이다. 전기를 쓸 때 일어나는 반응은 다음과 같다.

산화(-) 전극 : $Pb \rightarrow PbSO_4 + 2e^-$

환원(+) 전극 : $PbO_2 + 2e^- \rightarrow PbSO_4$

$PbSO_4$의 Pb는 +2가이고, PbO_2의 Pb는 +4가이다. 즉, 산화(-) 전극에서는 0가였던 금속납이 +2가의 황산납이 되었으므로 산화된 것이다. 환원(+) 전극에서는 +4가의 이산화납이 +2가의 황산납이 되었으므로 환원된 것이다. 이 반응이 계속되면, 즉 전기를 계속 쓰면 방전되어 모두 황산납이 된다. 이때 전극에 전기를 거꾸로 걸어주면, 산화(-) 전극에서는 $PbSO_4$의 Pb(2⁺)가 전자를 받아 다시 금속납(Pb)으로 환원되고, 환원(+) 전극에서는 $PbSO_4$의 Pb(2⁺)가 전자를 잃고 Pb(4)의 PbO_2로 되돌아가는데, 이 과정이 충전이다.

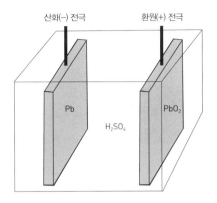

산화(-) 전극   환원(+) 전극

Pb   PbO₂

H₂SO₄

납축전지는 값이 싸지만, 무겁고, 독성이 있으며, 황산은 부식성이 높다. 또 전극이 녹는 과정을 반복하기 때문에 수명도 짧다. 현재는 가볍고 소형인 리튬전지가 대세인데 이것이 앞으로의 발전 가능성도 더 높다.[3-6]

3-6 리튬전지.

특히 리튬전지는 충방전 과정에서 전극이 녹는 것이 아니라 전자와 리튬이온이 이동만 하기 때문에 열화도 잘 안 되고 수명도 길다. 기본적으로 리튬전지는 리튬이온이 이동하면서 충방전을 한다. 리튬이온의 반대는 전자다. 즉 전자가 이동하는 것이 바로 전류이므로 리튬이온을 머금을 수 있는 소재를 사용하여 상대 전극으로 리튬이온을 보냈다가 다시 받을 수 있으면 전지가 된다. 현재의 휴대용 전자기기 시대는 산화-환원 반응에 의하여 유지되고 있는 것이다.

'산'도 산소에서 생긴 걸까?
: 산·염기 반응

3-7 생선회에는 늘 레몬이 따라 나온다.

생선을 먹을 때는 비린내가 난다. 이 비린내를 줄이기 위해 레몬즙을 뿌리니, 생선회를 먹을 때는 언제나 레몬이 같이 나온다.[3-7] 그런데 왜 레몬인 것일까? 생선의 비린내는 생선 단백질이 분해하며 나오는 암모니아와 트리에틸아민의 냄새이고, 암모니아는 염기로서 산과 중화반응을 하여 없앨 수 있다. 여기서 레몬산이 들어 있는 레몬이 생선에서 나온 암모니아를 중화시키는 것이다.

또한 우리가 음식을 먹으면 위에서 위산이 나와 소화를 돕는다. 그런데 이 위산은 고기의 단백질을 녹일 정도의 강한 염산이다. 이 위산이 너무 과다하게 나오면 소화불량이 되기도 하고 위궤양에 걸리기도 한다. 옛날에는 중조를 먹으면 속이 편안해졌다. 중조는 탄산수소나트륨($NaHCO_3$)으로 베이킹 소다라고 부르는 식재료 중의 하나이다. 중조는 염기로서 위산을 중화시켜 낮게 하는 것이다. 이런 반응 모두가 바로 산·염기 반응이다.

3-8 〈험프리 데이비 초상화〉, 토머스 필립.

산소라는 원소를 규명하고, 연소라는 반응이 산소와의 결합반응이라는 것과, 물이 산소와 수소로 이루어진 물질이란 것을 발견한 라부아지에는 '산'을 산소에서 생긴 성질이라고 이해했다. 그런데 전기화학을 창시한 험프리 데이비(Humpry Davy, 1778~1829)는 염산을 전기분해하여 이 것이 산소 없이 염소와 수소만으로 이루어졌다는 사실을 들어 산이라는 성질이 산소에서 기인한 것이 아니라고 주장했다.[3-8] 사실상 산과 염기의 화학이 학문으로 정립되는 데는 거의 백 년이 걸렸다.

아레니우스
(Svante August Arrhenius)
스웨덴의 화학자이자 물리학자.
1903년에 전기해리 이론을 제창한
공로로 노벨 화학상을 수상했다.

아레니우스(Svante August Arrhenius, 1859~1927)는 물에 녹았을 때 수소 양이온(H^+)을 내놓는 것이 '산'이고, 수산 이온(OH^-)을 내는 것이 '염기'라고 정의했다. 아레니우스의 산-염기 이론으로 산-염기는 좀 더 명확해졌다.

그런데 아레니우스의 이론으로 설명을 못하는 산-염기 반응도 있다. 염산과 암모니아(NH_3)의 반응도 산-염기 반응인데, 여기선 수산 이온이 나타나지 않는다.

$$: NH_3 + H : Cl : \rightleftarrows H : NH^{3+} + Cl^- \ (= NH_4Cl)$$

염산은 물론 강산이고 이 반응의 결과물은 중성 암모늄염이다. 그럼 암모니아가 염기 역할을 한 것인데, 암모니아는 아레니우스의 수산 이온을 내지 않는다. 그래서 브뢴스테드(Brönsted, 1879~1947)와 로리(Lowry, 1874~1936)는 양성자를 받는 물질을 염기로 정의했다. 즉 양성자를 내는 것이 산, 양성자를 받는 것이 염기가 되는 것이다.

그런데 아직도 문제가 있다. 유기화학 반응에서 산 촉매를 많이 쓰는데, 이들 중 많은 것은 양성자를 내지 않고도 산의 역할을 한다. 암모니아와 삼플루오린화붕소(삼불화붕소)를 반응시키면 산·염기 반응이 일어나는데, 산 역할을 하는 삼플루오린화붕소는 양성자를 내지 않을 뿐 아니라 수소가 아예 없다. 이런 문제의 해결을 위해 루이스는 비공유 전자쌍을 받는 것이 산, 비공유 전자쌍을 주는 것이 염기라고 정의했다.

비공유 전자쌍이란 무엇인가? 전자를 공유하여 결합을 이루는데 이때 결합에 참여하지 않는 전자쌍을 '비공유 전자쌍'이라고 한다. 암모니아에는 비공유 전자쌍이 하나 존재한다. 질소는 최외각 전자가 5개(검은색)이므로 3개는 3개의 수소와 공유결합을 하고 결합에 참여하지 않는 전자쌍, 즉 전자 2개가 남는다. 이것이 비공유 전자쌍이다.

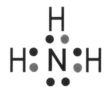

암모니아엔 수소와의 결합에 참여하지 않는 전자쌍이 하나 있다.

암모니아와 삼플루오린화붕소가 반응하면 산·염기 반응이 일어난다. 붕소는 최외각 전자가 3개이고 플루오린은 최외각 전자가 7개다. 그래서 이 반응을 루이스 전자점식으로 나타내면 다음과 같다.

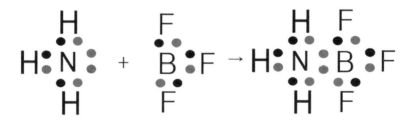

암모니아는 비공유 전자쌍을 내놓았으므로 염기로 작용했다. 삼플루오린화붕소는 비공유 전자쌍을 받았으므로 산이다. 실제로 삼플루오린화붕소는 유기화학에서 산성 촉매로 널리 쓰이고 있다.

그런데 산-염기 화학이 중요한 이유는 무엇일까? 무엇을 녹이는 데

산이나 염기를 쓴다. 특히 금속을 녹이는 산은 농도가 낮더라도 금속을 부식시키므로 그 원리에 대한 이해가 중요하다. 우리 위 속에서도 위산이 나와 음식물을 녹여 소화를 돕는다. 속이 쓰릴 때 먹는 제산제는 탄산수소나트륨, 수산화알루미늄, 수산화마그네슘 등인데, 이들은 모두 염기이며 위산과 중화반응하여 속쓰림을 줄여준다. 반도체 제조공정에서도 감광성 고분자를 산으로 부식 세척하는 공정이 사용되며, 미술에서 동판화 기법도 이런 산의 금속 부식을 응용한 기술이다. 그 밖에 야금, 비료, 세제 공업에서도 산-염기는 중요한 역할을 한다.

　보통 산성도나 염기성도는 pH로 측정하는데, 이것은 수소 이온의 농도를 말한다. 숫자가 작을수록 산성이 강하고, 숫자가 크면 염기성이 강하다. pH는 0부터 14까지로 표시하며 중성이면 7이 된다.

요리도 다이어트도
화학으로 성공한다

분자요리

화학자는 요리사

　　재료를 삶고 끓이고 굽고 튀기는 과정에서 일어나는 변화는 모두 화학적 반응이다. 부엌에서 조리를 할 때 일어나는 모든 변화가 다 화학이다. 열을 가하여 화학반응을 일으켜 소화가 잘 되고 맛있게 변화시키는 모든 활동을 조리라고 한다.

　　열을 가하는 방법에는 전도, 대류, 복사가 있다. 일반적으로 음식을 가열할 때, 직접 불기로 익히는 굽기는 복사열을 이용하는 것으로 가장 높은 온도로 조리하게 된다. 그리고 조리의 많은 경우는 전도열을 이용한다. 프라이팬이나 냄비에서 조리하는 것은 금속의 전도열을 이용하는 것이다. 그 밖에 탕을 끓이고 삶는 것은 물을 매체로 대류열을 이용하는 조리이고, 기름을 이용하여 지지고 볶는 것은 기름을 매체로 대류열을 사용하는 것이다. 물을 이용한 대류는 100℃ 근방에서 조리하게 되고, 기름을 이용하는 대류는 온도가 150℃에서 200℃ 정도 된다. 요즈음은 '에어프라이어'라고 해서 공기 대류를 이용하는 조리 기구도 사용한다.

재료에 열을 가하면 단백질 변성 반응, 마이야르 반응, 캐러멜화 반응 등이 일어난다. 고기의 주성분인 단백질은 분자량이 큰 고분자 물질이다. 열을 가하면 긴 사슬이 짧은 사슬로 끊어져 부드러워진다. 쇠고기의 경우 단백질 중에서 미오신은 50℃ 정도에서 변성이 일어나고, 액틴은 65.5℃에서 변성된다. 액틴이 변성되면 고기가 딱딱해진다. 그러므로 고기 속은 65.5℃가 넘지 않는 온도에서 익어야 부드럽다.

그런데 고기를 왜 숯불에 구워 먹어야 맛있을까? 이 온도는 분명히 66℃가 넘을 텐데 말이다. 여기에는 프랑스의 화학자 루이 카미유 마이야르(Louis Camille Maillerd, 1878~1936)가 발견한 화학반응이 관여한다.

음식에 포함된 당과 아미노산이 열을 받으면 아미노 카르보닐 반응이 일어나는데, 이 반응에 의해 고기나 빵이 노릇노릇해지고 갈색화(갈변반응)한다. 이 반응이 일어나면 독특한 풍미와 변색이 일어나 미각을 증대시킨다. 불에 타서 탄화가 되는 반응과는 다른 반응을 보이는 것이다. 스테이크를 구울 때도 육즙이 빠져나오지 않게 하면서 부드러운 식감을 유지시키려면 우선 센 불에서 고기 겉은 노릇노릇하게 구워 마이야르 반응을 일으키고, 고기 속을 익히기 위해 조금 낮은 온도에서 약간 긴 시간 익혀내야 한다. 그러면 겉은 바삭하고 풍미가 살아 있으면서 고기 속

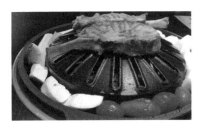

3-9 마이야르 반응이 일어난 숯불구이.

은 부드럽고 육즙이 빠져나가지 않은 환상의 맛을 낼 수 있다.[3-9] 이와 같이 화학 반응을 잘 이용하면 영양도 잃지 않고 맛을 증대시키는 조리가 가능하다.

음식을 조리하면서 균을 죽이는 것도 중요한 일이다. 너무 낮은 온도에서 조리하면 영양분을 보존할 수는 있으나 균이 살아남아 식중독을 일으킬 수 있고, 너무 높은 온도에서 조리하면 살균은 잘 되지만 영양분이 파괴되고, 재료 자체의 맛과 향을 잃어버릴 수 있다.

식중독균 중 살모넬라균은 4~45℃, 리스테리아균은 1.5~45℃에서 증식한다. 보통 저온살균법에서는 60℃ 정도의 온도에서 30분간 살균한다. 미오신이나 액틴 같은 단백질은 50~60℃에서 변성을 일으킨다. 그러므로 더 낮은 온도에서 살균도 하고 고기도 익히기 위해서는 낮은 온도에서 장시간 조리할 필요가 있다. 그러나 이렇게 하면 고기의 육즙과 풍미가 모두 빠져나가게 된다. 그래서 분자요리에서 사용하게 된 기술이 수비드(sous-vide)이다. 우리말로 번역하면 '진공'이란 뜻이다.[3-10]

3-10 수비드.

수비드는 1799년 영국의 벤저민 톰슨(Benjamin Thompson)이 처음으로 고안한 기술인데, 프랑스 요리사 브뤼노 구소(Bruno Goussault)가 1971년 조리에 적용했고, 1974년 프랑스의 요리사 조르주 프랄뤼(Georges Pralius)가 자신의 레스토랑에서 이 조리법으로 푸아그라를 만듦으로써 유명해졌다. 푸아그라는 거위의 간 요리인데 프랑스의 대표적인 미식 요리다.

쌀은 아밀로오스를 단백질이 감싼 상태의 것으로 소량의 지방까지 있어서 밥을 하면 꼬들꼬들한 밥알에 기름까지 흐르게 되며, 아밀로오스도 적당히 끊어져 소화도 잘 되고 식감도 좋은 밥이 된다. 여기에 물을 더 넣고 오랜 시간 끓이면 겉을 감싼 단백질이 끊어지고 겉껍질이 터져 죽이 된다. 물론 아밀로오스도 더 잘게 끊어져 소화가 쉽게 된다.

채소도 가열하면 세포막이 파괴되어 부드러워진다. 데치면 숨이 죽는 다는 것이 바로 이 원리다. 생선의 육질은 육류보다 구조가 덜 치밀하여 단백질이 더 쉽게 분해하면서 아민이라는 화학물질을 발생시키기 때문에 비린내가 난다. 아민은 염기다. 그래서 레몬 같은 산으로 중화반응을 시켜 냄새를 감소시키는 것이다. 생선에 소금을 뿌리면 삼투압 효과에 의해 단백질이 응고하고 수축하여 육즙이 빠져나오지 않고 형태를 유지하게 도와준다. 생선젓이나 김치에서 염장을 이용하는데, 소금물에 담가놓으면 삼투압에 의하여 수분만 빠져나오고 재료 내부의 성분은 보존된다. 뿐만 아니라 혹시 있을지 모르는 미생물들도 수분을 빼앗겨 모두 죽게 되어 장기간 보존이 가능한 상태가 된다.

김치나 술이 익는 데에는 발효라는 화학반응이 관여한다. 화학반응에서 반응을 점화하고 가속시키는 일을 하는 것을 촉매라고 하는데, 발효는 효모라는 천연 촉매를 사용하는 화학반응이다. 이같이 요리하는 모든 과정이 화학이고, 화학을 알면 요리의 속까지 이해할 수 있게 된다.

스페인의 엘불리(El Bulli)라는 레스토랑의 주방은 화학실험실을 방불케 한다. 세계에서 분자요리로 가장 유명한 레스토랑이다.[3-11] 초록색 올리브가 하얀 접시에 예쁘게 담겨 있다. 고객이 짠 맛을 기대하며 한 입

3-11 다큐멘터리 영화 〈엘블리: 요리는 진행중(El Bulli: Cooking In Progress)〉에서 분자요리를 하는 장면, 2011.

3-12 올리브 버블(분자요리).

깨물었더니 톡 터지며 달콤한 주스가 입 안에 찬다.[3-12] 그리고 핑크빛 캐비어가 먹음직하게 놓여 있는데 진짜 캐비어처럼 톡톡 터지지만 이건 캐비어가 아니라 에스프레소 캐비어라는 유명한 분자요리다. 알긴산 젤로 만든 캡슐 안에 주스를 넣어 만든 것이다. 또한 이곳에서는 드라이아이스나 액체질소, 주사기 등을 쓰고, 화학실험실에나 있는 감압증류기나 심지어 레이저 장치를 사용하기도 한다. 엘불리는 2011년 문을 닫았지만 엘불리의 책임 요리사 페란 아드리아는 계속 분자요리를 연구하는 엘불리 재단과 알리시아 연구소를 열어 운영하고 있다.

화학을 알아야
다이어트도 성공한다

음식이 우리 몸에 들어오면 그것을 분해하고 소화하여 흡수시켜 그 영양분을 이용해서 우리 몸이 필요한 운동에너지를 얻고, 남는 것은 체내에 저장한다. 탄수화물은 입안의 침에 함유된 아밀라아제로부터 소화가 시작되고, 단백질은 위에서부터 아미노산으로 분해되며, 지방은 소장에서부터 지방산과 글리세린으로 분해되기 시작한다.

식이섬유는 소화가 안 되고 그대로 배설되며 변비 방지, 비만 방지, 혈중 콜레스테롤 감소, 심장병 억제 등에 유익하다. 사람마다 기초대사량이 다른데, 기초대사량

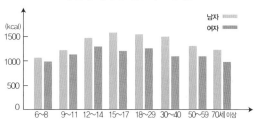

성별과 나이에 따른 기초대사량

3-13 성별과 나이에 따른 기초대사량.

이 낮은 사람이 비만해지며, 운동을 많이 하는 활동적인 사람이나 어린 아이의 기초대사량이 높다.[3-13]

기초대사량은 자동차의 공회전 같은 것으로서, 특별히 운동을 하지 않아도 우리 몸의 각 기관들을 유지하는 데 필요한 열량이다. 지방은 저장되기 쉽기 때문에 지방 열량(calories from fat)이 많은 음식을 먹으면 좋지 않다. 비만은 '흡수한 열량−소모한 열량=체내에 저장하는 열량'의 결과이므로 비만을 막으려면 영양 과다가 되지 않게 하는 수밖에 없지만, 이는 유전적인 체질과도 밀접한 관계가 있다.

비만을 막기 위하여 꼭 필요한 것은 좋은 식사 습관이다. 우선 아침을 거르지 않고 규칙적으로 먹고, 또한 자주 조금씩 먹는다. 먹었다가 굶었다가를 반복하거나, 많이 먹었다가 조금 먹었다가 하는 식의 불규칙한 식사 패턴은 우리 몸이 먹을 때마다 대비를 하여 저장하려는 경향을 강화시킨다. 식사는 꼭꼭 씹으며 천천히 먹어야 한다. 열량 계산을 하며 식생활 조절과 규칙적인 운동을 하는 것도 필요하다. 다이어트를 위해서는 탄수화물이나 당도 흡수가 잘되는 단당류보다는 다당류를 먹어야 흡수가 덜 되고 쉽게 배출된다. 푹 익힌 채소보다는 신선한 샐러드가 체내 흡수율이 훨씬 낮다. 이와 같이 다이어트도 완전 화학의 영역이라 하겠다.

술은
용액의 화학

3-14 프랑스인들의 식사에는 포도주가 빠지지 않는다.

프랑스 사람들은 식사 때 포도주를 마시지 않으면 식사를 마치지 못한 것으로 생각한다.[3-14] 우리나라도 예부터 밭일을 하는 휴식 시간에 막걸리를 마시곤 했다. 지금도 기호식품에서 술이 차지하는 비중은 작지 않다. 술은 직접 요리에 들어가기도 한다. 잡내를 없애주고 풍미를 더해주기 때문이다.

알코올은 수산기(-OH)라는 기능기를 가진 유기물질을 가리키는데, 종류로는 메틸알코올, 에틸알코올, 프로필알코올 등이 있다. 용해성이 높아 용매로 사용하며, 휘발성이 있어 연료로도 쓴다. 또 산화하면 알데히드가 되는 성질도 있다. 알코올은 우리가 마시는 술부터 소독약 등에까지 여기저기서 쉽게 볼 수 있다. 술은 에탄올이라고도 부르는 에틸알코올이고, 성격이 매우 비슷한 메틸알코올은 마시면 죽는 독극물이다.

우리가 술을 마시면 조금 지나 머리가 아파오는 것은 술, 즉 에틸알코올이 아세트알데히드로 변했기 때문이다. 알데히드는 −CHO라는 기능기를 가지는 것으로 폼알데히드, 아세트알데히드 등이 있는데, 자극적인 냄새가 나고 산화되기 쉬운 성질이 있다. 그래서 환원제나 향료, 마취제로 사용한다.

알데히드 중 가장 작은 분자인 폼알데히드는 여러 열경화성 수지의 원료로 매우 중요한 산업재료다. 폼알데히드의 수용액을 포르말린이라고 하는데, 주로 방부제, 소독제, 마취제로 쓴다.

요리에서 신맛을 내기 위해 사용하는 초산은 바로 아세트산이다. 산(acid)은 카르복시기(-COOH)라는 기능기를 가지는데, 신맛이 나고 여러 물질을 녹이거나 부식시키는 성질이 있다. 물에 녹았을 때 산성도를 나타내는 pH값이 7보다 적은 물질을 말한다. 판화에서도 질산, 염산 등을 사용하여 구리판을 부식시킴으로써 이미지를 만들어 작품을 제작한다. 개미는 포름산(H-COOH, 가장 작은 크기의 산)을 무기로 사용하기도 한다. 황산(H_2SO_4)이나 질산(HNO_3)이 대기 중에 섞이면 산성비의 원인이 되기도 한다.

술은 용액이므로 농도가 중요하다. 술마다 도수가 달라 어떤 술에는 빨리 취하고 어떤 술에는 잘 취하지 않는다. 제일 약한 술은 맥주로 4~5도 정도 된다. 막걸리가 보통 6도 정도 되고, 포도주는 12~14도, 청주는 약 16도가 보통이다. 위스키와 고량주는 40도 정도로 제일 센 술이라고 할 수 있다.

용액이라면 우리는 액체 상태의 물 같은 것을 떠올리지만 물이 아닐 수도 있고, 심지어 액체가 아닐 수도 있다. 두 가지 이상의 물질이 섞여 있는 것을 모두 '용액'이라고 한다. 이때 많은 부분을 차지하는 물질을 '용매', 적은 부분을 차지하는 물질을 '용질'이라고 한다.

용액의 조성을 나타내는 방법으로 가장 많이 쓰는 방법은 질량%이다. 우리가 생활에서나 산업에서 다루는 대부분의 용액은 어떤 용질을 물에 녹인 수용액이다. 이때 용액에 용질이 얼마나 녹아 있는가를 농도로 나타낸다.

$$질량\% = \frac{용질의\ 질량}{용액의\ 질량} \times 100$$

3-15 바카디 151.

술의 도수는 질량%가 아니라 부피%다. 즉 소주 도수가 20%라면 소주 100ml 중에 20ml가 알코올이라는 뜻이다. 세계에서 가장 독한 술이라는 바카디 151은 알코올 도수가 151프루프(proof)인 술이다.[3-15] 이 프루프는 전체 술 200 중 알코올의 부피 비율을 나타낸 것이다. 바카디 151의 알코올 도수를 일반 방법으로 표시하면 75.5%가 된다. 소독용 알코올이 75∼88 부피%이므로 거의 소독액 수준이다. 미국식 100 프루프는 물 100에 알코올 100을 섞은 술이다. 지금은 프루프를 쓰지 않으나 미국에서는 가끔 표기되어 있다.

화학자들은 몰농도를 쓰기도 한다. 몰농도는 용액 1리터에 들어 있는 용질의 몰수를 표시한다.

$$몰농도(M) = \frac{용질의\ 몰수}{용액\ 1리터}\ (mol/L)$$

세제 혁명,
깨끗한 세상을 만들다
계면활성제

자전거 체인을 만지고 나면 손에 기름이 묻는다. 세면대에서 아무리 더운 물로 비비고 닦아도 기름때는 꿈쩍도 않는다. 이때 비누를 묻혀 씻으면 시원하게 닦인다. 여기서 비누가 기름때를 제거하는 과정이 화학반응이다. 비누, 합성세제, 중성세제, 계면활성제 등 비슷비슷하면서도 조금씩 다른 세탁과 세정의 화학에 대해 알아보자.

비누의 정체는 바로
계면활성제

3-16 김홍도(1745~?)의 〈풍속화첩〉에 들어 있는 그림 중 하나인 〈빨래터〉. 조선시대 빨래터 풍경이 잘 그려져 있다.

잿물
나뭇재를 물로 침출시켜 얻는 알칼리성 액체.

고대 그리스에서 신에 제사를 지낼 때 비계를 태우고 그 재를 강물에 풀었는데, 그 물로 몸을 씻으니 더 깨끗해진다는 경험을 통해 비누가 발견되었다는 설이 있다. 동양에서도 재를 섞은 물이 더 때가 잘 빠진다는 기록이 있고, 우리 조상들도 흰 한복을 빨 때 잿물을 즐겨 썼다고 한다.[3-16]

오늘날 비누로 사용하는 지방산나트륨도 이미 1세기경에 만들어졌고, 이를 세제로 사용하게 된 것은 2세기로 들어선 후부터다. 그리고 8세기에 이르러서는 비누가 대량으로 생산되어 세제로서 일반 대중이 널리 사용했고, 이후 18세기에 프랑스의 르블랑이 발명한 암모니아 소다법으로 수산화나트륨을 대량 생산함으로써 비누 제조의 기술이 확립되었다.

비누는 일부분은 친유성이고 다른 부분은 친수성인 특별한 모양의 분자다. 고급지방산이 염기와 반응하여 만든 염을 '비누'라 한다. 우리가 보통 기름이라고 부르는 지방산을 수산화나트륨으로 중화반응시키면 염이 생성되는데 이것이 '비누'다.[3-17]

$$R\text{-}COOH + NaOH \rightarrow R\text{-}COO^- Na^+ + H_2O$$

산   염기   염   물

여기의 지방산은 동물 기름(fat)이나 식물 기름(oil)에서 얻는다. 지방산들은 그 길이와 구조에 따라 각기 다른 이름을 갖고 있다. 소기름에서 얻는 스테아린산($CH_3(CH_2)_{16}COOH$)으로 보통 비누를 만들고, 야자(palm) 기름에서는 팔미틴산(palmitate $CH_3(CH_2)_{14}COOH$)을 얻어 조금 고급한 비누를 만든다. 세안용 비누는 이런 지방산염에 왁스, 소금, 글리세린, 물, 산화방지제, 향료, 색료 등을 첨가하여 만든다. 나트륨 대신 칼륨염을 쓴 연성 비누는 고급 비누나 샴푸 등에 사용한다.

3-17 비누.

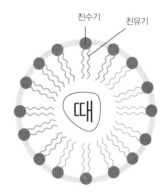

친수기   친유기

3-18 때를 둘러싼 미셀.

세제는 화학적으로 친수성기와 친유성기가 함께 붙어 있는 계면활성제라고 부르는 분자다. 때는 기본적으로 기름 성분으로, 세제에 들어 있는 친유성기가 기름때에 붙어 둘러싸면 친수성기가 겉을 덮은 친수성 방울인 미셀이 된다.[3-18] 표면이 친수성으로 덮인 미셀은 물에 잘 섞이고 물에 의해 씻겨 나간다. 옛날 냇가에서 빨래할 때 방망이로 두드리는 것이나 현재 세탁기에서 세탁물을 교반하는 것은 이런 작은 미셀이 잘 형성되도록 도와주는 일이다.[3-19]

비누는 보통 거품이 많이 인다. 세탁이나 세수를 할 때 거품이 많이 나면 깨끗해지는 느낌이 드는데, 거품이 많이 발생하면 정말 세탁이 더 잘

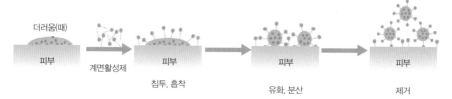

계면활성제의 세정 작용.

되는 걸까? 거품은 세탁능력과는 직접적인 관계가 없다. 세탁기에 사용하는 세제는 거품이 거의 없지만 세탁능력이 높다. 우리가 손을 씻거나 빨래를 할 때 거품이 없으면 헹굼을 위해 물이 많이 필요하다. 거품은 때를 둘러싼 미셀이 물에 씻겨 내려갈 때 세탁물에 다시 들러붙지 않게 수면 위로 띄워주는 역할을 할 뿐이다. 자동으로 물을 여러 번 헹구는 자동세탁기에서는 거품이 필요치 않다. 오히려 거품 때문에 세탁기 밖으로 물이 새어나와 감전의 원인이 되기도 한다.

비누와 같이 친유성 부분과 친수성 부분을 함께 가진 분자를 화학적으로 계면활성제라고 하는데, 계면활성제는 비누·세제·샴푸 등에서 세탁과 세척을 하거나, 화장품·치약·음식 등 액체로 된 상품에서 기름 성분과 수분이 잘 섞이게 하는 역할을 한다. 여기서 '계면'이란 물과 기름의 경계면을 뜻한다. 물과 기름은 서로 섞이지 않고 서로를 밀친다. 계면활성제는 그 밀치는 힘을 없애주며 경계면을 넘어 서로 섞이도록 도와주는 물질이다.

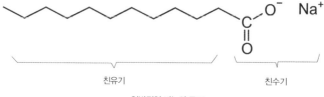

일반적인 비누의 구조

용도에 맞게 쓴다
: 세제의 여러 버전들

　　지방산 비누는 거품이 많이 일기 때문에 부유거품 층이 강 표면을 덮어서 산소나 햇빛이 물속으로 들어가는 것을 방해하여 강을 썩게 만든다. 하수도가 막히는 일도 잦다. 또한 센물에서 사용하면 센물 속에 있는 칼슘이나 마그네슘 같은 금속 이온들과 반응하여 침전물을 만들어서 세척력이 떨어지므로 더욱 많은 양의 비누를 써야 하는 문제가 발생한다. 또 비누는 잘 헹구어지지 않고 빨래 옷에 남아서 섬유의 올 사이에 축적되어 좋지 않은 냄새를 내고 옷을 상하게 한다. 그래서 만들어진 것이 석유에서 얻는 '합성세제' 곧 알킬벤젠술포네이트(ABS, Alkylbenzene Sulfonate)이다.[3-20]

3-20 섬유 세탁용 합성세제.

알킬벤젠술포네이트(ABS)

　　합성세제는 비누보다 물에 더 잘 녹고, 센물의 금속 이온과 만드는 염이 물에도 녹으므로 세척력이 떨어지지 않아 적은 양을 써도 된다. 또 하수도를 막거나 부유거품을 만들거나 침전물을 만들지 않는다.

　　그러나 이것에도 문제는 있다. 가지 있는 구조와 벤젠 고리 구조 때문에 박테리아에 의해 자연 분해되지 않아서 환경오염 문제를 야기하는 것이다. 그래서 요즘은 생분해성이 있는 합성세제인 LAS(Linear Alkylbenzene Sulfonate, 선형 알킬벤젠술포네이트)와 같은 계면활성제를 개발하여 사용한다. 이것은 비누보다 센물에서도 잘 녹아서 세탁력이 좋고, 거품이 많지 않아 세탁기에 쓰기도 좋으며, 생분해성도 가지고 있다.

LAS의 구조

비누는 약산과 강염기를 반응시켜 만들므로 전체적으로 염기성을 띤다. 비누나 대부분의 가루세제는 염기성 계면활성제를 주성분으로 하는데, 염기성 비누는 세정력은 높지만 울이나 비단 같은 동물성 섬유뿐만 아니라 천연 섬유인 린넨·면섬유를 뒤틀리게 하거나 수축시킨다. 또한 강한 염기성으로 섬유의 화학구조에 손상을 주기도 한다.

반면 양쪽성 계면활성제인 중성세제를 쓰면 보푸라기도 덜 생긴다. 물론 염기성 세제는 우리 피부에도 자극성이 높기 때문에 좋지 않다. 그래서 세제 회사에서는 pH를 6~8 정도의 중성으로 만들어 판매하는데, 이것을 '중성세제'라고 한다. 중성으로 만들기 위해 구연산 등을 첨가하며, 일반적인 주방용 세제도 중성세제로 만들어진다.

또한 피부나 모발은 보통 약한 음으로 대전되어 있어서 '양이온 계면활성제'는 모발이나 피부에 강하게 결합하여 잘 씻기지 않고 거품도 없기 때문에 세제로서는 효과적이지 않다. 다만 '양이온 계면활성제'는 비누나 합성세제 같은 음이온성 계면활성제로 세척을 한 이후 너무 과도하게 유성 성분을 제거하여 모발이 손상되거나 피부가 거칠어지는 것을

3-21 왼쪽부터 주방용 세제, 섬유유연제, 린스.

막아주는 보조제로 기능한다. 즉 린스나 섬유유연제에 들어가서 좀 더 부드러운 결과를 만들어준다. 4가 암모늄 에스테르나 알킬 4가 질소계 계면활성제는 자극성도 적고, 생분해성이 있어서 섬유유연제나 린스 등에 널리 활용하고 있다.[3-21]

4가 암모늄 에스테르

알킬 4가 질소계 계면활성제

그리고 위에서 말한 계면활성제들은 모두 이온 구조를 하고 있는 '이온 계면활성제'로서 피부에 자극을 주고, 눈에 들어가면 따갑다. 또한 이온 구조는 반응성이 있어서 예기치 않은 변화를 일으키기도 하고, 염을 만들기도 한다. 하지만 이온 구조를 전혀 가지지 않는 계면활성제는 이런 문제가 없다. 아무튼 친수성 부분과 친유성 부분이 한 분자에 붙어 있기만 하면 계면활성제가 된다.

폴리에틸렌이나 폴리프로필렌은 친유성이고, 폴리에틸렌옥사이드라는 고분자는 친수성이다. 이 두 고분자를 블록으로 결합하면 '비이온성 계면활성제'가 된다. 이 비이온성 계면활성제는 활용도가 아주 넓다. 눈에 들어가도 따갑지 않아 유아 비누나 민감성 피부에 사용하는 약용비누에 들어가며, 콘택트렌즈 세척에도 효과적이다. 그리고 크림, 로션 등 화장품에 널리 쓰고 있다.[3-22]

3-22 콘택트렌즈 세정제.

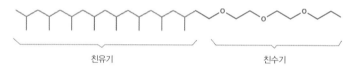

친유기　　　　　　　　　　　친수기

비이온성 계면활성제인 프로필렌－에틸렌옥사이드 공중합체

또한 계면활성제에는 분산제라는 중요한 용도가 있다. 화장품들은 대개 물과 기름을 함께 가지고 있다. 그 둘은 섞이지 않는다. 그래서 옛날에는 치약이나 화장품들이 물과 기름이 따로 놀아 분리되는 경우가 많았다. 처음에는 물만 나오고 나중에 다른 것이 나오는 일이 많아 흔들어 쓰는 일이 잦았다. 분산기술이 발전하지 못했기 때문이다. 계면활성제는 이런 물과 기름을 포함하는 제품들에서 이 둘이 분리되지 않고 균일한 성상을 갖도록 해준다. 친유성 부분의 길이와 친수성 부분의 길이를 조절하여 소포제·기포안정제·증점제·분산제·유화제·세정제 등으로 세제·제지·의약·식품 분야에 널리 사용한다.

화학을 알면 아름다워진다?

화장품, 패션

건강과 아름다움을 선사하는, 화장품

화장의 역사는 인류 역사와 거의 같을 것이다. 특히 색조 화장은 종족의 특징을 표시하기 위해, 사냥의 성공을 비는 주술의 의미로서, 또한 자신을 아름답게 보이기 위해 선사시대부터 시행해왔음이 여러 연구에서 밝혀졌다.

전설적인 이집트 여왕 클레오파트라

클레오파트라(Cleopatra)
이집트의 프톨레마이오스 왕조의 여성 파라오다.

3-23 클레오파트라의 초상화. 1세기 이탈리아 로마 헤르쿨라네움의 왕관과 진주 장식 머리핀을 꽂은 빨간 머리와 그녀의 뚜렷한 얼굴 특징이 잘 표현되었다.

(Cleopatra, 기원전 69~30)는 마스카라 눈화장의 달인으로 알려져 있다.[3-23] 당시 썼던 마스카라 재료는 황화안티몬(Sb_2S_3)이 주성분인 콜(kohl, 검정색의 광석) 가루였다.

중세시대 여성들의 화장은 교회의 눈을 피해 납, 분필, 밀가루를 발라 피부 빛을 창백하게 하는 화장법 위주로 제한적으로 이루어졌다. 19세기에도 빅토리아 여왕은 공개적으로 화장을 부적절하고 저속하며 배우들에게나 용인할 수 있는 것이라고 선언하는 등 비판적이어서 화장은 그리 활성화되지 못했다.

그 후 20세기 중반에 전 세계적으로 사회활동에 참여하는 여성들이 늘어나면서 미에 대한 관심이 높아짐에 따라 이전보다 많은 화장품을 사용하게 되었다. 그리고 점차 화장품을 제조할 때 미적인 아름다움뿐만 아니라 피부의 건강까지도 고려함으로써 화장품 산업은 날로 발전하게 되었다.

우리 피부는 크게 표피, 진피, 피하조직으로 나눈다. 표피의 맨 위는 각질이고, 각질 중 일부는 죽은 세포로 떨어져 나가는데, 이들 대부분은 케라틴이라는 단백질이다.

진피에는 중요한 대부분의 피부조직들이 포함되어 있다. 털이 나오는 모근을 담고 있는 모낭, 땀을 내는 땀샘, 자외선 차단 역할을 하는 멜라닌 세포, 피부를 재생하여 늘 신선한 세포를 유지해주는 케라티노사이트, 촉각세포와 신경, 핏줄 등이 포함되어 있다. 그 밑으로 피하조직이 있으며, 여기에는 지방층도 포함된다.[3-24]

화장품이나 피부에 작용하는 의약품은 이 모든 피부조직에 직간접으로 영향을 주어 유수분 평형과 탄력을 유지하고, 세균의 침입을 막으며, 상처가 생기거나 손상되는 조직을 재생한다.

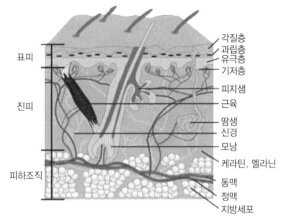

각질층
과립층
유극층
기저층

피지샘
근육

땀샘
신경
모낭
케라틴, 멜라닌

동맥
정맥
지방세포

표피

진피

피하조직

3-24 피부의 구조.

우리가 늘 쓰는 기초화장품인 로션이나 에센스에는 물과 기름 성분이 함께 들어 있는데, 만일 여기에 계면활성제가 들어 있지 않다면 각 성분들이 섞이지 않아서 사용하기가 곤란할 것이다. 치약의 경우 물만 나오다가 고체 성분이 따로 나오거나 할 것이다. 화장품에 모든 성분이 잘 섞여 있는 것도 화학의 덕분인 것이다.

머리카락이 희어지거나, 또는 다른 색으로 멋을 내고 싶을 때 우리는 염색을 한다. 머리카락이 희어지는 이유는 머리카락에 있던 멜라닌 색소가 감소하기 때문이다. 보통 염색약은 2개의 약제를 섞어서 쓰는데, 산화형 염료인 방향족 아미노화합물과 암모니아를 포함하는 제1제와 과산화수소 등 산화제를 가진 제2제를 혼합하면 산화반응이 일어나며 발색된다.

손톱에 바르는 매니큐어는 일반 도료나 페인트 같은 재질을 사용하면 손톱 밑의 세포가 숨을 못 쉬어 염증이 생기기 쉽다. 그래서 니트로셀룰로스라는 에나멜 고분자를 사용한다. 이 고분자 필름은 산소를 비교적 잘 투과하고, 광택도 있어서 매니큐어엔 적격이다. 요즘 유행하는 반짝이는 매니큐어는 미세한 산화알루미늄이나 산화철 입자를 포함한다.

3-25 화장품들(마스카라, 아이섀도, 볼연지, 파운데이션).

파운데이션이나 로션 같은 화장품에서 가장 중요한 성분은 자외선 차단 성분이다. 자외선은 광화학 작용이 강하고 에너지가 높으므로 피부암 등 다양한 피부질환이나 피부노화를 일으킨다.[3-25] 자외선 차단 성분은 보통 자외선이 피부에 닿기 전에 반사시키는 이산화티타늄이나 산화아연, 또는 펄이나 실크제제 등이다. 또 자외선을 흡수하는 아미노벤조산이나 벤조페논 등을 사용하여 피부에 흡수되기 전에 자외선을 흡수하여 그 피해를 줄여준다.

립스틱은 색소로 카민이나 에오신 같은 식용 색소를 사용하며, 광택을 내기 위해 식물성 왁스나 밀납, 세레신 등의 고체 유성 원료와 피마자유, 유동성 파라핀, 합성 폴리에스터 등으로 만든다. 요즘은 묻지 않고 잘 지워지지도 않는 파라핀이나 아크릴, 실리콘 등의 고분자를 많이 사용한다.

화학을 입고 화학을 신는, 패션

화학의 산물 없이 우리는 하루인들 살 수 있을까? 우리가 입는 옷은 면, 비단 같은 천연섬유뿐 아니라 폴리에스터, 나일론, 레이온 같은 합성 고분자를 더 많이 사용한다. 특히 폴리에스터는 거의 대부분의 옷감에 사용하고, 양복 기지도 고급은 대개 모직과 폴리에스터의 혼방을 쓴다.[3-26] 폴리에스터가 들어가야 옷태가 좋아지고, 형태를 오래 유지하기 때문이다.

불소수지라고도 부르는 PTFE
라는 첨단 섬유는 물을 근처에도
못 오게 하는 성질이 있어 이 실
을 조금 섞어 직조한 옷은 방수는
되면서 땀은 잘 배출하는 천상의
옷감이 된다. 이 섬유를 섞은 아
웃도어 제품은 한 벌에 수백만 원
을 호가하기도 한다.

3-26 각종 폴리에스터 의류.

요즘 거의 모든 옷에 널리 쓰는
스판덱스는 폴리우레탄의 탄성
을 이용한 첨단 섬유다. 방수성과
유연성, 광택과 강도가 매우 뛰어
난 옷감으로 운동복이나 편의성
바지 등에 적합하다.

3-27 폴리우레탄 재질의 운동화.

신발도 화학의 산물이다. 탄성이 뛰어난 폴리우레탄을 밑창이나 안창
에 사용하며,[3-27] 또한 천연가죽보다 더 오래가고 유연성도 높아 편한
구두에는 인조가죽을 널리 사용한다.

운동화는 거의 합성 고분자의 무대다. 폴리우레탄과 EVA를 조합한 고
급 운동화는 오래 걷고 뛰어도 발에 충격을 주지 않아 런닝화나 조깅화
로 인기가 높다. 이와 같이 우리는 화학의 산물들을 입고, 신고 산다.

주변 온도에 따라 보온·냉각 기능을 다 갖춘
'쌍방향 특수섬유'

섬유를 합성하는 기술이 나날이 발달함에 따라 다양한 특성을 나타내는 기능성 섬유가 잇따라 등장하고 있다. 더위나 추위 어느 한쪽에 대처할 수 있게 하는 기능성 섬유도 이미 여러 가지가 개발되어 있는 상태다. 그런데 얼마 전 더위나 추위 등 주변 환경에 맞춰 땀을 빨리 배출하거나 체온을 뺏기지 않게 하는 쌍방향 특수섬유가 개발되어 화제를 모으고 있다. 즉 추우면 보온 기능을 발휘하고, 더우면 냉각 기능을 갖추는 자동 보온·냉각 기능의 특수섬유가 그것이다.

3-28 메릴랜드 대학 왕유황 교수팀이 개발한, 주변 기온에 맞춰 기능하는 특수섬유. ⓒ 메릴랜드 대학 페이레빈

미국 메릴랜드 대학 화학·생화학 담당 왕유황 교수가 이끄는 연구팀은 적외선 방사가 통과하는 양을 조절해 냉각과 보온 기능을 모두 수행할 수 있는 섬유를 개발했음을 2019년 2월 8일자 『사이언스(Science)』를 통해 밝혔다.[3-28]

이 연구팀은 방수와 흡수 성질을 각각 가진 두 종류의 합성물질로 실을 뽑은 뒤 초경량 도체성 금속인 '탄소나노튜브'를 입혀 특수섬유를 만들었다. 이 섬유는 방수와 흡수 물질을 모두 갖고 있어 덥고 습한

환경에서는 뒤틀리게 된다. 이는 실 가닥을 더 밀착시켜 섬유의 기공을 열게 하는데, 특히 실을 덮고 있는 탄소나노튜브 간 전자기 결합을 조절해 열이 빠져나가게 함으로써 냉각 효과를 발휘하게 된다. 이와 반대로 춥고 건조할 때는 열이 빠져나가는 것을 차단함으로써 체온을 유지시켜 보온 효과를 유지해준다.

이를 적외선 방사에 대한 '게이팅(gating, 관문개폐)'이라고 한다. 이 특수섬유가 몸에서 나는 열과 상호작용을 하며 열을 옷 밖으로 내보내거나 차단하는데, 인간이 덥거나 춥다고 느끼기 전에 거의 즉각적으로 반응해 기능을 조절하는 것이다.

이 연구팀은 "인체는 완벽한 라디에이터로 열을 즉각적으로 발산한다"면서 "역사적으로 이 라디에이터를 조절하는 유일한 길은 옷을 벗거나 입는 것이었지만, 이 섬유는 양방향으로 조절할 수 있다"고 설명했다.[1]

이러한 쌍방향 특수섬유를 상업화하는 데는 연구가 더 필요하지만, 기본 섬유에 사용하는 물질은 쉽게 구할 수 있고, 탄소나노튜브 코팅도 일반적인 염색 과정을 통해 쉽게 처리할 수 있어, 이것이 앞으로 상용화되는 데 큰 문제는 없는 것으로 전망된다.

스포츠는 화학에게 맡겨라

최첨단 소재

최첨단 화학,
스포츠 경기에서 신기록을 양산하다

2009년 제12회 세계육상선수권대회가 열린 독일 베를린의 올림픽 슈타디온의 트랙은 파란색으로 깔려 있어 사람들을 놀라게 했다. 이 트랙에서 달린 우사인 볼트는 마의 10초 벽을 훌쩍 넘어 9초 58로 신기록을 달성했다.[3-29] 미국의 타이슨 게이도 자기 기록을 0.06초나 당겨 9초 71을 끊었다. 뿐만 아니라 이 경기에서 결승전에 참가한 선수 중 5명이 9초 93 이하로 들어와서 신기록을 양산했다.

그런데 왜 이때 갑자기 신기록이 쏟아졌을까? 이 경기장은 2004년 개 보수하면서 아스팔트 위에 탄성이 뛰어난 폴리우레탄을 세 겹 깔고 그 위에 합성고무 두 층을 덮었다. 총 두께 13mm나 되는 최첨단 트랙이었 다. 탄성이 좋고 충격을 흡수해주는 트랙 덕분에 육상의 신기록이 쏟아 졌던 것이다.

3-29 2009년 베를린 슈타디온에서 몬도 트랙을 달리는 우사 인 볼트.

2000년 시드니 올림픽 수영 종목 에서 호주의 이안 소프는 그전에는 볼 수 없었던 놀라운 수영복 차림으 로 출발점에 섰다. 수영복은 최소로 입어야 기록이 좋아진다는 것이 기 존의 이론이었는데, 소프는 발부터 머리까지 전신을 감싸는 전신수영복 을 입고 있었다.[3-30] 전신수영복을 입은 소프는 3관왕에 올랐다. 소프 뿐만이 아니었다. 이 경기에서 전신 수영복을 입은 선수들이 신기록 17 개를 쏟아냈다.

3-30 2009년 미국선수권대회에서 전신수영복을 입은 수영선 수들.

이 전신수영복은 부력과 탄성이 큰 폴리우레탄 재질의 라이크라(Lycra) 와 나일론의 합성섬유를 사용한 첨단과학의 산물이었다. 이 위에 테플 론(Teflon) 코팅까지 하여 마찰력을 5%나 감소시켜서 2008년 베이징 올림픽에서는 108개의 세계신기록, 2009년에도 43개의 세계신기록이 양산되었다.

이렇게 첨단과학을 적용한 전신수영복 덕분에 기록은 단축되었으나 너무 비싼 가격 때문에 가난한 국가의 선수들이 착용하지 못하게 되었고, 그래서 공정한 경기가 아니라는 이유로 세계수영연맹에서는 2010년부터 전신수영복을 금지하게 되었다. 이 전신수영복 금지 후 열린 첫 세계선수권대회에서 우리나라의 박태환이 400m 자유형에서 우승하기도 했다.

이제 축구 종목을 보자. 축구공은 첨단 재료의 발전과 역사를 같이했다. 처음에는 천연가죽을 사용했으나 공이 물에 젖으면 무거워져서, 미끄러지거나 부상을 당하는 경우가 적지 않았다. 1978년 아르헨티나 월드컵의 공인구인 '탱고'에는 처음으로 폴리우레탄과 합성고무를 적용했다. 방수가 완벽하고 탄력이 좋으며 속도도 빨라서 공격수들이 최고의 공이라고 격찬했지만 골키퍼들은 공포에 떨 수밖에 없었다.

3-31 2018년 러시아 월드컵 공인구 텔스타 18.
© Дмитрий Садовников

2002년 한일 월드컵 공인구 '피바노바'도 폴리우레탄과 부틸고무를 사용한 것으로, 고분자의 가교결합을 응용한 기포강화 플라스틱이라는 신기술이 접목되었다. 이후 2010년 남아공 월드컵의 '자블라니', 2014년 브라질 월드컵의 '브라주카', 2018년 러시아 월드컵의 '텔스타 18'까지 마찰력, 탄성, 속도 등을 증가시키는 방향으로 축구공은 발전에 발전을 거듭해왔다.[3-31]

스포츠 기록 경신과
일상의 레저를 바꾼 화학

스포츠 분야에서의 화학의 역할은 눈이 부실 정도다. 운동복은 폴리에스터를 기본으로 채용하는데, 폴리에스터는 강도·보온성·탄성이 좋고, 땀을 빨리 배출하며, 구김도 잘 안 가는 특성을 지녔기 때문이다. 여기에 가볍고 강한 나일론과 탄성이 탁월한 라이크라 섬유를 조합한 첨단섬유는 거의 모든 경기에서 선수들의 기록 향상에 큰 도움을 주고 있다.

각종 경기에는 경기 특성에 최적화된 운동화가 필요한데, 폴리우레탄이나 합성고무는 발포 정도와 구조의 변화를 자유자재로 조절함으로써 최적의 경기 상태를 보장해준다. 탄소섬유 강화 플라스틱은 스키·보드·썰매·요트·양궁 등에 폭넓게 사용되며, 펜싱·스켈리턴·럭비·하키 등에서 선수들의 안전을 위해 착용하는 보호장비에는 탄소섬유 복합재료나 케블라 초고강도섬유, 초고분자량 폴리에틸렌 등을 사용한다.

골프공은 폴리설폰이라는 초고강도 플라스틱으로 만들며, 당구공은 폴리페놀이라는 신재료가 나오기 전까지는 코끼리 상아로 만들었다. 낚싯대도 탄소섬유 복합재료를 사용하여 가볍고 강해졌는데, 나일론으로 만든 낚싯줄은 절대 끊어지지 않는다.

기록 경신을 위한 경기용 특수 분야 외에도 새로운 화학 재료들은 우리 일반인들의 스포츠와 레저의 일상도 확연하게 변화시켰다.

각 경기에서 쓰는 첨단 화학 재료들을 정리하면 다음과 같다.

경기	분야	재료
육상	트랙, 운동화, 셔츠	PU, 합성고무, polyester, EVA
수영	수영복	PU, spandex, Lycra, neoprene, Teflon
역도	미끄럼방지제	탄산마그네슘
체조	매트, 미끄럼방지제	EPDM, 탄산마그네슘
펜싱	펜싱복	초고분자량PE
양궁	활, 화살	탄소섬유, 탄소나노튜브
축구	공, 축구화, 운동복, 인조잔디	PU, 합성고무, EVA, polyester, EPDM
농구	농구공	PU
테니스	라켓, 공, 네트, 신발	탄소섬유composite, PU, butyl 고무
하키	스틱	탄소섬유composite, 탄소나노튜브
골프	골프공, 골프채, 장갑, 신발	polysulfone, 탄소섬유, EVA, PU
요트	요트 몸체, 돛	FRP, nylon, neoprene foam
수상스키	수상 스키, 구명대, 물안경	Kevlar, PU, nylon, neoprene foam
스케이팅	운동복	PU, spandex, Lycra, Kevlar
스키	스키, 안경, 옷	탄소섬유composite, Kevlar, PC, PU
스노보드	보드, 부츠, 운동화	탄소섬유composite, Kevlar, PU, EVA
썰매	스켈리턴, 봅슬레이, 헬멧	탄소섬유composite, PE, Kevlar
당구	당구공	polyphenol
비치발리볼	공	butyl 고무
수구	수구공	butyl 고무

* PU(Polyurethane), EVA(Ethylen Vinyl Acetate), EPDM(Ethylene Propylene Diene Monomer), PC(Polycarbonate)

의약품도 모두 화학으로 만든다
의약품

온갖 질병에서 인류를 구한
화학 약품들

옛날에는 배를 오래 타는 선원들이 이유 없이 죽는 일이 많았다. 유럽에서 인도로 가는 뱃길을 발견한 바스코 다 가마의 배에서는 선원 160명 중 100명 이상이 육지를 밟기 전 죽었다고 한다. 그들은 처음에는 피로감을 호소하며 입에서는 계속 피를 흘리고 시름시름 앓다가 죽어갔다. 이 병이 괴혈병으로, 비타민C가 부족하면 생기는 병이다.

비타민C도 물론 의약품이고, 화학물질이다. 제조도 화학적으로 한다. 비타민C의 화학명은 '아스코르브산(ascorbic acid)'이다. 'a'는 'anti'라는 뜻이고, 괴혈병이 라틴어로 '스코르비아'여서 괴혈병을 막는 약이란 뜻이다. 비타민C와 아스코르브산은 100% 같은 물질이다.

헝가리 태생의 화학자 알베르트 센트죄르지(Albert Szent-Gyorgyi, 1893~1986)는 괴혈병의 원인이 비타민C라는 것을 밝혀내고 이를 추출한 공로로 1937년 노벨 생리의학상을 받고, 영국의 월터 하워스(Walter Norman Haworth, 1883~1950)는 비타민C의 구조를 밝히고 최초로 화학 합성한 공로를 인정받아 같은 해 노벨 화학상을 받았다. 두 분야의 노벨상을 수여할 정도로 비타민C는 매우 중요한 의약품이었다.

비타민C(아스코르브산)

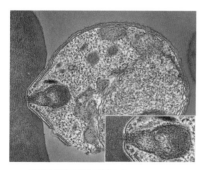

3-32 말라리아에 감염된 적혈구. © NIAID

역사상 위대한 정복자로 알려진 알렉산드로스 대왕은 정복을 마치고 돌아오던 중 말라리아로 목숨을 잃었다. 명작 『신곡』을 쓴 시인 단테도, 살아 있는 성인으로 추앙받던 마더 테레사도 말라리아로 세상을 떠났다. 아프리카에서는 매년 3억 이상이 말라리아에 걸리며 그중 100만 명 이상이 죽음을 맞는다.

말라리아가 아프리카에서만 맹위를

떨친 것은 아니다. 이것이 이탈리아어로 '나쁜 공기'라는 뜻의 '말라리아'로 불리게 된 것을 보면 이탈리아에서도 흔한 질병이었음을 알 수 있다.[3-32]

3-33 키나나무. © wikipedia.org

로마 근교 바티칸 주위엔 늪지대가 많아 모기가 많이 서식했다. 1048년 선출된 교황 다마소 2세는 선출된 지 23일 만에 말라리아로 선종하고 말았다. 1590년에 교황으로 선출된 우르바누스 7세도 선출된 지 2주 만에 세상을 떠났다.

페루 고지대에 서식하는 키나나무(Quinine, 기나나무, 신코나무) 껍질이 말라리아에 효능이 있다는 것은 꽤 일찍부터 알려졌으나 17세기가 되어서야 유럽에 전해졌다.[3-33]

미국 하버드 대학의 로버트 우드워드(Robert Burns Woodward, 1917~79)가 그 껍질의 성분이 '퀴닌'이라는 것을 밝혀내고, 1944년 이를 최초로 합성하는 데 성공했다. 상당히 복잡한 구조를 가진 퀴닌을 합성했을 때 세계는 놀랐고, 그가 27세 청년이라는 사실에 세계는 또 한 번 놀랐다. 그는 이후 수많은 어렵고 복잡한 물질들을 합성해냄으로써 1965년 노벨 화학상을 수상했다.

퀴닌(말라리아 특효약)

프랑스의 왕 프란시스 1세, 잉글랜드의 왕 헨리 8세, 위대한 소설가 기 드 모파상, 위대한 음악가 로베르트 슈만, 시인 알퐁스 도데, 전설의 카사노바. 이들은 모두 매독(梅毒, Syphilis)에 걸려 죽었다고 알려진 인물들이다. 매독은 아메리카의 풍토병이었다가 콜럼버스에 의해 유럽에 전해진 것으로 알려졌으나 확실하지는 않다. 그런 이야기가 성립하게 된 것은 유럽에서 매독이라는 성병의 기록이 콜럼버스가 귀국한 직후 스페인에서 급증했으며, 이후 프랑스로 번지고, 1494년 발발한 이탈리아 전쟁에서 프랑스군이 나폴리를 점령하고 그곳에 매독이 창궐했기 때문이다. 당시 이 병은 프랑스병 또는 나폴리병으로도 불렸고, 러시아에서는 폴란드병으로, 폴란드에서는 독일병으로 부를 정도로 일상적인 질병으로 자리잡았다.

매독은 전염성이 강할 뿐만 아니라 그 병의 증상도 끔찍했다. 처음에는 피부발진이 생겼다가 물집과 고름이 흐르고, 뼈와 각종 장기와 신경

살바르산(3량체와 5량체, 두 화합물의 혼합물이다.)

계와 뇌로 전이되어 사망에 이르는 병이다.[3-34] 이 공포스러운 병의 종식을 가져온 살바르산은 1907년 폴 에를리히(Paul Ehrlich, 1854~1915)가 처음으로 합성했는데, 그 공로를 인정받아 그는 1908년 노벨 생리의학상을 받았다.

살바르산은 화합물606호라고 부르기도 하는데, 학명은 아르스페나민이며, 구조는 아미노페놀의 비소 3량체와 5량체의 혼합물이다. 살바르산은 비소를 중심으로 하는 약제로 부작용이 심해서 새로운 항생제를 만들기 위해 전 세계 화학자들의 노력이 집중되었다. 1931년 드디어 독일의 게르하르트 도마크(Gerhard Johannes Paul Domargk, 1895~1964)가 설폰아마이드크리소이딘을 합성하며 설파닐아미드 구조의 항생제가 각종 감염에 탁월한 효능을 보인다는 것을 밝혀냈다. 이 공로로 그에게는 1939년 노벨 생리의학상이 수여되었다.

1935년부터 1946년 사이에만 5,000종이 넘는 설파제(설폰계 항생제)들이 합성되었다. 설파제가 도입된 뒤로 미국에서만 폐렴으로 인한 사망자가 연간 2만 5천 명이나 감소했다. 화학으로 인류를 살린 대단한 업적이 아닐 수 없다.

설폰아마이드크리소이딘(sulfonamidechrysoidine)

약품의 효능을 극대화하는
약물전달 시스템

현대 의학은 의약의 효능을 극대화하기 위하여 고분자를 운반체로 사용한다. 모든 약은 어느 정도의 부작용은 상존하고,

약의 용량을 과도하게 늘리면 극히 위험하기도 하다. 그래서 일정 시간 간격을 두고 약을 투여하게 된다. 우리 몸에 필요한 양이 100이라면 130 정도를 투여해서 점점 약의 혈중 농도가 떨어져서 80 이하가 되면 다시 약을 투여하는 것이다.

그러나 고분자를 이용하여 약을 투여하면 하루 한 번 투여로 24시간 일정한 혈중 농도를 유지시킬 수 있다. 그런 예가 파스다. 파스를 붙이면 파스의 약 성분이 장기간 일정량만큼씩만 피부를 통하여 인체에 유입된다. 이렇게 하면 약의 부작용을 없앨 수 있고, 약을 낭비 없이 사용

할 수 있을 뿐 아니라 약의 투여를 자주 안 해도 된다. 이런 기술들을 약물전달 시스템(DDS, Drug Delivery System)이라고 한다.[3-35, 3-36]

3-35 DDS 기술을 적용한 약들.

또한 약을 아주 작은 고분자 캡슐로 싸서 투입하면 캡슐의 표면을 통해 일정한 양이 방출되도록 조절할 수 있다. 이러한 원리는 농약에도 응용되었으니, 이로써 생태계에 큰 부작용을 주지 않고 최소의 농약을 사용하는 저공해 농업이 가능해졌다.

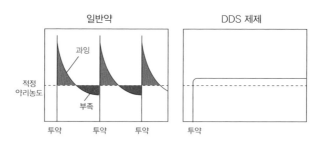

3-36 일반 약은 자주 약을 복용해야 하는데 투약 초기에는 약의 농도가 과잉이고, 일정 시간 뒤에는 농도가 부족한 상황이 되어 약을 낭비하게 되고 효과도 떨어지며 불편하기도 하다. 그러나 DDS 제제는 한 번 투약한 약의 농도가 장기간 일정 농도로 지속되어 약의 낭비가 없고, 부작용도 최소화할 수 있으며, 편리하기도 하다.

Chapter 4

인류를 이끄는
첨단기술 속의 화학

—— 화학은 생활뿐만 아니라 첨단기술 분야에서도 아주 중요하다. 모든 첨단기술의 최종 제품을 제조하는 데는 역시 화학이 중추적인 역할을 한다. 현대의 3대 기술이라면 IT, BT, ET를 꼽는데, 이것들도 모두 그 중심 기술은 화학이다.

특히 우리가 한시도 떨어져서는 살 수 없을 것 같은 스마트폰의 가장 중요한 부분이 바로 디스플레이인데, 이것이야말로 첨단 화학의 산물이다. 옛날에는 무겁고 두꺼운 브라운관 TV를 썼으나 지금은 TV도, 스마트폰도, 컴퓨터도, 태블릿도 모두 얇고 가벼운 평판 디스플레이를 쓰고 있다.

휴대용 기기의 가장 중요한 부품 중의 하나가 전지임은 우리 모두가 체감하는 것이다. 아침에 들고 나온 스마트폰이 전지가 다 떨어져서 쓸 수 없다면 무용지물이다. 여기에도 고도의 화학 기술이 들어간다.

그 밖에 스포츠, 과학수사, 자동차 등의 첨단기술은 화학에 아주 밀접하게 기대고 있다.

반도체 제조는 화학공정이다

IT 반도체 기술

IT 세계는 반도체 세상

IT의 핵심은 반도체다. 반도체 생산 8대 공정은 다음과 같다.[4-1]

① 웨이퍼(wafer) 제작 → ② 산화 공정(oxidation) → ③ 포토 공정(photo lithography) → ④ 식각 공정(etching) →

웨이퍼(wafer) 제작
전자회로 기판의 기본 바탕재를 만들기 위해 규소 같은 소재의 결정을 얇은 절편으로 절삭 가공한 것을 말한다. 일반적으로 큰 구경으로 만들어 여러 개의 반도체를 한꺼번에 제조한다.

⑤ 박막, 증착 공정(thin flim, deposition, 전기적 특성을 갖게 하는 공정) → ⑥ 금속화 공정(metallization, 금속 배선 공정) → ⑦ 전기특성 검사(electrical die sorting) → ⑧ 패키징(packaging)

반도체 8대 공정

웨이퍼 제작 → 산화 공정 → 포토 공정 → 식각 공정

패키징 ← 전기특성 검사 ← 금속화 공정 ← 박막, 증착 공정

4-1 반도체 생산 8대 공정.

반도체를 생산하는 8대 공정 중 검사 공정인 7번째 공정을 제외하고는 모두 화학공정이다. AI(인공지능)의 장밋빛 미래를 이야기하지만 그를 실현시키기 위한 반도체나 저장장치는 모두 화학자가 만들어주어야 하는 것이다. 우리나라 반도체 기술 수준은 세계 최고인데, 이는 우리나라 화학기술이 높은 수준이기에 가능한 일이다.

지금의 거대한 전자세상은 사실 반도체가 만든다고 할 수 있다. 그 반도체를 만들기 위해서는 우선 실리콘 원석으로부터 실리콘을 추출하여 결정으로 육성하고, 슬라이스로 절단하여 웨이퍼로 만든 후 감광성 고분자(photoresist polymer)를 도포한다.[4-2] 이후 회로에 마스크를 덮은 후 자외선을 비추어 현상한 뒤 식각하고 산세척하여 만든 부식 부분에 전도체를 화학 증착한다. 이렇게 해서 만들어진 것이 반도체다. 여기서 실리콘 결정 육성, 감광성 고분

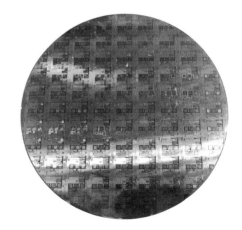

4-2 실리콘 웨이퍼.

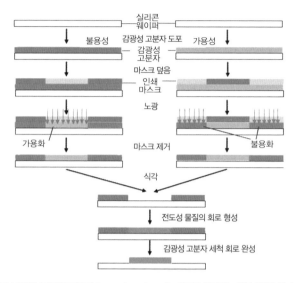

실리콘
웨이퍼

불용성   감광성 고분자 도포   가용성

감광성
고분자

마스크 덮음

인쇄
마스크

노광

가용화   마스크 제거   불용화

식각

전도성 물질의 회로 형성

감광성 고분자 세척 회로 완성

4-3 반도체 제조 공정에서 감광성 고분자(photoresist polymer)는 회로를 형성하는 핵심 역할을 한다.

자 도포, 광화학반응, 산세척, 화학 증착 등 대부분의 공정이 화학공정이다.[4-3] 즉, 반도체는 회로만 전자공학자가 설계하는 것이고, 제조공정은 거의 화학공정이다.

반도체는 보통 메모리 반도체와 시스템 반도체로 나뉜다. 메모리 반도체는 기억하고 저장하는 일을 하며, 시스템 반도체는 연산처리를 하는 중앙처리장치를 만드는 데 쓴다.

메모리 반도체에는 D램, S램, 낸드 플래시 등이 있다. 주기억장치로 사용하는 D램은 동적 메모리로서 전원을 끄면 메모리가 사라지는 휘발성(반도체 자체가 휘발하는 게 아니라 기록이 휘발한다) 반도체이며, 용량이 크고 속도가 빠르다. 캐시 메모리로 쓰는 S램은 정적 메모리로서 전원을 꺼도 메모리를 유지하는 반도체다. 반면 플래시 메모리는 비휘발성이고 고밀도 집적이 가능하며, 다시 낸드 플래시와 노르 플래시로 구분한다. 낸드

플래시는 비교적 저가에 대용량 저장이 용이한
장점이 있어 USB나 메모리 카드에 쓴다.

우리나라는 메모리 반도체에서 강세를 보이
며, D램과 낸드 플래시 모두 압도적 시장점유
율을 보이고 있다. D램의 경우, 2018년 3월 매
출을 기준으로 우리나라의 삼성이 43.9%, SK
하이닉스가 29.5%, 미국의 마이크론이 23.5%
순이어서, 삼성과 SK하이닉스 등 우리나라 반

2018년 전 세계 D램 시장 점유율(단위 : %)

4-4 전 세계 D램 시장 점유율(2018년).

도체 기업의 점유율은 73.4%로 압도적이다.[4-4] 낸드 플래시 메모리도
삼성전자가 35.6%, SK하이닉스가 10.8%의 시장점유율로 우리나라가
주도하고 있다.

최근 2019년 3월 삼성전자는 3세대 10나노급 D램 반도체를 개발하여
양산 준비에 들어갔다고 발표했다. 세계 2위인 SK하이닉스와 세계 3위
인 미국 마이크론은 2세대 10나노급 양산에 들어간 수준이고, 반도체 굴
기로 반도체 산업에 국가적으로 천문학적 금액을 투자한 중국은 아직 D
램 양산을 시작도 못한 수준이라 우리나라 반도체 기술 수준은 그야말
로 초격차를 유지하고 있는 셈이다.

반도체에 불순물을 극미량 첨가하면 전기전도성이 급격히 증가하는데,
이 성질을 응용하여 연산능력이나 저장능력을 갖는 반도체를 만들 수 있
다. 이때 불순물을 극미량 첨가하는 것을 '도핑(doping)'이라고 한다.

실리콘보다 전자 수가 많은 비소 같은 원소를 실리콘 결정에 미량 첨
가하면 잉여의 전자(다음 그림 [4-5]에서 ●)를 가진 n형(음성) 반도체가 된
다.[4-5] 한편 실리콘에 비해 전자 수가 작은 보론 같은 원소를 실리콘 결
정에 도핑하면 전자가 부족한 자리에 전자구멍(다음 그림 [4-6]에서 ㅁ)이

생긴다. 이렇게 만든 반도체를 p형(양성) 반도체라 한다.[4-6]

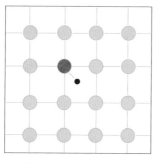

4-5 n형 반도체.

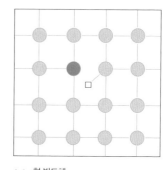

4-6 p형 반도체.

다이오드(diode)
반도체 두 개를 결합했다는 뜻을 가진 이름의 반도체 소자로 전류를 한 방향으로만 흐르게 하고, 그 역방향으로 흐르지 못하게 하는 정류 성질을 가지고 있다.

p형 반도체와 n형 반도체를 결합시키면 p-n 다이오드(diode)가 된다. p-n 다이오드에서는 n형 반도체의 잉여 전자가 전자구멍을 가진 p형 반도체 쪽으로 이동하게 된다. 전자의 이동이 바로 전류이므로 두 반도체를 접합하여 다이오드를 형성하는 것만으로도 전류를 생산할 수 있다.

이런 다이오드는 전자회로에서 매우 중요한 역할을 한다. 만일 이 다이오드에 전류가 순방향(p형 반도체에서 n형 반도체로)으로 흐르면(전자의 흐름과 전류의 흐름은 반대) 전류의 흐름을 지속한다. 그러나 역방향(n형 반도체에서 p형 반도체로)으로 전류가 흐르면 유입된 전자가 p형 반도체의 정공(전자구멍)을 메워주므로 전자의 흐름은 멈춘다. 즉 전류가 차단된다. 이것을 정류작용이라고 하는데, 이것이 전자회로 내에서 전류가 역류하여 기기가 망가지거나 방전하는 것을 막아준다.

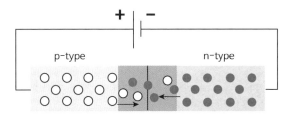

4-7 전자는 n형 반도체에서 p형 반도체로 흐르고 전류는 반대방향으로 흐른다. 전류를 정방향으로 걸어주면 n형 반도체의 남는 전자들이 p형 반도체의 정공 쪽으로 흐르게 된다. 음극(−)에서 전자들이 계속 n형 반도체로 유입되므로 전류는 계속 흐르게 된다.

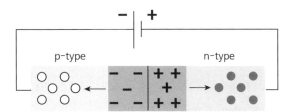

4-8 전류가 n형 반도체에서 p형 반도체 방향으로 걸리면 전류의 흐름이 멈춘다. 정류를 역방향으로 걸어주면 음극(−)에서 나온 전자들이 p형 반도체의 정공들을 메워주고, n형 반도체에는 전자가 많으므로 전자가 n형 반도체 쪽으로 흐르지 못한다. 즉 역방향으로 걸린 전류가 끊기게 된다.

    p형 반도체와 n형 반도체를 교대로 3개를 연결한 것을 '트랜지스터 (transistor)'라고 하는데, 이것이 증폭작용을 하여 연산이나 스위치 작용을 한다. 전자회로는 이런 각종 다이오드나 트랜지스터 반도체를 사용하여 복잡한 회로도 만들고, 저장 또는 연산을 하는 반도체 집적회로도 만든다.

그래핀, 새로운 반도체 재료로 등장하다

    현재의 반도체는 실리콘 화학이다. 그러나 실리콘으로는 도달할 수 있는 만큼 거의 다 발전했다. 그래서 획기적인 새로

4-9 그래핀의 구조. ⓒ AlexanderAlUS

운 반도체 재료를 연구 중이니, 이것도 역시 화학자의 몫이다. 2010년 노벨상을 수상한 새로운 재료인 '그래핀(graphene)'은 금 다음으로 전기가 잘 통하는 물질이다.[4-9] 그래핀은 흑연을 뜻하는 '그래파이트'와 화학에서 탄소 이중결합 형식을 띤 분자를 뜻하는 접미사를 결합해 만든 용어인데, 그래핀은 대표적 전도체인 구리보다 10배 이상 전기가 잘 통한다. 그러므로 전자의 이동 속도가 매우 빨라 지금 반도체 재료로 사용하는 실리콘보다 100배 이상 빠른 반도체를 만들 수 있다. 저항이 적기 때문에 열이 덜 나고 속도가 빠른 반도체를 만들 수 있는 첨단 소재이기에 현재 활발히 연구되고 있다.[4-10]

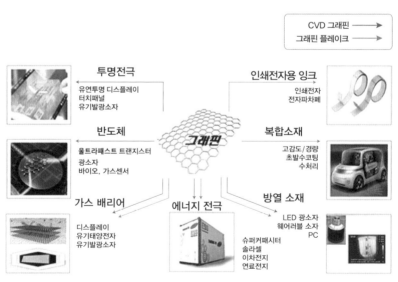

4-10 그래핀 제품군. ⓒ 산업통상자원부

또한 이황화몰리브덴(MoS_2)도 새로이 각광 받는 차세대 반도체 재료다. 이황화몰리브덴은 그래핀보다 밴드갭을 조절할 수 있는 반도체의 특성을 갖고 있기 때문에, 도체 성질을 가진 그래핀보다 활용 분야가 넓다는 장점이 있다.

이와 함께 아주 작은 레이저 발생기를 만들어 광반도체를 만들려는 연구도 진행 중이다. 광반도체에서는 회로를 통해 전자가 이동하는 것이 아니라 거울을 이용하여 빛의 속도로 신호를 전달하기 때문에 전자를 근간으로 하는 반도체와는 비교할 수 없을 만큼 빠른 광속 회로를 만들 수 있다. 사실상 꿈의 재료인 것이다. 이 모든 재료의 개발 연구를 지금 화학자가 하고 있는 것이다.

유전자 조작 기술의 핵심도 바로 화학

BT 유전공학

유전자 조작 기술도
모두 화학반응

생명체는 DNA라는 유전체를 통해 복제하면서 번식한다.[4-11] 이 복제 과정도 사실은 화학반응이다. 미국의 생화학자 아서 콘버그는 스탠포드 대학교에 생

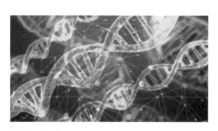

4-11 DNA 분자.

화학과를 창설했는데 그 학과가 유전공학을
여는 시금석이 되었다.[4-12] 이 생화학과에서
한 일이 DNA 분자를 자르고 연결하는 유전
자 조작의 시작이었다. DNA 재조합 기술이
나 현대의 유전공학 기술 모두 유전자를 분
리하여 일부분을 자르고 붙이고 변형하는 기
술을 지칭한다. 분리하고(separation), 자르고
(depolymerization), 붙이고(polymerization), 변형
시키는(chemical modification) 작업 모두가 화학
반응(chemical reaction)이다.

4-12 DNA의 염기서열을 발견한 프레데릭 생어.

　이런 유전자 조작에는 제한효소를 사용하는데 효소도 역시 화학반응
으로 이런 작업을 한다. 효소는 생물체 내에서 복잡한 화학반응을 높은
선택성으로 수행한다.

　노벨 화학상을 두 번
이나 받은 프레데릭 생
어(Frederick Sanger, 1918~
2013)는 인슐린의 아미노산
배열을 분석하고 DNA의
염기서열을 밝히는 분자생
물학의 길을 연 인물이다.
화학자인 생어가 화학으로 생물학의 지평을
넓혀준 것이다.[4-13]

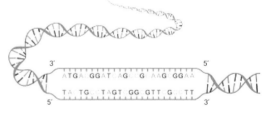
4-13 생어는 모든 생명체가 코딩되는 DNA는 오직 네 개의 화학 염기로 이루
어진 긴 사슬임을 밝혔다. A는 아데닌, T는 티민, G는 구아닌, C는 사이토
신이다. 이 4개의 염기는 4진법으로 정보를 저장한다.

　또 한 사람의 노벨 화학상 수상자 캐리 뱅
크스 멀리스(Kary Banks Mullis, 1944~2019)는

> **캐리 뱅크스 멀리스**
> (Kary Banks Mullis)
> 미국의 생화학자. 1983년 중합효
> 소 연쇄반응을 이용한 DNA 증폭
> 기술을 개발한 공로로 1993년 노
> 벨 화학상을 받았다.

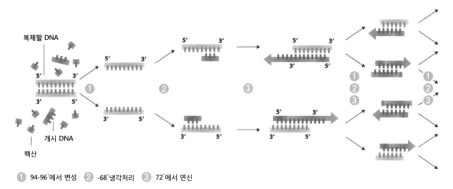

4-14 중합효소 연쇄반응 과정. 2개의 DNA 분자를 만든다 → 4개의 DNA 분자를 만든다 → 8개의 DNA 분자를 만든다.

폴리머라제 연쇄반응을 개발하여 빠른 속도로 DNA의 염기서열을 확인하는 방법인 PCR(Polymerase Chain Reaction, 중합효소 연쇄반응)을 개발하여 인간 유전자 지도 완성에 크나큰 기여를 했다.[4-14] 그의 방법으로 범죄자나 친자확인 등에 쓰는 DNA 인식 기술이 발전하여 인류 역사에 크게 공헌했다. 결국 인간 유전자도 화학결합으로 만들어진 화학반응물이므로 그의 조작과 분석에는 화학이 큰 역할을 할 수밖에 없다.

우리 몸의 설계도와 기계, DNA와 RNA

우리 인간과 동물들의 몸체는 대부분 단백질로 이루어져 있다. 단백질은 많은 아미노산이 결합한 중합체다. 아미노산은 아민(NH$_2$)과 산(COOH)을 함께 가졌다고 해서 '아미노산'이라 부른다. 이 아미노산이 축합중합하면 물이 빠지면서 펩타이드 결합을 하여 단백질이 된다. 축합중합은 중합반응 중의 한 반응으로 물 같은 작은 분자가 빠지면서 결합하는 중합반응을 말한다.

아미노산에는 여러 종류가 있는데, 아미노산의 가운데 탄소에 붙은 R에 여러 형태의 원자단이 붙으며 아미노산의 종류가 결정된다. 아미노산은 우리 몸 안에서 근육을 만드는 원료가 되고, 에너지를 발생하고, 여러 대사활동을 일으키며, 생체 조직의 재생과 회복을 도와준다.

$$H-N-C-C=O$$

아미노산은 그림 왼쪽에 아민(NH_2), 오른쪽에 산(COOH)을 가지고 있다.

이렇게 우리 생체 조직을 만들 때에도 설계도가 필요하고 기계도 필요한데, 그 설계도가 되는 것이 DNA이고, 기계가 되는 것이 RNA이다. DNA와 RNA 모두 중합체다. DNA와 RNA는 구조가 아주 흡사하다. 둘 다 모두 몇 종류의 염기(Base)를 가진 당(산소를 포함하는 5각고리 탄수화물로 리보스라고 부른다)들이 인산(PO_4H, phosphoric acid)으로 연결된 구조다. 다음 그림은 DNA와 RNA의 단위체다. 둘의 단위체 구조의 차이는 단지 당의 2번 탄소(그림에서 옅은 색)에 붙은 수산기의 차이뿐이다.

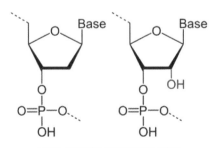

DNA(수산기(OH)가 없다)와 RNA의 단위체

이들 단위체가 중합하여 DNA와 RNA 사슬을 만든다. DNA와 RNA의 차이는 몇 가지가 있는데, 우선 DNA는 세포핵 안에 있고, RNA는 세포질에 있다. DNA는 이중나선으로 되어 있어서 일부가 손상되더라도 같은 구조의 상보 정보가 보존되어 있는 덕분에 곧 복구되는 반면, RNA는 외가닥이어서 손상되면 회복이 어렵다. RNA는 수산기가 있어서 반응성이 높다. 그러므로 반응 작용으로 단백질의 형성을 맡는다. DNA는 수산기가 없어 구조적으로 안정하고, 이중나선 구조로 되어 있어서 정보를 손상 없이 저장하고 전달하는 역할을 한다.

정보는 염기서열로 기록된다. RNA에서 사용하는 염기는 아데닌, 사이토신, 구아닌, 우라실이고, DNA가 사용하는 염기도 같으나 여기서는 우라실 대신 티민을 사용한다. 마치 컴퓨터 정보를 이진법의 0과 1로 기록하듯이 이 4개의 염기서열로 기록한다. 즉 DNA는 4진법을 사용한다.

우리 인류가 사용하는 디지털의 이진법에선 디지트의 수(bit)를 4개를 쓰면 2^4(16)개의 정보가 나오지만, DNA가 사용하는 4진법에선 4^4(256)개로 이진법에 비해 16배의 정보가 나온다. 지금 우리가 많이 쓰는 8비트는 256개의 정보가 되지만, 같은 정보 수 256을 얻는 데 4진법에서는 4비트면 된다. 4진법으로 8비트면 6만 5천이 넘는 정보를 기록할 수 있다.

유전공학에서
화학의 역할은 지대하다

유전공학의 화학기술은 여러 방면에서 응용된다. 우리가 먹는 과일과 야채, 가축들도 고전적인 육종학을 넘어 유전자 변형 기술을 응용하여 영양 성분을 증가시키거나 맛을 개량하고, 병충해에 강하고 수확량이 많은 품종을 만들어낸다.

유전자 치료과정

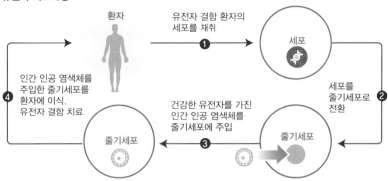

4-15 유전자 치료과정.

앞으로도 의학에서의 화학기술 활약은 우리가 상상할 수 있는 이상이 될 것이다. 현재 인슐린이나 성장호르몬 같은 생체 단백질을 대량으로 만들고, 이를 이용하여 불치병을 치료하거나 손상된 장기를 치료하는 연구가 진행되고 있다. 사실상 상당 부분은 이미 임상단계에 와 있다.[4-15] 이런 모든 유전자 조작이 화학을 기반으로 하는 기술이다.

암치료의 화학요법, 항생제, 그 밖의 모든 의약품은 거의 다 화학으로 만든다. 또 우리 체내에서 일어나는 많은 대사물질, 혈액, 림프, 호르몬 등도 화학을 알아야 이해가 가능하다. 그 물질들이 체내에서 일으키는 반응과 변화도 화학으로만 이해가 가능하다. 뿐만 아니라 피부, 근육, 뼈 등의 치료에도 이들의 화학적 이해는 필수적이다. 의학전문대학원을 들어가기 위해 학부에서 공부해야 하는 필수 핵심 과목 중 하나가 화학인 것은 이 때문이다.

지구 방위 최전선에서 활약하는 환경화학

ET

인류가 당면한 가장 큰 문제는 환경문제다. 2008년도에 발간된 OECD 2030 환경전망보고서는 환경문제의 적신호가 될 시급한 문제로 온실가스, 기후변화, 생태계, 생물종 감소, 수질오염, 대기오염, 폐기물, 유해화학물질 등을 꼽았다. 특단의 대책을 마련하지 않으면 2030년에는 현재 65억 명인 지구 인구가 82억 명으로 증가하고 온실가스 배출량은 37% 증가하며, 2050년에는 온실가스 배출량이 52% 증가할 것이라고 예측했다. 그렇게 되면 지구 온도가 1.7~5.2도 증가하여 전 지구적인 기후 재앙, 폭염, 가뭄, 폭풍, 홍수 등이 인류를 위협할 것이라고 보고했다.

대기오염을
화학촉매로 줄이다

1952년 12월 런던은 여느 때처럼 안개가 자욱했고, 기온은 급감하여 난방용 석탄의 사용이 급증했다. 연기(smoke)와 안개(fog)가 섞인 스모그 (smog)는 석탄에서 나온 아황산가스를 다량 함유하고 있었다. 습도는 80%가 넘었으며 바람도 없는 이런 상태가 일주일이

4-16 1952년 런던을 강타한 스모그로 가려진 넬슨 기념탑.

넘게 지속되었다.[4-16] 이로써 시민들이 호흡곤란과 질식 등으로 3주 동안 4천 명이 사망했고, 이후 야기된 폐질환 등으로 추가로 8천 명이 사망하는 초유의 사태가 일어났다.

대기오염은 이와 같이 당장 우리의 목숨을 위협하는 무서운 것이다. 도시의 대기오염 표시판에는 보통 5가지 오염원을 표시하고 있다.

대기오염 표시판의 항목과 기준

항목	기준
오존	0.06ppm
질소산화물	0.06ppm
황산화물	0.05ppm
일산화탄소	9ppm
미세먼지	50um/m^2

서울시 대기환경정보, 2019.

다음 표는 국립환경과학원의 국가고시 2015년 통계를 바탕으로 각 오염원에 대한 배출원을 차트로 나타낸 것이다. 이 통계를 보면 질소산화

물과 일산화탄소는 주로 운송수단, 곧 자동차의 배출가스에서 기인했고, 황산화물과 미세먼지는 주로 산업시설에서 배출되었음을 알 수 있다. 이 둘을 합하면 질소산화물과 황산화물과 미세먼지는 전체 오염원의 약 90% 정도였다. 즉, 이것은 대기오염을 줄이려면 산업시설에서 나오는 배출가스를 처리해야 하며, 따라서 미래의 자동차는 배기가스가 청정해야 함을 의미한다.

부문별 오염물질 배출량(2015년)   (단위 : 톤)

배출원 대분류	CO	NOx	SOx	PM10
에너지산업 연소	55,138	150,818	91,243	4,394
비산업 연소	72,299	82,948	28,736	1,582
제조업 연소	16,854	169,139	85,098	70,893
생산공정	26,069	59,830	105,385	6,658
도로 이동오염원	245,516	369,585	209	9,583
비도로 이동오염원	135,700	304,376	39,424	15,317
폐기물처리	1,548	11,977	2,119	246
기타 면오염원	7,197	172		317
생물성 연소	232,455	8,883	79	14,552
합계	792,776	1,157,728	352,292	233,177

국립환경과학원

　제조를 비롯한 산업 시설의 배출가스 처리 방법에는 대체로 촉매를 이용한 화학처리를 사용한다. 자동차 배기가스 처리 방법에는 몇몇 외제 자동차에서 문제가 된 배기가스 재연소(EGR, Exhaust Gas Recirculation), 산화 촉매법, 요소 촉매법, 디젤 매연 여과법 등을 쓰고 있다. 모두 화학 촉매를 이용한 것으로, 현재 이보다 더 나은 방법을 연구하고 있다.

화학 처리로
오수가 깨끗해지다

우리 몸의 70%가 물이며, 지구 표면의 70%는 바다이다. 지구 중의 바다의 비율과 인체 중의 물의 비율이 비슷하다는 것은 매우 흥미로운 사실이다. 우리는 하루에 평균 1리터 이상의 물을 마셔야 한다고 한다.

물을 오염시키는 물질들은 유기물, 중금속, 독성 화학 물질 등이다.[4-17] 이중 유기물에 의한 오염도의 척도가 '생화학적 산소요구량(BOD, Biological Oxygen Demand)'이다. BOD는 유기물을 어두운 곳에서 일정 기간 방치하며 감소되는 용존 산소량을 측정한 것이다. BOD5란 닷새 동안 소비되는 산소의 양을 말하는데, 1ppm이면 순수한 물이며, 공장과 오수처리장의 배출구에서는 20ppm이 제한 조건이다.

BOD보다 좀 더 빠르고 간편한 시험법이 '화학적 산소요구량(COD, Chemical Oxygen Demand)'을 보는 것이다. 이는 강한 산화제를 사용하여 반응하는 유기물을 측정함으로써 알 수 있다. 유기물이 강이나 호수나 바다에 대량으로 유입되면 녹조나 홍조가 생기고, 이들이 물의 용존산소를 다 먹어치워 죽은 물을 만들기 때문에 수중 생태계는 파괴된다. 또 녹조나 홍조

> **1ppm**
> parts per million. 백만분의 일이라는 뜻으로, 전체 백만 개 속에 특정 물질이 포함된 양을 나타낸다. ppm 농도는 질량의 비율뿐만 아니라 부피의 비율로도 나타낼 수 있다.

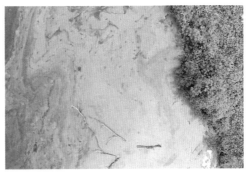

4-17 공공하수처리장에서 녹조 원인물질을 기준치 이상 방류해 오염된 낙동강 모습. 2019. 8.

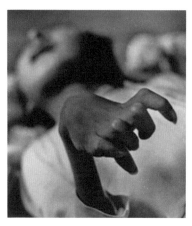

4-18 이타이이타이병에 걸린 환자의 손.
© wikipedia.org

에는 천연 독성물질이나 병원균이 포함되어 있어 그 자체로도 자연에 위협이 된다.

물은 카드뮴(Cd), 납(Pb), 수은(Hg) 등의 중금속으로 오염될 수 있다. 이들은 1ppm만 있어도 치명적이다.

카드뮴은 제련, 도금, 용접 산업이나 건전지 등에 의해 강수로 들어온다. 카드뮴은 인체에 축적되어 적혈구를 파괴하고 신장을 손상하며, 뼈를 약하게 한다. 카드뮴 축적증은 '이타이이타이병'으로 부르는데, 1940년경 일본에서 이유를 모르고 아프다(이타이)고 하면서 죽어갔다는 데서 그 이름이 생겼다.[4-18]

또 미나마타병이란 것도 있는데, 이것은 수은 중독에 의한 것이다. 수은 자체는 인체의 장에서 10%밖에 흡수가 안 되지만 물속에서 유기수은으로 변하면 인체의 장에서 95% 이상 흡수된다고 한다. 특히 이 병은 신경계를 심각하게 손상시키며 사망에까지 이르게 한다.

납은 중추신경과 뇌를 손상하고 신장을 약화시킨다. 농약이나 세제나 공장 폐수들에 포함되어 있는 화학물질들은 환경 호르몬이나 발암물질이라는 무시무시한 이름을 갖고 있다.

미생물 슬러지법
폐수처리에 사용되는 생물학적 방법으로 폐수와 활성슬러지를 혼합시켜 공기를 불어넣음으로써 생물학적으로 폐수를 처리하는 방법이다.

오염된 폐수는 정화해야 먹거나 사용할 수 있다. 침전, 여과, 막분리, 이온 교환, 심투압 여과 등의 방법으로 정화하며, 유기물의 정화를 위하여 미생물 슬러지법도 많이 사용한다. 식수 정화에서는 마지막으로 염소에 의

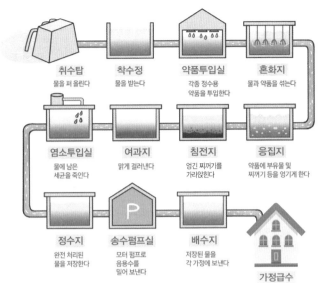

4-19 오염된 폐수의 정화 과정.

한 소독을 하는데, 염소 자체가 아니라 염소와 물이 반응하여 만들어지는 차아염소산을 이용한다. 그런데 차아염소산은 박테리아를 죽일 만큼 강한 소독제이고 아주 강한 환원제이기 때문에 우리 인체에도 유해하다. 그러나 염소는 기체이기 때문에 수돗물을 받는 순간 거의 동시에 공기 중으로 날아가므로 그리 신경 쓰지 않아도 된다. 그래도 걱정된다면 수돗물을 어느 시간만큼 방치하거나 정수해서 마시면 된다.[4-19]

구멍 난 오존층을
화학이 고쳐준다

태양에서 지구로 오는 자외선이 그대로 지구 표면에 닿는다면 살아남을 생물이 없을 것이다. 자외선은 거의 모든 생물의 DNA를 변화시킬 정도로 에너지가 크다. 식물들은 광합성을 못하여 말

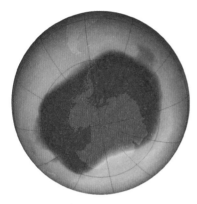

4-20 2006년 10월에 나사가 촬영한 남극의 오존홀. 파란색과 자주색은 오존이 가장 적은 곳이고, 녹색, 노랑, 빨강은 더 많은 오존이 있는 곳이다. ⓒ NASA

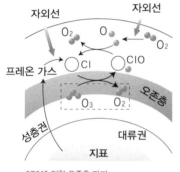

4-21 CFC에 의한 오존층 파괴.

라 죽을 것이고, 인간을 포함한 동물들은 우선 눈이 멀고, 피부 화상을 입고, 피는 기포를 내고 끓어올라서 목숨을 잃을 것이다.

다행히도 우리가 사는 지구 대기층 위 성층권에 오존층이 있어 대부분의 자외선을 막아주고, 약 1~3%만이 지표면까지 도달한다. 그러나 지구를 보호하는 오존층이 심각할 정도의 큰 크기로 구멍이 생겼음이 밝혀졌다.[4-20]

화학자들의 연구에 의해 이런 오존층 파괴의 주범은 CFC(염화플루오린화탄소) 같은 냉매 물질인 것으로 밝혀졌다. 원래 CFC는 듀폰에서 개발하여 '프레온'이라는 상품명을 붙였기 때문에 보통 '프레온 가스'라고 부르는데, 냉매로서 높은 효과가 입증되어 분무기나 소화기와 냉장고에 널리 사용하게 되었다. CFC는 이 오존층을 분해시켜 오존층을 엷게 만든다.[4-21] 이에 국제기후협약에서 CFC의 사용을 제한했다. 그 결과 에어로졸이나 소화기나 냉장고의 냉매에 CFC를 사용하지 않고, 다른 대체물질을 사용하게 되었다.

화학자들은 지금도 더 효과가 좋고, 오존층도 파괴하지 않고, 다른 환경오염도 없는 대체 냉매 재료를 개발하기 위해 밤낮으로 연구하고 있다. 오존층 파괴를 일으킨 원인을 찾는 것도 화학의 일이고, CFC의 대체 물질을 만드는 것도 화학자의 일인 것이 현실이다.

디스플레이의 세계도
화학이 지배한다

액정

옛날에는 TV나 컴퓨터 모니터에 아주 크고 무거운 브라운관을 사용했다. 32인치 TV는 건장한 남성이 혼자 들 수 없을 만큼 무겁고 컸다. 그런데 지금 32인치 모니터나 TV는 누구나 들 수 있을 만큼 가볍고 얇다. 가볍고 얇으니 휴대가 간편해지고 벽에 거는 TV도 가능해져서 인테리어 세계도 확 달라지게 되었다. 16인치 노트북을 갖고 다니면서 일을 할 수 있을 정도로 편한 세상이 되었다. 이 모든 엄청난 변화는 가볍고 얇은 평판 디스플레이 기술이 만들었는데, 그 중심에 액정의 화학이 들어 있다.

액정의 두 얼굴
: 액체인가 고체인가?

액정이라는 친숙한 단어는 범상하게 지나치기 쉽지만 사실은 불합리한 말이다. 고체는 결정 구조를 가지고 있는 반면에 액체는 고정된 결정 구조를 가지지 않기 때문에 흐를 수 있다. 그런데 결정이면서 액체라니!

1888년 오스트리아 식물학자 레만(Lehmann)이 생체 물질인 콜레스테롤을 변화시킨 벤조산 콜레스테롤의 결정을 만들어 온도를 가하자 145.5℃에서 액체가 되었는데 불투명했다. 더 온도를 가하자 178.5℃가 돼서야 맑은 액체가 되었다. 녹는점이 두 개인 물질인 것이다! 그 두 온도 사이에서 연구를 해보니 결정에서만 나타나는 복굴절(birefrengence) 성질을 보였다. 그런데 액체처럼 유동성이 있었다. 더구나 온도를 낮추면 점도가 점점 높아지는 것이 일반 모든 물질의 성질인데 이상하게도 어느 온도(145.5℃)에서 갑자기 점도가 낮아졌다. 나중에 이런 물질은 위치 배열은 무질서하지만 배향 질서가 규칙적으로 되어 있어서 액체와 결정의 성질을 모두 가지고 있다

> **복굴절(birefrengence)**
> 방향에 따라 투과 굴절률이 달라지는 현상.

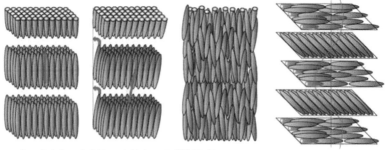

4-22 Smectic A Smectic C Nematic Cholesteric 액정 구조들.

는 사실이 밝혀졌기 때문에 '액정(액체 결정, liquid crystal)'이라고 부르게 되었다.

액정의 구조도 여러 가지가 있다. 가장 단순한 네마틱(nematic), 층상 구조를 하는 스멕틱(smectic), 배향의 방향이 나선형으로 돌아가는 콜레스테릭(cholesteric) 등이 있다.[4-22] 콜레스테릭 상은 키랄 네마틱(chiral nematic)이라고도 하는데, 그 이유는 네마틱 상을 이루는 분자에 키랄(거울상 이성질) 탄소가 있으면 배향이 나선형으로 배열하기 때문이다.

이런 액정은 배향의 방향에 따라 굴절률이 달라지는 복굴절을 응용하여 액정 표시장치를 만들 수 있다. 얇고 가벼운 TV나 모니터가 탄생하게 된 것이다. 그리고 액정은 광학 분야와 광전자 분야나 레이저 기억소자에도 사용되어 광전자 컴퓨터도 연구되고 있다. 액정이 스스로 배향하는 성질을 응용하여 초고강도 섬유도 만든다. 이렇게 일정 배향한 섬유는 일반 섬유보다 매우 강도가 커서 낚싯대, 테니스 라켓, 골프채, 스키, 스노보드 등을 만드는 데 사용된다. 또 미사일, 방탄복, 헬멧 등을 만드는 데 사용하는 케블라(Kevlar)는 듀폰이 만든 초고강도 섬유로서 액정 고분자다.[4-23]

4-23 액정 디스플레이의 실제 예들.

액정 물질을 온도조절기가 달린 편광 현미경에 놓고 일정한 온도로 가열하면 액정 구조에 따라 독특한 편광 무늬를 관찰할 수 있다. 다음 사

4-24 액정 편광 사진(네마틱 쉴리런).

4-25 액정 편광 사진(스멕틱 코닉 포칼).

4-26 액성 편광 사진(콜레스테릭 버블).

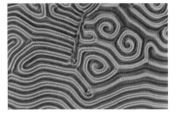

4-27 액정 편광 사진(콜레스테릭 미로).

진들은 액정 물질들의 특정 온도에서의 편광 현미경 사진들이다. 마치 고도의 디자이너가 현대적인 무늬를 디자인한 것 같은 아름다운 모습들이다.(4-24~27)

액정의 눈부신 발전, 화려한 디스플레이 세상

액정은 가장 늦게 개발되었으나 가장 빠른 속도로 발전하여 1980년대 이후로는 표시소자의 왕좌를 차지하고 있다. 표시원리는 액정이 빛의 스위치 역할을 하는 것을 이용한 것이며, 이는 액정분자의 비등방성을 응용한 것이다.

액정분자는 긴 막대기형으로 생겨서 일정한 온도 구간에서 유동성을 갖는다. 액정분자를 담은 셀 아래 위에 전압을 걸면 액정분자가 응답하여 서게 되며, 전압을 끄면 다시 눕는다. 액정분자의 누운 방향과 지교하는 편광은 전압을 걸지 않은 상태에서 액정셀을 투과할 수 없다. 그러나 전압이 걸려서 액징이 서게 되면 편광은 투과하게 된다. 이때 투명전극으로는 ITO(Indium-Tin Oxide, 인-주석 산화물)를 사용한다.(4-28)

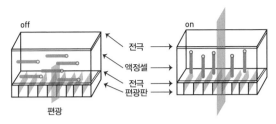

off 　 on

전극
액정셀
전극
편광판

편광

4-28 액정 표시 원리.

　액정과 편광판을 조합하여 빛을 통과시키기도 하고 막기도 하는 이 액정셀은 단순히 빛의 셔터 역할만 한다. 빛이 통과하면 흰색, 빛이 통과하지 못하면 검정을 표시한다. 액정 물질 자체가 빛을 내지 않기 때문에 밤에 사용하려면 별도로 광원이 필요하다. 낮에는 햇빛으로 표시가 가능하겠지만 외광이 없을 때는 광원으로 빛을 주어야 한다. 우리가 사용하는 휴대전화 같은 휴대용 표시기의 경우 광원으로 후광이 추가된 것이다.

　그러나 보조 광원을 사용하지 않으면 전력소모가 매우 적다. 컬러 구현도 비교적 쉽다. 각 화소마다 RGB(Red, Green, Blue, 즉 빨강, 초록, 파랑이라는 빛의 삼원색을 사용하여 총천연색을 구현할 수 있다)의 컬러 필터를 쓰면 된다.

　액정을 담은 액정셀(segment)의 형태를 자유롭게 만들 수 있고, XY직교 좌표를 사용하면 도트 매트릭스 표시도 용이하다. 개별 세그먼트식은 전자계산기나 손목시계에 널리 사용하고 있다. 가장 간단한 형태는 7-세그먼트인데 7개의 막대로 대부분의 숫자와 영문자를 표시할 수 있어서 널리 사용한다.[4-29]

　위와 같은 액정셀은 전원을 껐을 때 검정이 되어야 하는데, 빛이 새어나가 완전한 검정을 만들기가 어려웠다. 그래서 개발된 것이 TN(Twisted

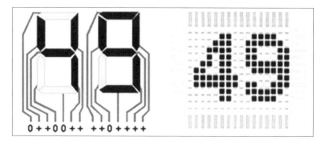

4-29 액정을 이용한 7-세그먼트 표시기와 도트 매트릭스 표시기.

Nematic) 액정이다. 그리고 바탕색과 시야각의 개선을 위해 STN(Super Twisted Nematic), DSTN(Double Super Twisted Nematic) 등이 개발되었다. 또한 응답속도를 높이기 위해 각 셀마다 트랜지스터를 붙인 TFT(Thin Film Transistor), 시간차 혼색으로 색상표시의 효율을 극대화한 UFS(Ultra Fine & High Speed) 등이 속속 개발되어 액정 디스플레이의 세계를 풍부하게 만들어주었다.

최근에는 기존의 액정 표시와 달리 전극을 배향판과 같은 평면에(in plane) 장치하고 수평배향성 액정을 이용하여 응답속도와 시야각을 획기적으로 개선한 IPS(In Plane Switching)까지 개발되어 최신형 스마트폰에서 그 위력을 뽐내고 있다.[4-30]

이후에도 소형 경량 박막형 디스플레이 분야에서는 괄목할 만한 기술 발전이 이루어졌는데, 모두 화학의 힘이 뒷받침된 것이다.

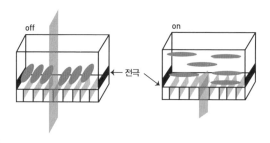

4-30 IPS의 원리.

PDP(Plasma Display Panel)는 밀폐된 셀 안에 Ne+Ar, Ne+Xe 등의 가스를 충전하여 전압을 인가하면 발생되는 네온광을 표시기로 이용한다. 가스의 종류에 따라 색상이 정해지며, 응답속도도 빠르고, 대형화가 용이하여 대형 TV나 전광판에 적용되었다. 그 결과 셀의 형태가 간단하기 때문에 대형화면의 가격이 저렴해졌다.

p형 반도체와 n형 반도체를 접합한 다이오드에 전자를 유입하면 전자와 전공이 만나 결합하며 상당한 에너지가 광자, 즉 빛으로 방출된다. 이런 효과를 '전계발광 효과(electroluminescence)'라고 하며, 이런 재료를 'LED(Light Emitting Diode)'라고 부른다.

LED는 재료에 따라 다른 색을 내기 때문에 표시장치로도 쓰고 있다. 또 형광등이나 백열등 같은 다른 대다수 광원과 다르게 LED는 불필요한 자외선이나 적외선을 포함하지 않는 빛을 간단하게 얻을 수 있다. 따라서 조명으로 사용할 경우는 점등하자마자 최대 빛의 세기를 얻을 수 있다. 그렇기 때문에 자외선에 민감한 문화재나 예술작품이나 열 조사를 꺼리는 물건의 조명 등에 이용된다. 이젠 정밀하게 설계하여 화학적으로 합성한 유기화학 물질을 다이오드로 개발한 OLED가 스마트폰이나 TV 등에 널리 활용되는 시대가 되었다.[4-31]

4-31 LED 발광소자.

기능성 플라스틱의 미래는 밝다

고분자화학

플라스틱은 일회용품이나 생활용품을 만드는 데 무엇보다 많이 쓰는 재료다. 그런데 사실상 플라스틱은 활용 용도가 아주 넓어서 첨단기술 곳곳에 쓰는 특별한 기능성 플라스틱들도 많이 존재한다. 특히 의학, 전자, 환경 등의 현대 첨단기술들에는 플라스틱이 큰 역할을 한다.

보통 플라스틱은 전기가 통하지 않지만 전도성 플라스틱은 전기가 통하며 첨단 성능의 전지에 빠질 수 없는 필수 재료로 들어간다. 일반적으로 플라스틱은 열에 약해 섭씨 100, 200℃면 대부분 녹지만, 600℃에서도 녹지 않는 폴리이미드 같은 플라스틱도 있다. 대부분의 플라스틱은 자연에서 썩지 않지만 PLA나 PGA처럼 몇 주면 자연적으로 없어지는 플라스틱도 있어서 수술 후 실을 뽑지 않는 수술용 봉합사로 쓴다. 특히 플라스틱은 우리 인체와 매우 비슷한 원소와 구조로 되어 있어 인공장기의 중요한 재료로도 이용하고 있다.

고분자 물질의 합성, 플라스틱 혁명

나무나 풀이나 곡물들은 셀룰로오스나 아밀로오스라는 고분자 물질이 주요 성분이다. 이들은 주로 탄소와 수소로 이루어져 있어서 탄수화물이라고도 한다. 동물의 세포를 이루는 주성분은 단백질인데 단백질은 아미노산이라는 단량체가 반복해서 연결되어 중합된 고분자 물질이다. 이들은 모두 생체 내에서 아주 중요한 역할을 한다.

옛날 분자량이 큰 물질을 상상하지 못하던 때에 1926년 독일의 화학자 헤르만 슈타우딩거(Hermann Staudinger, 1881~1965)는 나무의 성분인 셀룰로오스나 단백질 등은 같은 구조가 반복해서 결합한 분자량이 큰 물질이라고 주장했는데, 다른 학자들은 이를 단지 2차 결합에 의한 분자의 응집체라고 생각했다.

이후 많은 화학자들의 연구에 의해 실제 몇 만, 몇 십만이나 되는 분자량을 가진 고분자 물질이 실제로 공유결합에 의해 그런 큰 분자량을 이룬다는 사실이 실험으로 입증되었고, 이로써 고분자화학이라는 학문이 태동하게 되었다. 이를 실제 성과로 현실화시킨 것이 캐러더스의 나일론 합성이다.

미국의 유기화학자 캐러더스는 일리노이 지방 대학에서 화학을 전공

4-32 듀폰사에서 나일론을 개발한 캐러더스.

했다. 졸업 후 세계 최고의 대학 하버드에서 교수로 오라는 제의를 받았으나, 미국 듀폰 중앙연구소의 연구부장 스타인이 함께 신물질을 개발하는 일을 하자고 유혹하는 바람에 큰 뜻을 품고 듀폰에 입사했다. 출퇴근도 마음대로 하고, 연구 주제도 회사에서 지정하지 않고, 연구비도 제한 없이 지급되는, 순수화학을 마음껏 연구할 수 있는 자유로운 분위기에서 캐러더스는 1934년 폴리아미드(polyamide) 합성에 성공했다. 우리가 흔히 알고 있는 나일론(nylon)이다.[4-32]

우리가 자연에서 만날 수 있는 대부분의 생체 물질들이 천연 고분자 물질인데, 드디어 인간이 완전 화학으로 고분자 물질의 합성에 성공한 것이다. 이후 합성수지, 합성섬유, 합성고무 등 수많은 고분자 신소재들이 속속 만들어졌다.

> **나프타(naphtha)**
> 원유에 포함되어 있는, 끓는점이 35~220℃ 사이에서 증류되어 나오는 여러 종류의 가연성 휘발성 탄화수소들의 혼합물을 말한다. 끓는점에 따라 증류하여 분리시킬 수 있으며, 에틸렌, 프로필렌, 휘발유 등으로 분리한다.

우리나라 울산 석유화학단지 같은 석유화학 콤비나트에서는 원유를 나프타(naphtha) 분별증류하여 여러 기체와 액체를 얻고 마지막에 점도 높은 아스팔트를 얻는다. 이렇게 만든 기체 중에 에틸렌을 고분자회 반응을 시키면, 즉 중합반응시키면 폴리에틸렌을 만들 수 있다. 또 원유에서 일은 프로필렌 기체를 중합하여 폴리프로필렌을 얻는다. 이런 폴리에틸렌이나 폴리프로필렌을 합성수지, 즉 '플라스틱'이라고 한다.

플라스틱에는 열을 가해 다시 녹여 재활용할 수 있는 열가소성 플라스

4-33 PET(우리가 흔히 생수병으로 사용하는 고분자)의 구조. 6각 고리는 방향족 고리, 빨간색 원자는 산소를 말한다.

틱과 재활용은 어렵지만 내열성과 강도가 뛰어난 열경화성 플라스틱이 있다. 우리가 일반적으로 사용하는 대부분의 플라스틱은 열가소성 플라스틱이고, 전기 기구나 기계 부품, 식기 등으로 쓰는 단단한 플라스틱이 열경화성 플라스틱이다.

　플라스틱은 가볍고, 싸고, 물이 묻지 않고, 썩지 않기 때문에 모든 재료의 왕이 되었다. 지금은 플라스틱이 쓰레기의 대부분을 차지한다 해서 비난받고 있지만 사실은 플라스틱이 너무 좋아서 많이 썼기 때문에 쓰레기의 대부분을 차지하게 된 것이다. 유리병에 비해 무게가 반도 안되고(폴리에틸렌, 폴리프로필렌 비중 0.92~0.95, 유리 비중 2.5~6), 깨지지도 않기 때문에 상업용 음료의 용기로 쓰는 것이다.[4-33] 가장 값이 싸고 또 확실하게 균과 곰팡이의 침투를 막을 수 있는 방법이 플라스틱 포장이기 때문에 거의 모든 식품의 포장에 사용하는 것이다.

인간의 생명과 기능을 이어주다
: 인공 장기와 광학용 고분자

　　　　　우리들 신체의 일부가 망가졌다고 해서 그대로 죽음을 맞이할 수도 없고, 그렇다고 장기 등을 아무것으로나 대체할 수도 없다. 우리 몸 안에는 외부 물질이 체내에 들어오면 거부하는 정교한 장

4-34 폴리에스터 재질의 인공 혈관.

치가 있다. 그래서 상처 난 곳에 피가 굳어 딱지가 생기며, 재채기 · 알레르기 · 식중독을 일으켜서 토해내기도 한다. 인공 장기용 재료는 이러한 이종 단백질 인식 체계를 뛰어넘는 특수한 구조로 만든다.[4-34] 인공 장기와 사용 고분자들을 정리하면 다음 표와 같다.

인공 장기에 사용하는 대표적인 고분자들

인공 장기	사용하는 고분자
콘택트렌즈	PMMA
이, 아말감	PMMA
식도	PE/rubber
심장	PU, silicone
폐	silicone, PP
신장	cellulose(체외), PE/PVA, PMMA
혈관	Dacron(polyester), Goretex(PTFE)
관절	ultra MW PE, silicone
뼈	fiber reinforced polyester
뼈 접착제	PMMA
힘줄	silicone

* PMMA(Poly(Methyl Meta Acrylate)), PE(Polyethylene), PU(Polyurethane), PVA(Polyvinyl Alcohol)

그리고 렌즈에 이용하는 광학용 고분자가 있다. 플라스틱은 유리를 제외하고는 유일한 투명성 재료다. 빛과 정보의 초고속 대용량 전달에 쓰는 광섬유로서 PMMA(폴리메틸메타크릴레이트)는 가공성과 경제성이 매우 뛰어난 고분자다.[4-35] PMMA 말고도 현재 분자 구조의 변환을 통해 여러 가지 광학 성질을 변환시켜서 광 스위치나 변조기나 광반도체를 만드는 연구가 한창 진행중이다.

현재 사용하는 콤팩트 디스크나 레이저 디스크도 폴리카보네이트라는 플라스틱을 이용한 기록 매체다. 우리가 쓰는 안경의 렌즈도 옛날에는 유리였지만, 지금은 거의 PMMA를 쓴다. PMMA는 유리보다 광투과율이 높은 유일한 재료다. 콘택트 렌즈도 PMMA로 만든다.[4-36]

4-35 6mm PMMA 광섬유.

TV 광고를 보면 자동차 바퀴 밑에 선글라스를 두고 차가 지나가도 부서지지 않는 장면이 등장한다. 이 선글라스는 폴리카보네이트라는 플라스틱으로 만든 것이다. 안경테뿐 아니라 안경알까지 모두 폴리카보네이트로 만드는데, 이 플라스틱은 유리처럼 투명성이 높아 렌즈로 쓰기도 하고, 광택이 좋고 강도가 뛰어나 많은 고급 선글라스나 기능성 제품들의 재료로 쓴다. 플라스틱으로는 이례적으로 표면강도도 강하여 흠집이 잘 나지 않는다.

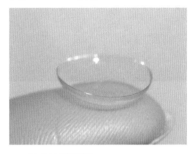

4-36 PMMA 콘택트렌즈.

4-37 폴리카보네이트로 만든 CD.

콤팩트 디스크는 정보저장용 매체로서 또 음원 저장매체로서 널리 쓴다.[4-37] 레이저 광선을 콤팩트 디스크에 쏘아 디스크에 담긴 정보를 읽는데, 디스크 표면에 흠집이 생긴다면 정보가 왜곡될 수 있을 것이다. 하지만 폴리카보네이트는 플라스틱이면서도 표면강도가 아주 강하여 이런 걱정을 덜어준다.

IT 산업에 이용되는 고분자
: 전도성 고분자, 감광성 수지

4-38 전도성 고무로 만든 일체형 리모콘 키보드.

4-39 리튬-폴리머 전지.

플라스틱은 원래 전기가 통하지 않는다. 그래서 플라스틱을 도포한 전선을 널리 사용한다. 플라스틱은 아주 경제적이고 확실한 전선의 피복 재료라 하겠는데, 이제는 전기가 통하는 고분자가 개발되어 또 다른 첨단 영역을 넓혀 나가고 있다. 이미 전도성 고무는 저렴한 문자 단추를 갖춘 계산기, 리모콘, 기계 조작부, 컴퓨터 등에 널리 쓰고 있다.[4-38]

지금 가장 널리 사용하고 있는 충전용 전지는 리튬-폴리머 전지다.[4-39] 현대의 전지는 갈수록 소형화하면서 높은 전기밀도를 필요로 하는데, 현재 사용하는 리튬 전지는 리튬 이온이 이동하면서 전기를 충전하고 방전하는 원리를 응용한 전지다. 리튬은 전자 3개를 가진 원소다. 그러므로 불안정하게 있는 최외각 전자 하나가 아주 쉽게 떨어져나가 +1가 전하를 갖는 양이온이 된다. 양이온이 이동하면 자연히 전자가 이동하고 전자의 이동은 바로 전류가 된다. 이온이 이동하려면 전해질이 있어야 하는데 이온이 이동하기에 가장 유리한 전해질은 액체다. 따라서 일반적으로 리튬전지에는 액체 전해질을 함유한 젤을 사용한다.

점점 전지가 소형화·박막화하면서 약간의 물리적·전기적 충격에도 손상이나 쇼트를 일으키고 폭발로 이어지기도 했으니, 한동안 문제가 되었던 스마트폰 폭발 사고가 그것이다. 그래서 전해질을 안전한 고체로 만들었는데, 이것이 전도성 고분자다. 고분자(폴리머)를 얇은 박막으로 리튬 전극 사이에 접합하여 만든 전지를 리튬-폴리머 전지라고 한다. 리튬으로 소형 고밀도 전지를 만든 것과, 폴리머로 고체 전해질 문제를 해결한 것 모두 화학이다. 실로 화학 없이는 현재 우리가 누리는 편하고 놀라운 스마트한 세상은 불가능한 것이다.

또한 초고집적 반도체 기술의 핵심이 고분자 기술이라는 사실은 감광성 수지의 사용을 두고 하는 말이다. 화학 반응 중에는 빛에 의하여 진행하는 반응이 있는데, 이런 감광반응을 고분자에 도입하여 고분자의 물성을 변화시킬 수 있다. 이 특별한 고분자 반응을 이용하여 반도체를 제조하게 된다.

먼저 실리콘 웨이퍼 위에 원래 약산에 잘 녹는 성질을 가진 감광성 고분자를 도포한다.[4-40] 그 위에 전자회로의 음화를 그린 마스크를 덮고 빛을 쪼여주면 전자회로를 그릴 부분은 빛이 투과해 감광성 고분자에 닿을 것이다. 고분자는 광화학반응을 하여 불용화된다. 마스크를 치우고 산으로 세척하면 빛을 받지 않은 부분이 씻겨 나가고 회로대로 홈이 생긴다. 여기에 금이나 구리 등의 회로물질을 채워주면 미세회로가 완성된다. 이런 원리로 아주 복잡하고 섬세한 회로 기판을 만든다. 이런 광반응을 이용하여 정보기록도 할 수 있는 것이다.

4-40 인텔 프로세서를 인쇄한 실리콘 웨이퍼. 인텔 2010.

더욱 강하거나 더욱 약하게
: 복합재료, 자연분해성 고분자

복합재료(composite)는 고분자에 세라믹(유리 · 보론), 금속(강철 · 알루미늄 등), 고분자(케블라 · 탄소) 섬유를 보강재로 복합화한 매우 강도가 뛰어난 재료다. 강철보다 단단하고 가벼워서 현재도 이미 소형 선박, 비행기, 우주선, 미사일, 방탄복, 방화복 등 첨단 분야뿐 아니라 스키, 낚싯대, 테니스 라켓, 골프채, 욕조, 물탱크, 자동차 범퍼 등 일상생활 속에서 널리 활용하고 있다.[4-41] 여기에 쓰는 고분자로는 열경화성 수지로서 불포화 폴리에스터, 에폭시 수지, 페놀 수지, 아크릴 수지 등이 있다.

4-41 복합재료로 만든 초경량 항공기.

복합재료는 자연계에서 그 원리를 차용한 것으로 나무가 그 대표적 예다. 나무를 이루고 있는 탄수화물은 그 자체로는 강도가 충분하지 않지만 그 독특한 섬유강화 복합구조가 이를 보완한다. 그 밖에도 거미줄, 연체동물의 껍질 등에서도 섬유강화 구조를 볼 수 있다. 현재 복합재료는 우주항공, 방위산업, 의료보건, 스포츠, 건설 등의 분야에 없어서는 안 될 재료로 자리잡았다.

이에 비해 아주 약한 고분자도 있다. 바로 자연분해성 고분자다. 일반적으로 플라스틱은 썩지 않고, 곰팡이가 슬지 않으며, 물이 묻지 않는다. 그래서 식품의 포장에 쓰며, 물이 묻으면 손상되는 책 같은 상품을 포장할 때 종이나 나무 같은 천연 재료를 사용하지 않고 플라스틱을 쓴다. 그러나 곰팡이가 슬고 썩기도 하는 플라스틱도 있다.

곰팡이에서 얻어지는 PHB(Poly(Hydroxy Butyrate))라는 고분자는 일반 고분자와 물성이 비슷하면서도 6개월 정도면 땅속에서 흔적도 없이 사라지는 자연분해성을 갖고 있다. 그래서 이 고분자로 만든 필름으로 묘목의 뿌리를 흙과 비료, 물과 함께 싸서 포장을 한 후 그대로 수출하여 나무 심을 곳에 포장을 풀지 않고 그대로 묻어서 사막의 녹화 기술로 사용하기도 한다.

또 PLA(Poly Lactic Acid)라는 고분자는 분해성 수술용 봉합사로 사용하는데, 몇 주만 지나면 수술봉합사가 자연히 살로 스며들기 때문에 실을 뽑아내지 않아도 된다. 그런 특성 때문에 특히 내장 수술에 많이 쓴다. 내장 수술에 일반실을 쓰면 실을 뽑기 위해 배를 다시 갈라야 하며, 이런 분해성 고분자들은 가격이 비싸다.

녹말로 만드는 썩는 플라스틱도 있다. 대체로 일회용으로 쓰는 포장재를 만드는 데 사용하며, 비닐 형태도 있고 완충재로 쓰는 발포제 형태도 있다.[4-42]

4-42 녹말로 만든 발포 포장 완충재.

완벽하게 거르거나 흡수하거나
: 분리막, 고흡수성 재료

분리막의 가장 간단한 형태는 여과지다. 원두커피를 여과지에 놓고 내리면 커피 가루는 여과지에 남고 커피물만 여과지를 통과하여 맛있는 커피를 마실 수 있다.[4-43] 커피 가루와 커피액을 분

4-43 커피 여과.

리한 것이다. 여러 성분이 섞여 있는 혼합물에서 특정 성분을 분리해내는 기술은 생각보다 훨씬 큰 부가가치를 가지고 있다. 거의 모든 산업의 마지막 단계에는 분리와 정제 과정이 포함된다. 커피 여과지도 일종의 분리막이다. 아주 작은 물 분자는 투과시키고, 어느 크기 이상의 고체는 투과시키지 않는 것이다. 분리막 기술에는 여러 가지가 있는데, 이온 교환막과 역삼투막을 많이 쓴다.

이온 교환막은 고분자로 만든 막에 이온을 띠게 만들어 반대로 하전된 이온을 걸러내는 장치다.[4-44] 물을 양이온 교환막과 음이온 교환막에 번갈아 통과시키면 초고순수가 얻어진다. 가정이나 화학실험실에 장치된, 3개의 분리관으로 구성된 대부분의 정제수 제조장치가 이 방법을 쓴다. 보통 금속은 양이온을 띠므로 중금속 흡착에도 응용한다.

생체 내에 있는 소화기관은 삼투막으로 되어 있어서 소화기관에 있는 영양 성분이 농도가 높은 혈관으로 이동하여 영양분을 공급한다. 삼투막을 사이에 둔 농도가 다른 액체 사이에 작용하는 압력을 '삼투압'이라고 한다. 즉 삼투압은 농도가 높은 쪽의 액체가 농도가 낮은 쪽으로 이동하게 하는 압력을 말한다. 배추를 소금에 절이면 배추 안의 수분이 소금 농도가 높은

4-44 2006년 우주탐사선 디스커버리 호에 장치된 정제수 장치(화학흡착, 이온 교환막, 초여과장치로 이루어져 있어서 우주인의 소변을 정제하여 식수로 만든다).

배추 바깥으로 나와 숨이 죽는다. 오이를 식초에 담가두면 오이의 수분이 식초 농도가 높은 바깥으로 빠져나가 피클이 되는 것도 같은 이치다.

용매는 투과시키고 용질을 투과시키지 않는 삼투막을 응용하여 반대로 농도가 높은 혼합물 쪽에 압력을 걸어 순수한 용매만 분리하는 기술을 '역삼투막'이라고 한다. 이 막을 써서 해수로부터 쉽게 식수를 얻기도 하며, 폐수 처리나 특정한 이온을 분리하는 데도 사용한다.[4-45]

4-45 미국 메사추세츠주 스완지에 있는 역삼투막 해수담수화 플랜트 (Swansea 2010).

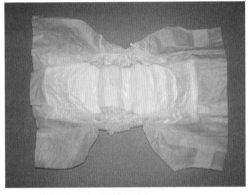

4-46 고흡수성 수지로 만든 유아용 기저귀.

이에 반해 고흡수성 재료도 있다. 고분자는 역사 이래 여성들에게 아주 많은 기여를 해왔다. 생리대에는 고흡수성 고분자를 사용하는데 재료 자신의 무게의 천 배까지 물을 흡수하는 것도 개발되어 있어서 점점 더 콤팩트화하고 깨끗해졌다. 아기를 위한 기저귀에도 이 흡수성 고분자를 쓴다.[4-46] 이젠 요실금 환자나 노인을 위한 어른용 기저귀도 보편화되고 있는 추세다.

사람의 근육보다 40배나 힘센 '인공 근육', 최첨단 웨어러블 세계

지금까지 인간의 수명을 연장하는 방법의 하나로 노화된 인체 기관을 인공 장기로 대체하는 연구가 많이 진행돼왔다. 그 결과, 현재 인공 심장, 인공 폐, 인공 신장, 인공 혈관, 인공 관절 등 거의 모든 인체 장기를 인공 장기로 대체해가고 있다. 인체 장기의 대부분은 플라스틱을 이용한다. 이는 플라스틱의 화학 구조가 인체의 장기와 흡사하기 때문이다. 우리가 손으로 시멘트 같은 세라믹 재료나 금속을 만질 때보다 플라스틱을 만질 때 더 친근하고 부드러운 것은 그 화학 구조나 화학 성분이 비슷하기 때문이다.

4-47 2019년 7월 12일자 국제학술지 『사이언스(Science)』 표지에 실린 인공 근육.
ⓒ Ken Richardson

그 중에서도 최근에는 '인공 근육'이 각광을 받고 있다. 사고나 질환으로 근육이 손상되는 경우에 근육을 대체할 수 있는 것이 인공 근육이다. 한양대 전기생체공학부 연구팀은 사람의 근육보다 40배나 힘이 세면서도 가볍고 유연한 인공 근육을 개발했다고 국제학술지 『사이언스(Science)』(2019년 7월 12일자)에 발표했다.[4-47] 이미 프랑스와 독일

4-48 웨어러블 기기. © platum.kr

연구팀은 고분자 물질에 그래핀을 결합시켜 만든 인공 근육을 만들었다고 발표한 바 있고, 서울대 기계항공공학부 연구팀도 생체 근육의 감각기관을 모방한 소프트 센서를 장착한 인공 근육을 개발했다고 발표한 바 있다. 이러한 최근의 연구결과는 향후 로봇과 웨어러블(wearable) 기기 등에 활용될 것으로 기대된다.[4-48][1]

뇌졸중이나 파킨슨병을 앓는 환자들은 근육은 있으나 힘이 없고 움직이고자 하는 신호를 제대로 전하지 못해 근육을 적절하게 사용하지 못한다. 이런 환자에게 필요한 것이 웨어러블 운동보조물이다. 기존의 운동보조기기는 환자의 운동 요구에 맞춰 신호를 보내면 전원과 모터로 작동하는 전동기기가 운동을 보조해주어 걷고 움직이는 것을 가능하게 해주었다. 그러나 이러한 기기는 지속적으로 전기를 공급해주어야 하고 전동장치가 있어야 하기 때문에 무겁고 커서 입을 수 없는 경우가 많아 실제로 실용화되기가 어려웠다.

하지만 최근에 개발된 인공 근육이나 웨어러블 운동보조기는 특수고분자의 센싱 시스템에 의해 빛이나 전기신호나 전해질 용액의 산성도 변환, 또는 온도, 주변 환경의 조건 등에 따라 근육이 수축하고 팽창하는 원리로 구동되므로 기계장치를 포함하지 않는 가벼운 소프트 웨어러블 기기로 새로운 관심을 끌고 있다. 여기에 아주 소형의 전자칩을 심거나 피부3D 프린팅 방법으로 직접 피부 안에 칩을 삽입하는 기술을 사용한다. 그래서 삽입된 전자 센서 및 전자칩이 적절하고 빠른 신호를 전달하여 부드럽게 움직이는 인공 근육을 실현하는 연구가 진행되고 있다. 또한 인공 근육의 재질도 기존의 플라스틱에 식물다층구조를 모방한 입체 구조를 도입하거나, 가볍고 강한 탄소나노튜브나 그래핀을 도입하여 가볍고 강한 기계적 특성까지 갖추게 할 수 있다.

더 나아가 이 인공 근육은 일반 사람의 근육보다 몇 십 배 강한 힘을 낼 수 있도록 설계할 수 있기 때문에 우리가 꿈에 그리던 아이언맨을 실현시킬 수도 있다.[4-49] 이런 아이언맨화 웨어러블을 입고 작업하

4-49 〈어벤져스 : 인피니티 워〉에 나오는 아이언맨 (마크 50).

면 생산성을 몇 십 배 높일 수 있어서 미래 산업에도 엄청난 영향을 줄 것이라고 연구팀은 기대하고 있다. 특히 건설산업이나 극한 환경에서의 작업, 즉 소방, 인명구조, 극지 탐험, 우주개발 및 전투 기술 향상에 커다란 기대효과를 줄 것이라 예상되므로 세계 각국이 앞다투어 연구에 힘을 쏟고 있는 실정이다.

최첨단 과학수사도
화학이 선도한다

CSI

범죄를 저지르고도 잡히지 않거나 처벌을 받지 않는다면 사회가 혼란스러워지고 범죄가 들끓게 될 것이다. 범죄를 저지른 사람은 당연히 자기 죄가 없다고 주장하며 처벌을 피하려 할 것이다. 따라서 범죄의 증거를 잡아내는 것은 법치주의 국가에서는 매우 중요한 일이다.

옛날에는 음식에 독이 들었는지를 알기 위해 은수저를 사용했다. 비소와 은이 반응하면 검은색이 되기 때문에 이것도 일종의 과학수사라고 할 수 있지만, 지금은 범죄를 밝혀내는 데 본격적으로 여러 과학적인 방법들이 동원되고 있다. 지문 채취, 혈흔 감식, 탄소 동위원소 분석, 유전자 감식 등. 이처럼 현대에는 완전범죄는 생각할 수 없을 정도로 과학수사의 기술이 발전했다.

지문과 혈흔 감식으로 범인을 잡다

2002년 발생한 서울 가리봉동 호프집 여주인 살해사건에서 범인은 여주인을 둔기로 때려죽이고 현금 15만 원과 신용카드를 훔쳐 달아났다. 경찰이 수사를 했으나 진척이 없었다. 지문은 범인이 수건으로 모두 닦아버렸고, 현장에는 CCTV도 없었다. 다만 키높이구두 발자국 하나와 깨진 맥주병에 남은 작은 지문 하나가 발견되었는데, 당시에는 그런 작은 쪽지문으로는 범인을 확인할 수 없었다. 신용카드 사용내역을 추적하여 가게 주인의 말을 토대로 몽타주를 만들어 전국에 수배했으나 범인 검거에는 실패하여 이 사건은 영원한 미제사건이 될 뻔했다. 그런데 공소시효 15년을 얼마 남기지 않은 2016년, 새로 개발 발전된 지문 자동검색 시스템에 의하여 몇 명의 용의자를 찾았다.[4-50] 그리고 그중 키높이구두를 신는 용의자를 찾아냄으로써 공소시효를 불과 5개월 남기고 사건은 해결되었다.

2016년 경기도 안산 배수로에서 성인 남성 하반신 시신이 마대에 담겨 발견된 엽기적인 사건이 일어났다. 이틀 뒤에는

4-50 지문조사.

현장에서 11킬로 떨어진 선착장에서 나머지 상반신 시신이 발견되었다. 경찰은 우선 피해자의 신원을 파악해야 했다. 시신이 물에 퉁퉁 불어 지문 채취가 어렵자 손가락 표피를 벗겨내고 속피부를 채취해 화학처리한 뒤 지문을 복구하여 피해자의 신원을 밝혀냈다. 용의자는 함께 살던 사람으로, 피해자를 흉기로 살해하고 시신을 유기한 것이었다.

범죄수사에서 지문 채취는 매우 중요하다. 지문이 묻은 지 얼마 안 되었다면 자외선 램프를 사용하거나 미세한 분말을 뿌려서 지문을 채취할 수 있다. 이때 사용하는 분말은 알루미늄, 흑연, 기타 색소의 미세 분말이다. 지문에는 약간의 지방이 묻어 있기 때문에 분말이 붙는 것이다. 그런데 좀 오래된 지문은 지방이 없어져서 분말법으론 채취가 불가능해지는데, 그래도 아주 적은 농도지만 아미노산이 남아 있기 때문에 이것을 화학반응으로 잡아낸다.

혈액이나 체액이 묻은 곳에 닌히드린 용액을 뿌리면 체액에 포함된 소량의 아미노산과 반응하여 아미노 이량체가 만들어지는데, 이때 보라색을 발생하여 지문이 드러난다. 닌히드린 0.1g에 95% 에탄올 40ml 정도를 섞어 용액을 만들어 분무기로 뿌리고 약간의 열을 가하면 보라색의 지문이 드러난다. 이 반응은 인체 피부에서 분비된 소량의 아미노산(I)이 닌히드린(II)과 반응하여 생성된 니트로화 닌히드린(IV)이 원래의 닌히드린(II)과 반응하여 닌히드린 이량체(V)가 만들어진 것으로 이것이 루만자색

지문, 혈액, 체액 등을 감지하는 닌히드린 반응.

이라고 하는 색소로서 청보라색을 띤다.

그리고 과학수사에서 가장 중요한 부분이 혈흔 감식이다. 붉은 피는 눈으로 볼 수 있는 경우도 있으나 범인이 혈흔을 닦거나 청소를 했을 경우 화학을 이용한 혈흔 검사가 필수적이다. 이때 여러 방법이 있으나 루미놀 반응을 가장 널리 쓴다.

루미놀 용액은 루미놀과 과산화수소로 이루어져 있다. 과산화수소는 촉매에 의하여 분해되어 산소를 발생시키는데, 이 산소가 루미놀을 산화시켜 매우 불안정한 고리 열린 디안이온 상태가 되어 청백색의 화학발광을 한다. 혈액에는 헤모글로빈이 있는데, 이것이 과산화수소 분해 작용의 촉매 역할을 하는 것이다. 물론 과산화수소의 분해작용을 촉매하는 물질은 사람의 혈액만이 아니다. 다른 짐승의 피나 곰팡이나 금속도 이런 촉매작용을 한다. 그러므로 다른 검사에 의해 사람의 혈흔임을 증명해야 한다.

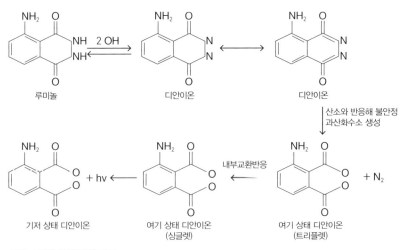

루미놀 반응을 이용한 혈흔 분석.

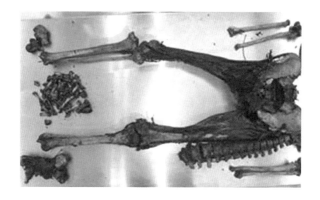

4-51 백골화 사진.

탄소 동위원소 분석으로
범죄 시간을 측정하다

사건을 수사하다 보면 시신이 이미 백골화된 경우가 많다.[4-51] 이런 경우 가장 중요한 것이 변사자의 나이와 사망연도를 알아내는 것이다. 이때 가장 강력한 화학적 방법이 탄소 동위원소 분석이다. 물론 이것은 고고학이나 인류학에서 사용하는 탄소동위원소 연대측정법과는 차이가 있다. 기존의 탄소동위원소 연대측정법은 대기중 방사성을 가진 탄소14(탄소는 원래 원자량이 12이지만 원자량이 14인 무거운 탄소가 약 1조분의 1 정도 존재한다. 이 탄소14는 방사성 붕괴를 한다)의 농도가 일정하다는 가정하에서 성립한다.

동식물이 살아 있는 동안에는 호흡을 하면서 대기의 탄소14의 농도와 같은 농도의 체내 탄소14 농도를 유지하게 된다. 그러나 동식물이 죽으면 대기와는 격리된 채 사체 내의 탄소14가 방사성으로 인해 붕괴하기 시작하므로 사망 시간을 유추할 수 있다.

탄소14의 반감기는 약 5,730년으로 약 6만 년까지 연대를 추정할 수 있다. 그러나 이처럼 너무 긴 반감기로 인해 범죄수사에서는 오히려 오차가 너무 커지는 한계가 있다. 그런데 고고학에서 쓰는 탄소연대 측정에서는 1950년을 기준으로 한다. 왜냐하면 1950년부터 전 세계적으로 핵실험이 빈번해져서 대기중 탄소14의 농도가 급격하게 증가했기 때문이다. 그래서 대기 중 탄소14의 농도가 일정하다는 가정은 1950년까지밖에 유효하지 않게 된 것이다.

그러나 1963년 이후 국제협약에 의해 핵실험이 억제되면서 대기중 탄소14의 농도도 다시 감소했다. 결국 1950년 이후의 시료에 대하여는 대기 중 탄소14의 농도 변화곡선을 기준으로 연 단위로 탄소 동위원소 측정을 할 수 있게 되었다. 아무튼 사체 중 치아의 탄소 동위원소를 분석하면 변사자의 나이를 추정할 수 있다. 조직이 치밀한 대퇴부의 뼈와 조직이 성긴 머리뼈를 비교하여 탄소 동위원소 측정을 하면 사망연도를 추정할 수 있다.

유전자 감식으로 범죄현장을 확인하다

2015년 경기도 화성에서 67세의 여성이 실종되었다. 현장 인근 CCTV에서 그 집에 세들어 살던 남성의 수상한 행적이 포착되었고, 용의자가 버린 육절기(고기를 자르는 기계) 칼날 틈에서 피해자의 DNA를 확보했다. 용의자의 범죄를 밝혀내는 데는 디지털 포렌식 분석기술도 사용되었다. 용의자의 PC를 통해 인체해부도, 육절기에 대해 인터넷 검색을 한 사실들이 확인되었다. DNA 분석 결과도 피해자의 것과 일치했다.

유전자 분석은 범죄인 확인, 친자 확인, 신원 확인 등에 아주 강력한

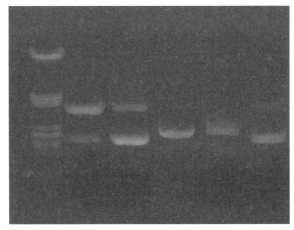

4-52 젤전기영동으로 얻은 DNA를 에티디움 브로마이드와 자외선을 이용하여 관찰한 사진.

증거가 된다. DNA가 완전히 같은 사람은 없다. DNA는 성별, 혈액형, 가족관계 등 범죄 수사에 꼭 필요한 정보를 제공한다. 더구나 인체의 모든 부위에서뿐만 아니라 침과 같은 분비물에서도 DNA를 검출할 수 있으며, 첨단의 PCR을 쓰면 아주 적은 양으로도 결과를 얻을 수 있다.[4-52]

지금은 당연하게 사용하는 DNA 감식은 역사가 그리 길지는 않다. 1983년 영국에서 15세 소녀가 성폭행 뒤 살해당하는 사건이 일어났다. 이 사건이 해결되지 못하는 사이 3년 뒤에 인근 지역에서 다른 소녀가 또 살해당했다. 사건의 양상이나 지역상 같은 범인의 소행으로 추정되어 한 용의자가 체포되었다.

그 남성이 거의 범인으로 굳어져가던 중 영국의 생물학자 알렉 제프리스(Alec Jeffreys)가 DNA의 차이를 가지고 신원을 확인하는 기술을 개발했다. 경찰은 이 기술을 적용했는데, 감식 결과 이 남성은 범인이 아니라는 결과가 나왔다. 즉 다른 사람이 억울하게 처벌을 받을 뻔한 사건이었다. 경찰은 즉시 인근에 거주하는 남성 약 4천 명에 대한 DNA 감식을 벌여 진범을 찾아내었다.

우리나라는 1955년 국립과학수사연구소(국립과학수사연구원의 전신)에서 혈액형 감정이나 친자 확인 같은 유전자 감식이 시작되었으나, 이것이 범죄수사에 적극적으로 사용된 것은 1991년부터다. 1998년엔 국립과학 수사연구원에 유전자 분석동이 설치되고, 2004년에는 생물학과의 이름이 유전자 분석과로 변경되며 기술도 빠르게 발전한 결과, 지금은 세계적으로 그 능력을 인정받게 되었다.

2006년 서래마을 영아 살해사건에서는 아주 미량의 DNA 분석 결과로부터 프랑스 여성이 자신의 아이를 살해한 결정적 증거를 확보했다. 이 사건은 프랑스 정부도 관여하여 우리나라의 DNA 감식을 믿지 못하겠다는 발표와 함께 프랑스에서 자체적으로 DNA 감식을 면밀히 수행했으나, 우리나라의 결과와 같은 결과를 확인하면서, 오히려 이것이 우리나라의 DNA 감식 기술을 세계적으로 인정받게 하는 계기가 되었다.

우리나라 국립과학수사연구원에서는 체액이 아니라 용의자가 만지기만 한 아주 적은 흔적으로부터도 DNA를 채취하고, DNA 분석 결과로 거꾸로 범인의 몽타주를 추정해내는 기술까지 개발하는 등 가히 이 분야에서 세계 최첨단을 달리고 있다. 또한 요즘은 아주 극미량의 DNA를 검출하여 분석하면 높은 정밀도로 동일인 감식을 확인할 수 있고, 곧 휴대용 DNA 감식기도 나온다고 한다. 이와 같이 과학수사에서 화학은 매우 큰 활약을 하고 있다.

그 밖의 방법으로 범죄 수사에 화학 감정 기술을 이용하는 경우가 있다. 음주운전이나 뺑소니 사망 사건같이 술이 관계된 사건에서 알코올의 농도 측정은 중요하다. 더구나 범죄자와 그 범죄를 밝히는 사람들 간에 쫓고 쫓기는 양상이 벌어지는 상황에서 음주를 하고 적발이 되어도 소독 알코올이나 구강청정제에 의한 오염이라고 주장하기도 해서 더욱

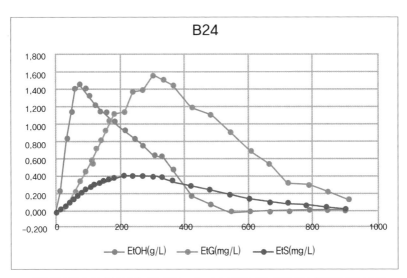

4-53 혈액에서 음주 후 경과시간(분)에 따른 에탄올, EtG, EtS 농도변화. 출처 : 국립과학수사연구원 NFS 홍보관.

정밀한 측정이 필요하게 되었다. 알코올을 직접 감지하는 것보다 음주 대사체 감지법이 더 중요시되는 것은 이 때문이다.

음주대사체란 알코올을 섭취하고 어느 정도 시간이 흐른 뒤 인체 내에서 대사활동에 의하여 알코올이 변이하여 생성하는 물질을 말한다. 보통 에틸글루쿠로나이드(ethylglucuronide)와 에틸설페이트(ethylsulfate)를 측정하는데, 이들은 에탄올이 최고 농도에 이른 뒤 약 3시간 후에 최고 농도에 이르기 때문에 어느 정도 시간이 지난 뒤에도 음주여부를 밝혀낼 수 있을 뿐만 아니라 음주 시간까지 추정하게 해주어 술과 관계된 범죄 수사에 큰 도움을 준다.[4-53]

그리고 총기 사고가 빈번한 미국에서는 총의 사용을 감식하는 것이 범죄 수사에 중요한 단서가 되기도 한다. 이때 총이 발사되었는지 여부는 화약이 폭발할 때 발생하는 이산화질소를 디페닐아민과 반응시켜 그것이 자주색을 띠는지로 판명한다.

미래를 향해 달리는
최첨단 화학 자동차

수소자동차

엔진,
화학을 장착하고 달리다

현대의 자동차는 화학의 집산이다. 미래엔 더 할 것이다. 자동차에서 화학을 빼면 거의 남는 것이 없지만 우리가 쉽게 생각하지 못하는 곳까지 모두 화학이 관여하고 있다. 주된 것만 검토해도 엔진, 연료, 배기가스, 축전지, 차체, 타이어, 에어백, 부동액, 와셔액, 페인트, 헤드라이트 등 거의 모두가 해당된다.

자동차에서 가장 중요한 엔진에는 지금 가장 많이 쓰고 있는 내연기관과 좀 더 발전된 형태인 하이브리드, 전기자동차, 수소자동차 등이 있다. 고온의 엔진 내부에서 이산화질소가 분해하여 내는 산소가 엔진 출력을 향상시키는데, 휘발유에는 이산화질소가 포함되어 있어 이것이 대기오염원이 되고, 경유에는 상당한 양의 황산화물이 포함되어 있어 이것 역시 대기오염을 일으킨다. 내연기관은 연소에 의해 동력을 얻는 것

으로, 산소가 약간만 부족해도 불완전연소가 일어나 심각한 대기오염원인 일산화탄소를 배출한다. 내연기관에 CNG나 LPG를 쓰는 차도 한동안 청정에너지라고 권장했지만, 황산화물이나 질소산화물의 배출은 조금 줄일 수 있을지언정, 지구온난화의 주범이라는 이산화탄소는 전혀 줄이지 못한다.

하이브리드는 내연기관 엔진에 상보적 엔진으로 전기 모터 엔진을 결합시켜서 연비를 획기적으로 향상시켰으나, 이 역시 전기자동차로 가는 길목일 뿐이다. 한편 전기자동차는 내연기관과 화석연료를 쓰지 않고 전기 모터로 구동력을 얻는다. 배기가스도 없고, 미세먼지도 안 내고, 부품 수를 획기적으로 감소시킨다는 장점이 있지만, 아무리 발전된 급속충전기를 써도 충전에 20~30분이나 소요되는 단점이 있다.

4-54 현대자동차 NEXO 연료전지 자동차 엔진.

그렇다면 가장 좋은 엔진은 현재의 기술로는 연료전지 자동차다.[4-54] 내연기관은 열효율이 20~25%인 데 비해 연료전지 엔진은 60%가 넘는 열효율을 자랑한다. 거기에다 배출가스는 수증기뿐이고, 미세먼지도 없으며, 온실가스도 배출하지 않는다. 특히 더 큰 장점은 지금의 휘발유처럼 충전하는 데 몇 분이면 된다는 점이다.

원리는 이렇다. 산소와 수소를 반응시키면 물을 만들면서 전기를 생산한다. 물에 전기를 가하여 산소와 수소로 분해시키는 전기분해 반응의 역반응이라고 이해하면 쉽다. 산소는 대기 중에 20% 정도 있으므로 공급에 문제가 없다. 수소는 압축하여 연료로 공급하기 때문에 연료전지를 이용한 자동차를 수소자동차라고 부르기도 한다. 바야흐로 화학은 이제 정말로 인류에게 큰 선물을 할 기회이니, 수소자동차야말로 자동차에 쓸 수 있는 엔진 중 가장 청정하고 세련되고 발전된 형태라고 할 수 있다.

자동차 기타 부속도 화학의 산물이다

엔진뿐만이 아니다. 현재의 자동차에는 화학이 꽉 들어차 있다. 타이어는 폴리이소프렌이라는 합성고무다. 부동액은 엔진의 냉각을 위해 꼭 필요한 것이고, 잘 끓거나 얼지 않아야 하는데, 현재 에틸렌글리콜 수용액을 쓰고 있다. 엔진이나 미션, 그 밖의 구동장치들에는 윤활유를 쓰는데, 윤활유는 점도가 높은 석유 정제과정에서 부산물로 나오는 기름이다.

요즘은 멋진 파란 빛을 내는 헤드라이트나 표시등을 자주 볼 수 있는

데, 여기엔 제논이라는 원소가 작용한다. 자동차 페인트도 특별한 화학의 산물로서, 여기에는 부식, 충격, 자외선 등을 막아주는 특별한 페인트를 사용한다. 그리고 배기가스를 청정화하기 위해 촉매 변환장치를 쓰는데, 앞에서 이야기한 자동차에서 배출되는 대기오염원인 질소산화물(NO_2)과 황산화물, 일산화탄소(CO) 등을 백금이나 로듐 같은 촉매를 써서 무해한 물질로 변환시킨다.

$$2NO_2 \rightarrow N_2 + O_2$$
$$2CO + O_2 \rightarrow 2CO_2$$

자동차는 내연기관에서 시동을 걸기 위해, 또 하이브리드나 전기자동차의 구동을 위해 축전지가 반드시 필요하다. 현재 가장 많이 쓰는 축전지는 납축전지이며, 납축전지는 납(Pb), 산화납(PbO_2), 전해질인 황산(H_2SO_4)으로 이루어져 있다. 납축전지는 무겁고 수명이 짧으므로 점차 리튬전지로 옮겨가는 추세다. 리튬전지는 리튬, 리튬금속산화물, 전해질로 이루어져 있다. 앞서도 말했듯 리튬전지는 가볍고, 박막으로 만들 수 있을 뿐만 아니라 전류밀도도 높고 수명도 길어서 현재 휴대폰, 노트북, 전자기기, 자동차, 전기자전거 등에 폭넓게 사용하고 있다.

그리고 자동차 차체에는 주로 철을 사용하지만 점차 다른 재료로 대체하고 있다. 차의 중량을 줄이면 엔진의 성능을 향상시키지 않아도 연비가 개선된다. 1977년 철은 자동차의 75%를 차지했었는데, 2004년에는 그 비중이 63%로 줄었고, 그 기간 중 플라스틱은 7.6% 증가했다. 이로써 연비가 3.8% 증가했는데, 이는 그동안의 엔진 발전의 영향보다 훨씬 큰 영향이다. 현재 유럽은 자동차 차체에 평균 11%의 플라스틱을 사

4-55 에어백.

용하고 있다. 자동차의 범퍼도 지금은 철이나 알루미늄을 사용한 것을 보기 어렵다. 거의 다 FRP(Fiber Reinforced Plastic)를 쓰고 있다. 이것은 섬유강화 플라스틱으로 일반적으로 유리섬유를 보강재로 쓴 폴리에스터 플라스틱이다.

에어백은 충돌이 일어나면 시속 150~250마일로 팽창하여 불과 40밀리초 만에 에어백을 채워 생명을 구한다.[4-55] 에어백에는 나트륨아지드(NaN_3), 질산칼륨(KNO_3), 이산화규소(SiO_2)가 들어 있다. 충격을 받으면 나트륨아지드가 분해하며 엄청난 양의 질소가스를 생성한다. 그것도 아주 빠르게. 전방 에어백에는 보통 약 65g 정도의 나트륨아지드가 들어 있는데 충격을 받으면 약 35리터 정도의 질소가스를 만든다. 나트륨은 반응성이 커서 위험하므로 질산칼륨과 이산화규소를 이용해 안전한 유리 상태로 변환시킨다.

에어백에서 일어나는 화학반응은 아래와 같다. 여기서는 3개의 질소(N_2)가 나오는 것에 주목해야 한다. 이것이 팽창의 원리다.

$$2NaN_3 \rightarrow 2Na + 3N_2$$

미래의 에너지를 책임지는 화학

신재생 에너지

인류의 미래는 새로운 에너지 개발에 달렸다고 해도 과언이 아니다. 지금 우리가 누리는 문명생활은 엄청난 에너지를 필요로 하기 때문이다. 지금껏 우리가 사용하는 에너지의 형태는 열, 빛, 운동, 전기 등인데, 이 중 많은 에너지들이 자연의 에너지를 그대로 이용하기도 한다. 물레방아는 자연의 물의 흐름 에너지를 그대로 사용한 것이고, 풍차는 자연의 바람 에너지를 그대로 이용한 것이다. 천장을 유리로 덮어 태양 빛을 조명으로 사용하기도 하며, 땅을 파고 들어가 집을 지음으로써 겨울에도 따뜻한 지열을 이용하기도 한다. 태양열(태양전지가 아닌) 난방은 태양 에너지를 열에너지 형태로 그대로 받아 온수나 난방에 이용한 것이다.

그런데 현대는 대부분의 에너지를 발전을 통해 전기 에너지로 바꾸어 사용하는 것들이다. 전기 형태가 아닌 조명, 전열기, 전자기기, 전기자동차 모두 전기 에너지의 형태로 사용한다. 석탄이나 석유를 연소시켜 발전을 하는 화력발전은 지금 가장 큰 문제가 되는 미세먼지와 이산화탄소를 대량으로 발생시키기 때문에 1차로 중단해야 할 에너지 생산 수단이다. 미세먼지는 당장 우리 목숨을 위협하며, 이산화탄소 같은 온실가스는 지구온난화를 일으켜 장기적으로 지구 전체를 죽음의 재앙으로 인도하는 무서운 오염원이다. 따라서 에너지의 원료를 바꿔 친환경 에너지, 신에너지, 재생 에너지 등으로 전환해야만 하는데, 그러한 에너지원들이 거의 화학 에너지들이다.

에너지 문제는 곧 지구온난화 문제

에너지 문제는 곧 지구온난화 문제와 직결되어 있다. 에너지를 생산하는 과정에서 지구온난화를 피할 수 없는데, 따라서 어떻게 하면 지구온난화를 최소로 하면서 인류가 필요로 하는 에너지를 얻을 수 있는가가 에너지 문제 해결의 관건이다. 지구온난화는 실로 엄청 심각한 문제가 아닐 수 없으니, 우리가 지금도 느끼고 있듯 우리가 사는 곳만이 아니라 전 지구적으로 기온이 상승했다는 보고가 많다.

전 지구적 기온 상승은 남북극의 빙산을 녹여 해수면을 높이고, 많은 지역이 아열대화함으로써 많은 생물종이 멸종하는 등 생태계에 심각한 변화를 불러온다. 빙산이 녹으면, 몇 천 년 동안 얼음 밑에 있던 땅이 드러나면서 예기치 않은 문제들이 생긴다. 이로써 새로운 병원균의 창궐, 산사태, 무거운 빙하나 만년설에 눌려 있던 땅의 융기, 빙하를 토대로 서식하던 생물종의 멸종 등의 문제를 예견할 수 있다.

4-56 투발루의 산호섬.

그로 인해 해수면이 높아져 바닷물 속으로 사라지는 국가도 있다. 투발루는 9개의 산호섬으로 이루어진 아름다운 태평양의 국가인데 2060년 이후에 지도상에서 사라질 위기에 처해 있고,[4-56] 이미 1999년 사빌리빌리섬은 바다 밑으로 잠겼다. 지구상의 마지막 파라다이스라는 몰디브는 2100년에 바닷속으로 사라진다고 한다. 인도양의 에덴이라는 세이셸도 산호의 떼죽음으로 위기감을 호소했고, 예전에 없던 사이클론의 피해를 입기도 했다.

전 지구적인 기온 상승은 아열대화와 기온 상승과 생태계의 변화 등으로 폭염, 한파, 극심한 홍수와 가뭄, 건조에 의한 대형 산불의 창궐, 그리고 코알라·바다표범·북극곰 등의 멸종 등 엄청난 변화를 가져올 것이다. 그림 〔4-57〕은 지구의 기온상승을 보여준다.[4-57] IPCC(기후변화정부간 협의체)의 보고서에 따르면, 1910년부터 꾸준히 지구 기온이 상승하고 있고 그 변화폭도 뚜렷하여 산업화 이전에 비해 2018년 현재 약 1℃ 정도 상승했으며, 우리가 아무런 행동을 하지 않고 이 추세로 가면 2100년에는 5.8℃까지 상승할 것이라 한다.

로마클럽(The Club of Rome)
인류와 지구의 미래에 대해 연구하며 성과 보고서를 발간하는 세계적인 비영리 연구기관. 1968년 서유럽의 정계·재계·학계의 지도급 인사가 이탈리아 로마에서 결성했다.

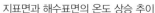

지표면과 해수표면의 온도 상승 추이

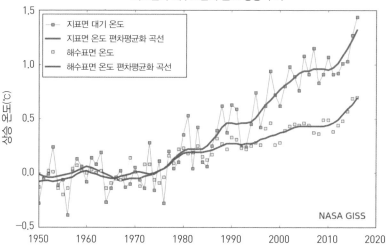

4-57 1950년부터 측정한 육지와 바다의 이상고온 현상(미항공우주국 통계). 빨간 선은 육지의 온도 변화, 파란 선은 바다의 온도 변화를 나타낸다.

물론 세계 각국이 손을 놓고 있는 것은 아니다. 국제적으로 기후변화 위기에 대한 대책 방안을 협의하기 위해 1972년 로마클럽에서 인간, 자원, 환경 미래예측 보고서를 채택한 바 있다. 그 후 꾸준한 연구와 협의를 거쳐 1997년 일본 교토에서 지구온난화 방지회의 제3차 당사국총회가 열려 우선 2008~12년에는 38개 선진국이 온실가스 5.2% 감소, 2013~17년에 우리나라를 포함한 개도국이 온실가스 감축 의미를 이행하기로 했고, 55개국에서 이에 관한 비준을 받았다.

여기서 온실가스란 이산화탄소, 이산화질소, 메탄, 수소플루오린탄소, 과플루오린탄소, 육플루오린황을 말한다. 물론 이중 가장 큰 비중을 차지하는 건 이산화탄소다. 그러나 이 교토의정서는 우선 선진국이 의무를

교토의정서(Kyoto Protocol)
1997년 12월 일본 교토에서 열린 기후변화협약에서 채택된, 온실가스 배출을 줄이기 위한 구체적 이행방안을 담은 국제 의정서.

지도록 했으나 미국이 탈퇴하고 효력 연장에도 실패했다. 국제법적 의무지만 힘 있는 국가가 지키지 않을 경우에도 마땅한 대책이 없다는 문제점이 있었던 것이다.

반기문 유엔 사무총장은 2015년 이러한 문제를 해결하기 위해 법적 의무를 지우지 않고 각국이 지킬 수 있는 감소책을 제시하도록 하여 195개국이 참여한 파리기후협약을 이끌어냈다. 목표는 기온 상승이 2℃를 넘지 않게 하고, 1.5℃까지 제한되도록 노력하는 것이다. 목표를 1.5℃로 낮춘 것은 기온상승에 의한 지구 전체의 변화가 점점 더 큰 재앙으로 밝혀지고 있기 때문이다. 1.5℃와 2℃ 차이는 해수면의 경우 10cm나 차이가 나며, 2℃가 상승할 경우 전 세계 산호의 99%가 소멸하고, 물 부족 피해 인구도 50%나 증가하게 되는 것이다.

신재생 에너지 확대가 시급하다

이제 지구온난화 문제를 어떻게 해결할지 생각해 보자. 가장 시급한 것은 화석연료 사용을 획기적으로 줄이는 일이다. 국제에너지기구(IEA)의 2010년 통계에 따르면, 전체 이산화탄소 배출 중 에너지(전력 포함) 생산용은 68%, 농업 11%, 산업 7%, 기타 14%인데, 우리나라는 에너지용 87%, 농업 3%, 산업 7%, 폐기물 소각 2%이다.(「2016년 국가 온실가스 인벤토리보고서」, 온실가스종합정보센터)[2]

에너지 생산은 대부분 전력 생산의 형태를 띠는데, 화석연료를 태워 에너지를 얻는 화력발전은 기본적으로 이산화탄소를 배출한다. 석탄이나 석유, 청정에너지라고 알고 있는 천연가스도 마찬가지다. 이들 화석

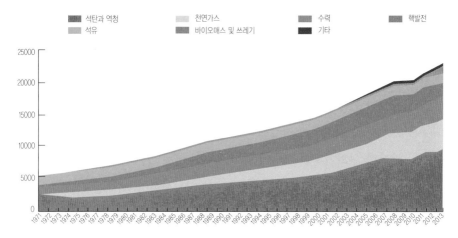

4-58 1971년부터 2013년까지 발전에 사용한 연료별 변화 추이. 맨 밑부터 빨간색은 석탄과 역청, 연두색은 천연가스, 보라색은 수력, 파란색은 핵발전, 초록색은 석유, 주황색은 바이오매스 및 쓰레기, 회색은 기타. OECD factbook(OECD의 과학기술, 경제, 사회에 대한 포괄적인 통계 보고).

연료는 현재 전체 발전 연료의 70~90%나 차지한다. 매우 시급한 문제가 아닐 수 없으니, 무엇보다 이들 화석연료의 비중을 줄여야 한다.

이산화탄소를 배출하지 않는 연료에는 원자력과 신재생 에너지의 일부가 포함된다. 신재생 에너지란 수소, 연료전지, 액화석탄 등의 신에너지와 태양력, 풍력, 조력, 지열 등의 재생에너지를 말한다. 우리나라의 재생에너지 통계엔 다른 나라에서 재생에너지로 인정하지 않는 폐기물, 톱밥, 부생가스 등 재생 불가능 에너지원을 포함하고 있는데, 당연히 이들 에너지는 이산화탄소를 배출한다. 아무튼 통계에서 보았듯이 이산화탄소, 즉 온실가스를 획기적으로 줄이려면 화석연료가 아닌 연료로 에너지를 생산해야 한다.[4-58]

이산화탄소를 배출하지 않고 전력을 생산하는 방법으로는 수력발전, 풍력발전, 조력발전, 지열발전, 태양전지, 연료전지, 원자력 등이 있다.

수력발전은 수량이 많고 낙차가 큰 강에 댐을 만들어서 터빈을 돌려

발전을 하는데, 수량과 낙차가 충분한 설치 장소를 찾는 것이 쉽지 않고, 게다가 거대한 수몰지역이 생기므로 이로 인해 일어나는 생태계 왜곡 문제도 안고 있다. 하지만 1MW 이하의 소형 수력발전은 환경의 영향이 적고 송전선을 설치하기 어려운 산악지역 마을에 도움을 줄 수 있다.

4-59 풍력발전. © Creative Commons Zero

풍력발전은 바람의 힘으로 터빈을 돌려 발전하는 것으로,[4-59] 소음과 진동

4-60 소규모 지붕용 태양전지. © Creative Commons Zero

때문에 인근 주민들의 민원을 받을 문제점이 있다.

조력발전은 바닷가의 밀물과 썰물의 힘을 이용하여 전기를 생산하는 것인데, 갯벌침식과 해안생태계 왜곡 등의 문제가 아직 명확하지 않다. 이처럼 모든 일이 양면이 있으므로 모든 영향을 면밀히 검토하는 것이 중요하다.

전력 생산에서도 화학은 이산화탄소를 배출하지 않는 발전의 여러 가능성을 열어줄 수 있다. 태양전지, 연료전지, 원자력이 그것이다. 태양전지는 전기화학의 광전효과를 응용하여 전기를 생산한다.[4-60] n형 반도체와 p형 반도체를 접합한 np다이오드에 햇빛을 쪼이면 태양에너지에 의하여 여기(勵起, excitation)된 n형 반도체의 전자가 p형 반도체로 이

여기(勵起, excitation)
흥분된 상태, 즉 높은 에너지의 상
태가 되었다는 뜻으로 쓰는 화학
용어.

동하게 되는데, 이때 전류가 발생한다. 그런데 햇빛이 있어야만 발전이 되기 때문에 공급안정성에 한계가 있다. 게다가 산지에 설치하기 위해 나무를 베어내고 태양전지 단지를 조성하는 것은 녹지가 줄어들어 홍수나 산사태를 야기할 위험도 있다. 반사빛이 생태계의 식물, 동물에게 끼치는 영향은 아직 명확히 규명이 안 되어 있지만, 주민이 가까이 거주하는 경우엔 반사빛으로 인한 민원도 문제가 될 수 있다.

수소경제를 확 바꿀 새로운 수소발생 촉매 개발

수소자동차는 이산화탄소 같은 온실가스를 배출하지 않고 전기를 발생시켜 자동차를 구동시키는 미래의 총아로 꼽힌다. 우주개발에서도 수소연료전지를 사용하면 전기와 함께 물을 생산하므로 일석이조의 꼭 필요한 기술이다. 이 모든 수소 에너지 시스템에는 수소생산기술이 핵심이다. 수소는 보통 물을 전기분해하여 얻는데, 이때 보통 백금 같은 귀금속을 촉매로 쓴다. 백금은 자동차나 산업시설에서 배기가스 변환장치에도 효율이 좋기 때문에 많이 사용한다.

최근 울산과학기술원(UNIST) 연구팀은 2차원 유기고분자가 철을 누에고치처럼 감싼 형태의 새로운 촉매를 개발했으며, 뒤이어 이리듐-질소-탄소 복합 촉매를 개발했다고 발표했다. 값싼 촉매로 값비싼 촉매를 대체할 기술인 것이다.

백금은 촉매로서의 성능은 우수하지만 가격이 너무 비싸고 매장량에 한계가 있으며, 장기간 사용하면 성능이 낮아지는 불안정성도 있다. 따라서 그간 다른 촉매로 대체하려는 연구가 끊임없이 이어져왔다. 이번 철 촉매 기술은 성능도 우수할 뿐만 아니라 안정성도 획기적으로 좋아 반영구적으로 사

4-61 2018년 2월 7일자 『JACS』 표지. 2차원 유기 고분자가 철 분자를 감싸는 모습을 형상화했다. ⓒ 유니스트

용이 가능하다. 『미국화학회지(JACS)』(2018년 2월 7일자)에서는 이러한 연구 결과의 중요성을 높이 평가해 표지 이미지로 소개하기도 했다.[4-61][3]

또 하나의 새로운 촉매 시스템인 이리듐-질소-탄소 복합 촉매는 수소 원자를 잡았다가 놓아주는 수소발생 반응을 백금만큼 효율적으로 조절하는 것이 가능해 관심을 모았다. 백금처럼 이리듐도 수소발생 촉매로 오랫동안 연구되어온 촉매다. 이리듐도 백금만큼 희귀금속이긴 하지만, 이 연구의 핵심은 이리듐을 아주 극미량만 사용하고 값싼 질소와 탄소로 전자밀도를 높인 복합 구조를 갖게 했다는 데 있다. 이렇게 만든 복합 촉매는 수소발생 성능이 백금 촉매나 순수 이리듐 촉매보다 훨씬 뛰어났으며, 가격도 대폭 낮고 안정성도 확보한 것이다. 이 연구는 저명한 국제학술지 『네이처 커뮤니케이션』(2019년 9월 6일자)에 게재됐다.[4-62][4]

이러한 수소발생 촉매 개발에 우리나라의 연구자들이 큰 성과를 낸 것은 앞으로의 수소경제 시대에 주도권을 잡을 큰 업적으로 평가받고 있다.

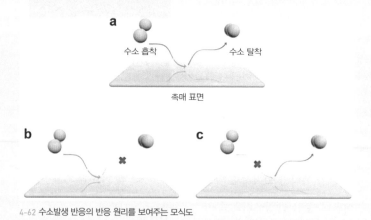

4-62 수소발생 반응의 반응 원리를 보여주는 모식도

Chapter 5

화학적 상상력이 스며든
영화와 소설

—— 영화, 즉 활동사진의 원리나 아이디어는 일찍부터 있었으나 영화가 탄생하기 위해서는 필름의 재료가 만들어지기까지 기다려야 했다. 화학의 도움 없이 재료는 발전하지 못하며, 새로운 기술이 구현되지 않는다. 니트로셀룰로스나 셀룰로스 아세테이트가 발명되고부터 영화 필름이 제작되기 시작했다. 각각의 필름 영상도 화학반응으로 현상되고 인화된다.

초기의 사진은 은의 감광성을 이용했다. 염화은을 판에 바르고 여기에 빛을 쏘면 화학반응이 일어나 이온화은이 된다. 이것을 흑화은이라고 하는데, 검은색으로 영상이 나타난다. 이런 영상을 연속해서 찍고 1초에 16번 또는 24번 이어붙이면 움직이는 영상이 된다. 이렇게 연속된 필름을 만들기 위해서는 유연한 니트로셀룰로스나 셀룰로스 아세테이트 같은 고분자 필름이 필수다. 이와 같이 영화도 화학의 도움으로 탄생했다.

서구보다 350년이나 앞선
로켓 기술

〈신기전〉

조선시대 로켓 무기로 명나라를 물리친
〈신기전〉

　　　　　　2008년 개봉된 김유진 감독의 〈신기전〉은 정재영
(설주 역)과 한은정(홍리 역) 주연으로, 조선시대 때 만든 세계 최초의 2단
로켓인 대신기전을 다룬 영화다.

　1448년 세종 30년, 조선에서 새로운 무기를 개발한다는 사실이 명나
라에 알려진다. 그러자 명나라는 최무선의 아들 최해산이 신기전을 연
구하던 화포연구소를 습격한다. 죽음을 목전에 둔 최해산은 자신의 외

동딸 홍리에게 신기전 비법을 적은 총통등록을 맡기고 미완성 신기전과 함께 자폭한다. 세종의 호위무사 창강(허준호 분)이 홍리를 보부상단의 설주에게 맡기고, 설주는 홍리와 함께 신기전을 계속 연구한다.[5-1] 명나라는 신기전 개발이 계속되자 대군을 출동시켜 압박하는데, 이로 인해 난처해진 세종은 신기전 개발을 중지하도록 왕명을 내리지만 설주와 홍리는 거부한다. 그리고 온갖 실험 끝에 가까스로 시간에 맞춰 완성된 대신기전을 들고 명나라 대군을 맞는다.

조선의 군대는 처음에는 소신기전부터 시작해서 중신기전으로, 그리고 마침내 대신기전을 사용해 명의 대군을 전멸시킨다.[5-

5-1 영화 〈신기전〉에서 설주와 홍리가 신기전 성능을 시험하는 장면.

5-2 소신기전 발사 장면.

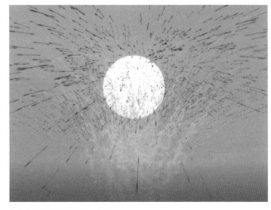

5-3 소신기전이 날아가는 장면.

5-4 중신기전 발사 장면.

5-5 중신기전이 날아가는 장면.

5-6 대신기전 발사 장면.

5-7 대신기전이 날아가는 장면.

2~7기 이후 명나라에게서 사과를 받아내고, 설주는 홍리와 결혼을 한다.

신기전(神機箭)은 한자대로 풀면 '신기한 기계식 화살'이란 뜻으로, 실제 조선 때 만든 로켓 무기다. 특히 대신기전은 화약이 타면서 만들어지는 연소 가스가 뒤로 분출되는 반작용으로 날아갈 수 있도록 한 구조이기 때문에 비행원리 등에서 현대 로켓의 원리와 똑같다고 볼 수 있다.

화약을 처음 만들고 발전시킨 중국 당나라 말기에 '비화(飛火)'라는 화약의 힘으로 사거리를 늘린 불화살이 있었다. 그리고 명나라 시기에는 화전(火箭), 그 뒤를 이어 다발화전으로 진화했는데, 중국은 병사가 들고 불을 붙이는 휴대용으로 점점 소형으로 발전하여 우리나라의 소신기전보다도 더 작아졌다. 반면에 우리나라는 화차에 거치시키고 화약의 힘으로 발사시켜 멀리 날아가 공중에서 다시 터지는 대형으로 발전하여 가장 작은 소신기전도 중국의 화전보다 클 정도였다.

세계 최초의 장거리 미사일, 대신기전

고려 충숙왕 12년에 태어난 최무선(1325~95)은 화약 선진국인 중국에서 화약의 비밀을 알아내고 연구를 거듭했다. 1377년 고려 조정에 화통도감 설치를 건의하여 화약을 만들고 총포류를 연구했다. 이때 '달리는 불'이라는 뜻을 가진 주화(走火)를 개발했는데, 이 주화는 화살대 앞부분에 화약통을 붙였다. 이것이 화약의 추진력으로 장거리를 날아가게 만든 실질적 로켓 무기다. 고려 말 왜구를 토벌할 때 왜구의 불화살에 비해 사거리가 대폭 길어진 이 주화로 왜구의 혼을 빼큰 전과를 올렸다고 한다. 당시 해전법은 배들을 서로 묶어 대선단을 만들고 상대 배에 밀착시켜 건너가 백병전을 벌이는 식이었다. 최무선의 주화는 먼 거리에서 왜구의 배무리를 불태워버렸기 때문에 큰 타격을 가할 수 있었다.

주화는 1448년(세종 30년)에 들어와서 '신기전'이라고 불렸으며, 여기에는 소신기전, 중신기전, 대신기전, 산화신기전이 있었다.

소신기전은 길이 110cm의 화살 앞부분에 약통이 붙어 있다. 중국의 다발화전과 비슷하지만 휴대용이 아닌 화차에서 40~100여 기를 한꺼번에 발사할 수 있도록 개량한 것이다.[5-8] 사거리도 길고 위력도 강하

5-8 신기전 화차.

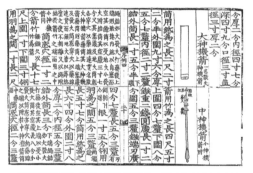

5-9 『국조오례의서례』, '병기도설'에 나와 있는 대신기전과 중신기전 설명 부분.

며 곡사포 능력이 있어 중신기전과 함께 사용했을 때 적은 큰 타격을 입을 수밖에 없었다. 소신기전은 폭발물이 장치되어 있지 않고, 쇠촉에 독약을 묻혀서 사용했다.

중신기전은 약통의 앞부분에 '소발화(小發火)'라는 작은 폭탄이 달렸다. 화살대는 길이 145cm, 약통 길이 20cm, 반지름이 3cm였다. 화약의 추진력으로 날아가 폭약을 탑재한 화약통이 2차 폭발을 일으켜 파편에 의한 대량 충격이 가능한 로켓 무기였다. 특히 기마군인 여진족이나 경보병이 주축인 왜구들에게 이것은 대단한 위력을 발휘했다. 폭발음과 연기에 말이 놀라 엎어지는 등 공포감을 불러일으켜 초기에 적군의 전의를 잃게 하는 효과가 컸다. 그래서 조선의 화차만 보면 적의 전체 병력이 도망하는 사태도 있었다고 한다.[5-9]

대신기전은 길이 5.3m의 큰 대나무 앞부분에 길이 70cm, 지름 10cm의 대형 약통이 달렸다. 길이가 3~4미터나 되는 정식 발사대를 갖춘 진정한 로켓으로 사거리가 900미터에 달했다. 따라서 적군은 조선의 군대를 보기도 전에 하늘에서 대량의 폭약이 덮쳐 엄청난 공포심을 느꼈다

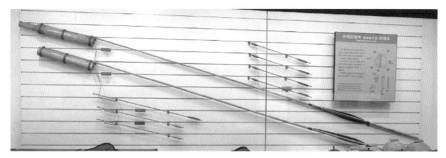

5-10 왼쪽 위에서부터 대신기전, 산화신기전, 중신기전, 소신기전. 전쟁기념관 소장.

고 한다. 화약을 대량으로 소비하는 데 비해 위력은 사실 대단하지는 못

했지만 당시 밀집한 군사들 한복판에 갑자기 하늘에서 날아온 불 파편

이 터지는 대신기전은 그야말로 공포의 로켓이었을 것이다.

산화신기전은 이름 그대로 '불을 흩뜨리는 신기전'으로 대신기전 약통

의 윗부분을 비워놓고 그곳에 로켓의 일종인 지화통(地火筒)을 소형 폭

탄인 소발화통과 묶어 사용했다. 지화통은 종이를 말아서 만들었으며,

길이는 13.5cm, 지름은 2.5cm로서 중신기전과 소신기전 약통의 중간

정도 크기였다.[5-10]

영화에도 나오지만 신기전의 중요한 핵심은 화약이다. 중국이나 고려

나 조선에서 사용하던 화약은 거의 비슷하다. 앞서도 말했듯 화약은 숯

과 황과 초석으로 만들며, 이중 초석이 핵심인데 초석은 질산칼륨(KNO_3)

이다. 질산칼륨은 숯(탄소)과 반응하여 많은 양의 질소와 이산화탄소를

생성시키는데, 그 부피는 원래 고체 재료의 거의 천 배나 되어 급격한 부

피팽창이 폭발력을 만드는 원리다. 그 반응식을 쓰면 다음과 같다.

$$2KNO_3(s) + 3C(s) + S(s) \longrightarrow K_2S(g) + 3CO_2(g) + N_2(g)$$

반응하기 전의 물질인 왼쪽은 모두 고체로 부피는 아주 작다. 이에 비해 반응 후 오른쪽을 보면 이산화탄소가 6개, 질소가스가 5개로 기체 물질이 11개나 된다. 대략 기체 부피를 계산해보면 거의 천 배나 된다. 화약의 조성은 지금도 그리 크게 다르지 않다. 고려 때와 조선 초기에 중국을 능가했던 화약 기술과 로켓 기술은 문인만 숭상하고 기술을 천시하던 조선 풍조 속에서는 발전하지 못했고, 그 결과 오히려 서양 총포 기술을 배운 일본에게 나라까지 통째로 빼앗기는 수모를 당하게 되었다. 결국 화학이 약해져서 화학으로 나라를 빼앗긴 셈이다.

연금술의 또 다른 SF 버전

〈제5원소〉

연금술의 영화
〈제5원소〉

〈제5원소(The Fifth Element)〉는 1997년 프랑스 영화 감독 뤽 베송이 브루스 윌리스(코벤 역)와 밀라 요보비치(리루 역)를 주인공으로 만든 미래 영화다. 컬럼비아사에서 9천만 달러 이상을 들여서 제작하고 3억 달러에 육박하는 흥행수입을 올린 초대형 블록버스터로서, 이 영화로 데뷔한 밀라 요보비치는 일약 세계적인 스타로 떠오르기도 했다.

5-11 영화 〈제5원소〉에서 제5원소에 관한 내용이 새겨진 이집트 피라미드의 벽.

5-12 유전자 합성을 통해 리루를 만드는 장면.

이 영화는 1914년 한 학자가 이집트 피라미드의 벽에 새겨진 제5원소에 대한 기록을 발견하면서 시작된다. 그 문자에는 물, 불, 공기, 흙이라는 4개의 원소와 제5원소가 결합하면 절대악에 대항하는 무기를 가질 수 있다는 메시지가 담겨 있었다.[5-11]

그로부터 300년 후인 2259년, 5천 년마다 돌아오는 대천체 배열 때문에 생성된 절대악의 집합체인 괴물체가 지구로 돌진해온다. 지구를 구해줄 4개의 원소가 들어 있는 4개의 돌을 가진 몬도샤인들은 지구로 오는 도중에 우주 해적들의 공격으로 모두 죽게 되고, 과학자들은 몬도샤인의 남은 팔 하나로 유전자 합성을 통해 생명체를 복제하게 되는데, 그것이 바로 빨간 머리 소녀 리루다.[5-12]

리루는 과학자들에게서 도망치다가 전직 연방요원인 택시 운전사 코벤을 만나게 되고, 이들은 위기에 처한 지구를 구하기 위해 제5원소인 리루 외에 필요한 4개 원소를 찾기 위해 코넬리우스 신부와 함께 파라다이스 행성으로 간다. 우주 해적들의 공격을 받으면서 고군분투하던 코벤 일행은 우여곡절 끝에 4개 원소를 구해 지구로 귀환한다.[5-13]

그리고 이집트의 피라미드로 가서 4개 원소에 맞게 돌을 재배치한 후 제5원소가 필요한 시점에 이르는데 잠시 리루가 결정을 망설인다. 그러

자 코벤이 리루에게 사랑을 고
백하고, 그 마음을 받아들인 리
루의 몸에서 마침내 제5원소
가 발동된다. 결국 리루에게서
방출된 신성한 빛으로 괴물체
는 파괴되고 지구는 파멸이라
는 절체절명의 위기에서 벗어
난다. 제5원소가 실제로는 리
루의 '사랑'이었던 것이다.[5-14]
여기서 제5원소가 사랑이라는
개념은 그리스 철학자들의 원
소설에서부터 기인한 것이다.

5-13 4개의 원소가 든 돌.

5-14 리루의 몸에서 방출되는 신성한 빛.

제5원소설,
연금술의 토대가 되다

　　　　　　기원전 6세기경 탈레스(기원전 624~546경)로부터 자
연현상들을 체계적으로 이해하기 위한 노력의 일환으로, 물질을 구성하
는 아주 작은 기본 입자에 대한 사유가 시작되었다. 그 후 기원전 4세기
경에 활약한 그리스 철학자 데모크리토스는 "이 세상의 무수히 많은 물
질들이 소수의 작은 물질로부터 생겨났으며, 더 이상 쪼갤 수 없는 아주
작은 물질이 만물의 근원이 된다"고 주장했다. 이 쪼갤 수 없는 아주 작
은 물질이 원자, 즉 '아톰(atom)'이다.
　원소설은 그리스 철학자들에 의하여 점점 더 정교해져서 엠페도클레

스(기원전 490~430)는 "물, 불, 흙, 공기라는 4개의 원소가 어떤 비율로 섞여서 만물을 만들어낸다"고 설파했다. 그리고 이들이 서로 결합하고 밀쳐내는 힘이 사랑과 미움이라고 결론지었다. 그리스 철학의 대부 플라톤은 이들 4원소들은 각각 기하학적 다면체 모양을 띤다고 했고, 이들 4원소 외에 제5원소가 있을 것이라고 언급했다.

플라톤의 제자인 아리스토텔레스(기원전 384-322)는 이 4원소설을 발전시켜 물질의 성질까지도 정교하게 설명했다. 물은 습하며 차갑고, 공기는 습하고 뜨겁다. 불은 뜨겁고 건조하며, 흙은 건조하고 차다. 그래서 이들이 서로 합하면 모든 복잡한 성질이 생긴다.[5-15] 뿐만 아니라 아리스토텔레스는 우주에는 제5의 원소가 있는데, 그 원소는 가장 순수하고 특별한 힘을 가지고 있어서, 원소들이 서로 결합하고 변환하는 데 핵심적인 역할을 할 것이라고 생각했다.

제5원소란 만물을 구성하는 네 가지 원소인 물, 불, 흙, 공기를 조합하여 만물을 만들어내는 핵심 열쇠인 '에테르'를 가리킨다.[5-16] 별들이 존재하는 먼 하늘은 에테르로 채워 있어 빛의 매질 역할을 하기 때문에 빛이 전해진다고 믿었다. 여기에서 조금 더 나아가 아리스토텔레스는 우주도 진공이 아니라 이 에테르로 채워

5-15 아리스토텔레스의 4원소.

5-16 고중세 아리스토텔레스적 우주론. 가장 안쪽 구가 4원소로 만들어진 지구이며, 그 바깥의 천구들과 천구 위의 천체들은 제5원소 에테르로 되어 있다.

매질(媒質)
파동을 전달시키는 물질. 매질 입자의 진동이 곧 파동이다.

있다고 생각했다. 또한 네 가지 기본 원소들은 제5원소의 도움을 받아 서로 변환이 가능하다고 주장했는데, 결국 이러한 사고가 연금술의 토대가 되었다.

이렇게 그리스 철학에서 출발한 연금술은 이슬람 시대를 거치며 과학으로의 면모를 갖추며 발전했다. 싼 금속으로 금을 만들 수 있다는 믿음을 유발시킴으로써 권력자들이나 국가들이 혹할 만한 기술로 전개되었다. 물론 값싼 금속을 금으로 바꾸는 일이 성공한 적은 단 한 번도 없었다. 하지만 이러한 발전 과정에서 연금술을 뜻하는 '알케미(alchemy)'에서 '화학(chemistry)'이라는 말도 태어나게 되었다.

그런데 연금술이 단지 금을 만들려는 단순한 욕심의 사기술이기만 할까? 연금술의 초기 단계부터 연금술에는 자연의 이해, 또는 질병을 치료하는 '엘릭시르(elixsir, 불멸의 영약)' 같은 영적 신비를 포함하고 있었다. 물론 금을 만들려는 시도는 모두 실패했지만, 이를 연구하는 과정에서 화학은 큰 발전을 이루었다.[5-17]

연금술사들은 용해, 용융, 여과, 결정화, 증류 등의 화학 기술들, 그리고 플라스크, 펠리칸, 도가니, 레토르트, 증류탑 등의 실험기구들을 발명했다. 그리고 알코올, 에테르, 초산, 질산, 왕수, 백반 등의 물질을 발견했으며, 비누, 색소, 의약품, 소독제, 잉크, 화약, 향료

5-17 〈연금술사〉, 윌리엄 더글러스, 1853.

5-18 연금술사의 원소기호.

등을 만들어냈다.

　하지만 연금술이 기여한 가장 중요한 부분은 기본적인 원소로부터 만물을 만들어낸다는 현대 원자설의 정착, 그 원소도 서로 변화시킬 수 있다는 핵변환의 원리, 그리고 실증과학의 검증논리 확립에 있다.[5-18]

주기율표가 인류를 구하다

〈에볼루션〉

원소들의 규칙을 찾아내 위기에서 탈출한
〈에볼루션〉

〈에볼루션(Evolution)〉은 이반 라이트만 감독이 2001
년에 만든 SF 코미디 영화다. 지구에 낙하한 운석에서 나온 외계 생명체
의 진화 과정을 보여주면서 과학자들이 그것을 처치하는 과정을 그려낸
작품이다.

황량한 미국의 애리조나 사막에 갑자기 큰 운석 하나가 떨어진다. 사
람들은 그 운석 안에서 작은 생명체를 발견하는데, 이 영화의 제목이 에

5-19 영화 〈에볼루션〉에서 군부대의 공격으로 불을 맞아 더욱 커진 괴물의 모습.

볼루션, 즉 진화인 것처럼 이 외계 생명체의 진화 속도는 엄청나다. 처음에 귀엽게 생긴 마스코트 같다가 빠른 속도로 진화와 번식이 일어나고, 크기도 엄청난 괴물이 되어 결국 이 생명체는 지구를 위협하는 상황에 다다른다. 이렇게 진화가 빠른 것은 이들의 세포 주성분이 지구 생명체들처럼 탄소가 아니라 질소이기 때문이다. 질소는 지구 대기의 80%나 차지하지 않는가. 그래서 총이나 불이나 미사일을 쏴도 소용이 없고, 오히려 열을 받을수록 몸집이 더 커질 뿐이다.[5-19]

5-20 지구수비대는 대원의 옷에 그려진 주기율표를 보고 괴물을 물리칠 원소를 찾아낸다.

이 괴물을 물리치기 위해 조직된 지구수비대는 자신들 대원들 옷에 그려진 주기율표를 보고 괴물을 물리칠 해답을 찾는다.[5-20] 지구상 생명체의 기본원소인 탄소의 원자번호는 6번, 외계 괴물의 기본원소인 질소는 바로 탄소 다음인 7번 원소다. 지구 생명체들에게 치명적인 비소는 원자번호 33번이므로 외계 괴물에게 치명적인 독은 비소 바로 옆 원소인 셀레늄일 것이다. 그런데 갑자기 셀레늄을 어디서 얻는단 말인가! 지구수비대는 비듬샴푸에 셀레늄이 들어간다는 것을 떠올리고 샴푸를 괴물의 항문을 향해 발사함으로써 괴물퇴치에 성공하여 마침내 지구를 구하며 영화는 끝이 난다.

원소의 주기적인 성질을 정리한 주기율표

이 영화는 다소 황당하지만 화학의 중요한 원리를 재미있게 가르쳐준다. 바로 원소들이 아무 규칙 없이 존재하는 것이 아니라 원자번호에 따라 주기적

> **주기성**
> 일정한 간격으로 같은 현상이 반복되어 나타나는 현상.

인 성질의 유사성을 갖는다는 사실이다. 이런 원소들의 주기성은 19세기 화학자들도 어렴풋이 알고 있었고, 특히 영국의 뉴랜즈(John Alexander Reina Newlands, 1837~98)는 1865년 원소를 원자량 순으로 배열하면 8번을 주기로 비슷한 성질이 반복된다는 것을 발견하고 이를 '옥타브 규칙'이라고 명명했다. 이것은 뉴턴이 백색광을 7개 색으로 구분하여 음계와 같다고 주장한 것과 일맥상통한다.

많은 과학자들이 이런 작업을 시도했으나 그 당시에는 발견된 원소가 60개 정도뿐이어서 분명한 주기성이 드러나지 않았고, 중간

> **멘델레예프**
> (Dmitrii Ivanovich Mendeleev)
> 화학원소들의 주기성을 밝혀 화학의 기초와 근대 물리학의 상당 부분을 통일시키는 데 크게 이바지했다.

5-21 멘델레예프.
© Serge Lachinov/wikipedia.

ОПЫТЪ СИСТЕМЫ ЭЛЕМЕНТОВЪ.

ОСНОВАННОЙ НА ИХЪ АТОМНОМЪ ВѢСѢ И ХИМИЧЕСКОМЪ СХОДСТВѢ.

	Ti = 50	Zr = 90	? = 180.
	V = 51	Nb = 94	Ta = 182.
	Cr = 52	Mo = 96	W = 186.
	Mn = 55	Rh = 104,4	Pt = 197,4.
	Fe = 56	Rn = 104,4	Ir = 198.
	Ni = Co = 59	Pl = 106,6	O- = 199.
H = 1	Cu = 63,4	Ag = 108	Hg = 200.
Be = 9,4	Mg = 24	Zn = 65,2	Cd = 112
B = 11	Al = 27,4	? = 68	Ur = 116	Au = 197?
C = 12	Si = 28	? = 70	Sn = 118
N = 14	P = 31	As = 75	Sb = 122	Bi = 210?
O = 16	S = 32	Se = 79,4	Te = 128?
F = 19	Cl = 35,6	Br = 80	I = 127
Li = 7 Na = 23	K = 39	Rb = 85,4	Cs = 133	Tl = 204.
	Ca = 40	Sr = 87,6	Ba = 137	Pb = 207.
	? = 45	Ce = 92
	?Er = 56	La = 94
	?Yt = 60	Di = 95
	?In = 75,6	Th = 118?

Д. Менделѣевъ

5-22 1869년 멘델레예프 논문에 수록된 주기율표.

에 빠진 원소도 있어서 주기성이 그리 엄격하지 않다고 생각했다. 그러나 러시아의 멘델레예프(Dmitrii Ivanovich Mendeleev, 1834∼1907)는 이론이나 순서를 바꾸지 않고 면밀한 물성 연구를 한 후 아직 발견되지 않은 원소의 자리를 비우고 그 자리에 향후 원소가 발견될 것이며, 그 원소의 물성은 어떨 것이라고 예언까지 했다.[5-21, 5-22]

실제 1875년 발견된 갈륨과 1880년 발견된 저마늄은 멘델레예프가 물성까지 정확하게 예언한 빈칸의 원소들이었다. 1955년 발견된 101번째 원소에는 그의 이름을 기념하여 '멘델레븀'이라는 이름을 붙였다.

원자량 순서대로 원소를 배열한 멘델레예프의 주기율표는 대부분의 원소에서 비슷한

5-23 모즐리.

성질이 주기적으로 나타
났지만, 그렇지 않은 원소
도 있었다. 그 뒤 영국의
과학자 모즐리(H. Moseley,
1887~1915)는 원소를 원자
번호 순서대로 배열하여
이 문제를 해결했다.[5-23,
5-24] 이로써 현대의 주기
율표로 자리잡게 되었다.

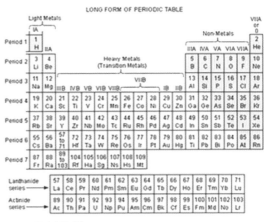

5-24 모즐리의 주기율표.

주기율표에서 가로줄은 '주기', 세로줄은
'족'이라고 한다. 같은 족에 속한 원소들을
'동족 원소'라고 하는데, 이들의 화학적 성질
은 비슷하다. 그리고 금속 원소는 주로 왼쪽
에, 비금속 원소는 주로 오른쪽에 위치한다.

동족 원소

주기율표에서 수소를 제외한 1족
원소를 알칼리 금속, 2족 원소를
알칼리 토금속, 17족 원소를 할로
젠, 18족 원소를 비활성 기체라고
한다.

5-25 현재의 주기율표.

금속 원소와 비금속 원소 사이에는 준금속 원소가 자리하고 있으며, 준금속 원소는 금속과 비금속의 중간적 성질이나 양쪽 모두의 성질을 가지고 있다.[5-25]

현재 주기율표에서 가장 마지막에 등재된 것은 불활성 기체인 동시에 가장 무거운 원소인 118번 오가네손(Og)이다. 2006년 미국 로렌스 리버모어 연구소와 러시아 합동원자핵 연구소의 연구팀이 "칼슘(Ca)과 캘리포르늄(Cf)을 충돌시켜 핵에 118개의 양자를 가진 원자"를 발견한 후 2015년 12월에 국제순수·응용화학연합에서 이를 공식적으로 인정했다. 오가네손의 이름은 러시아 핵 물리학자인 유리 오가네시안에서 유래한 것이다. 이후로도 더 무거운 원소들을 충돌시켜 결합하면 119번 원소나 그 이상의 인공 원소가 만들어질 수도 있다.

'4차 산업혁명의 쌀', 희토류 금속

희토류 금속(稀土類, rare-earth metal)은 말 그대로 '희귀한 흙'이라는 뜻이다. 희토류는 하나의 광물이 아니고 원소 주기율표에서 스칸듐(원자번호 21), 이트륨(원자번호 39)과 란탄에서 루테튬에 이르는(원자번호 57~71) 15개의 란탄 계열 원소를 포함해 총 17개의 원소로 이루어진 원소의 총칭이다. 즉 스칸듐(Sc), 이트륨(Y), 란탄(La), 세륨(Ce), 프라세오디뮴(Pr), 네오디뮴(Nd), 프로메튬(Pm), 사마륨(Sm), 유로퓸(Eu), 가돌리늄(Gd), 테르븀(Tb), 디스프로슘(Dy), 홀뮴(Ho), 에르븀(Er), 툴륨(Tm), 이테르븀(Yb), 루테튬(Lu)을 합친 원소를 가리킨다.[5-26]

5-26 희토류 금속.

희토류는 화학적으로 안정하면서도 열을 잘 전달한다는 공통점이 있다. 이 때문에 합금이나 촉매제, 영구자석, 레이저 소자 등을 만드는 데 사용한다. 모두 전기 자동차, 풍력 발전 모터, 액정표시장치 등의 핵심 부품으로 반도체와 스마트폰을 비롯한 첨단 제품은 물론 군사용 레이더 같은 무기를 만드는 데 필수적으로 사용하는 소재다.[5-27] 무엇보다 대체재가 없다는 점에서 많은 산업의 필수 원료다. 가히 '4차 산업혁명의 쌀'로 불릴 만하다.

그런데 이 희토류의 전 세계 생산량의 약 95%를 중국이 차지하고 있다. 희토류는 사실상 중국이 공급을 독점하고 있는 셈이다. 그러다 보

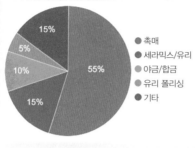

- 촉매
- 세라믹스/유리
- 야금/합금
- 유리 폴리싱
- 기타

55%

15%

10%

5%

15%

5-27 희토류 용도. 출처 : U.S. Geological Survey Mineral Commodity Summary, 2017

니 중국은 이 희토류를 자원 무기로 사용하곤 한다. 지난 2010년 일본과의 센카쿠 열도 분쟁이 발생하자 중국은 희토류 공급을 틀어쥐고 일본을 압박한 바 있다.

그리고 2019년 8월, 미국이 중국을 환율 조작국으로 지정하면서 미중 양국 간의 무역전쟁이 심화되자 중국이 이 희토류를 무역전쟁의 무기로 쓰겠다고 밝힌 바 있다. 미국은 희토류 수입량의 80% 이상을 중국에 의존하고 있기 때문에 중국이 마음만 먹으면 얼마든지 미국을 압박하는 수단으로 희토류를 사용할 수 있기 때문이다.[1]

그런데 이 희토류의 전 세계 매장량을 보면, 북한이 최대 4,800만 톤에 이르러 중국보다 많다는 설도 있다. 아직 매장량과 경제성 면에서 불확실한 점이 많지만 향후 북한의 희토류가 중국의 자리를 대체할 가능성도 있다. 희토류를 보유하지 못한 한국으로서는 북한과의 희토류 개발 경협을 통해 상호 발전을 꾀할 수 있고, 나아가 통일 한국에 대한 장밋빛 희망을 품게 하는 요소가 되기도 한다.

이렇듯 최근 4차 산업혁명 관련 핵심 재료인 희토류 수요가 증가하고 있기 때문에, 앞으로 희토류는 그 몸값이 갈수록 치솟을 가능성이 매우 높다.

화학을 이용해
화성에서 살아남기

〈마션〉

절체절명의 순간에
기적을 일으킨 화학반응
: 〈마션〉

　　　　　　　　영화 〈마션〉은 엔디 위어의 소설 『마션(The Martian)』을 원작으로 리들리 스콧 감독이 1억 달러를 들여서 2015년 만든 작품이다. 다른 우주 배경 영화처럼 외계 생명체가 등장하거나 우주전쟁이 다루어지지 않고, 사실에 충실한 우주 영화로 재미있게 구성되었는데, 그래서 화성을 가장 실제적으로 그린 영화라고 평가받는다.

　　식물학자인 마크 와트니(맷 데이먼 분)는 화성 탐사 프로젝트를 수행하

5-28 영화 〈마션〉에서 화성에 홀로 남겨진 마크 와트니.

5-29 주인공이 화성 토양을 이용해 감자를 재배하고 있다.

던 중 사고로 화성에 홀로 남게 된다.[5-28] 지구와 화성의 거리를 생각할 때 바로 구조대가 출발한다고 해도 4년은 걸리는 상황에 처한 것인데, 이로써 그 사이에 식량, 물, 주거 모듈 중 하나라도 해결하지 못하면 죽을 운명에 놓인다. 그러나 매사에 긍정적인 와트니는 좌절하지 않는다.

와트니는 우선 배고픔을 해결하기 위해 여러 궁리 끝에 감자 재배를 시도한다.[5-29] 감자를 키우려면 질소비료가 필요하다. 와트니는 이 질소비료를 로켓연료 히드라진에서 얻는다. 그리고 히드라진에서 질소와 함께 얻은 수소를 산소와 반응시켜 물을 얻는다. 결국 와트니는 감자 재배에 성공하고야 말았으니, 가히 성공의 달인이라 할 만하다. 영화 제목처럼 '화성인'으로 살아남은 것이다.

하지만 주거 모듈이 손상되면서 각종 설비가 고장나는 바람에 감자밭이 엉망이 된다. 또다시 살아남기 위한 와트니의 노력은 계속되고, 그러던 중 지구에서 와트니의 생존을 확인한다. 마침내 구조팀이 성공적으로 도착하고, 와트니는 지구로 귀환하며 영화는 마무리된다.

우주선 연료 히드라진으로 질소비료를 만들다

이 영화에서 와트니 생존의 핵심은 화학이다. 물론 화학으로 볼 때 이런 반응이 불가능하지는 않지만, 실제로 화성에서 농사를 지을 만큼 충분한 양의 질소를 얻기는 힘들다. 또한 여기서 물을 전기화학 반응으로 얻는 것도 배보다 배꼽이 큰 경우라 하겠다. 사실 화성에는 물이 존재하고 빙하도 있다고 한다.[5-30, 5-31] 그러니 땅을 파서 물을 얻는 것이 더 현실적일 것이다. 그러나 화학 반응을 이용하여 화성 같은 우주 공간에서 감자 농사를 지을 수 있다는 발상은 아주 화학적이고 획기적이다.

5-30 2001년 6월 26일에 허블 우주 망원경이 촬영한 화성.
© wikipedia.org

5-31 바이킹 1호 착륙선이 전송한 사진. 1978년 2월 11일 Sol 556에서 촬영. © wikipedia.org

$$3N_2H_4 \rightarrow 4NH_3 + N_2$$

우주선 연료인 히드라진(Hydrazine, N_2H_4)은 암모니아(NH_3)를 만든다. 이 암모니아를 질소비료로 쓸 수 있다. 히드라진은 무색투명하고 자극성 있는 유독 발암물질로서 강한 암모니아 냄새가 난다.

앞의 반응식을 보면 질소가스(N_2)를 생성하는데, 이 히드라진 반응은 우리 주변의 일상에서 많이 보이는 발포 플라스틱을 만드는 데 이용하기도 한다. 신발 밑창은 바로 이렇게 만든 발포 플라스틱을 쓴 것이다. 히드라진의 독성은 농약에도 사용한다. 자동차의 에어백이 갑자기 팽창하는 원리도 바로 이 히드라진의 역할이다.

$$N_2H_4 \rightarrow N_2 + 2H_2$$

5-32 와트니는 탐사기지의 산소공급 장치를 통해 화성의 이산화탄소에서 산소를 얻고, 발사체 연료인 히드라진을 이리듐과 반응시켜 수소와 질소로 분리했다. 그리고 불을 피워 산소와 수소를 물로 만들었다.

히드라진에 더 높은 열(350℃ 이상)을 가하거나 촉매를 사용하면 수소를 만들 수도 있다. 이 수소를 연소시키면 물이 생긴다. 그리고 히드라진을 사산화이질소(N_2O_4)와 혼합하면 강력한 로켓 원료가 된다. 사산화이질소는 강력한 산화제 역할을 하여 폭발적으로 연소한다. 이때 많은 양의 질소가스와 수소가스를 생성하며 추진력을 만든다. 실제 로켓 연료로 쓰기 때문에 이 영화에서 한 것처럼 농사에 필요한 암모니아를 얻을 수 있다.[5-32]

화학적 추출의 진수를 보여주다
⟨향수⟩

향에 매혹된 자의 독특한 삶, 『향수』

　　　　　　　파트리크 쥐스킨트(Patrick Suskind, 1949~)가 1985
년 발표한 『향수―어느 살인자의 이야기』는 40개 이상의 언어로 번역
되어 전 세계에서 2천만 부 이상 팔린 베스트셀러다. 톰 티크베어 감독
은 2006년 벤 위쇼와 더스틴 호프만 주연으로 이 소설을 영화로 만들어
흥행에 성공했다.

　영화의 첫 장면은 어둠 속에서 빛과 함께 떠오른 주인공 그르누이의

코에서 출발한다. 이야기가 어둠과 빛, 냄새와 아름다움, 이들의 대비로 시작한다는 것을 암시하며, 한 번 맡고 나면 흔적 없이 사라지는 향수의 가공할 힘을 공포감과 함께 각인시킨다.

향수의 휘발성 화학물질이 코에 들어오면 점막에 분포한 후각수용체가 감지하여 뇌에서 판단한다. 인간의 시각수용체는 4가지가 있고, 미각수용체는 5가지가 있는데, 후각수용체는 천 가지가 넘는 다양성을 자랑한다. 그만큼 진화 과정에서 정밀하게 발달되었다는 반증이다. 몇몇 동물들은 인간보다 몇 천 배의 후각을 갖고 있다니 놀랄 만한 감각이 아닐 수 없다.

18세기 프랑스 파리, 주인공 그르누이는 온갖 강한 냄새가 진동하는 생선시장 좌판 밑에서 태어났다. 후각은 누구보다 예민하지만 어머니에게 버림받고 수많은 사람들에게 천대받는 삶을 살면서 괴로워하던 주인공은 자신이 천대받는 이유가 자신에게 체취가 없기 때문이라는 사실을 알고 좌절한다.

어느 날 그르누이는 한 아름다운 여성의 향기에 취해 쫓아가다가 본의 아니게 그녀를 죽이고 만다. 그녀의 향기를 소유하고 싶다는 욕망에 사로잡힌 그는 향수제조법을 배우려 마음먹는다. 그래서 세상을 뒤집을 정도의 최고의 향수를 만들겠다는 집념에서 향수의 고향인 그라스로 간다. 그곳에서 그는 25명의 매력적인 여성들을 차례차례 죽이고 그 시신에서 향수를 추출한 다음, 이를 조합해서 세상에 없는 최고의 신비한 향

5-33 영화 〈향수〉에서 향수를 추출하는 한 장면.

수인 '천사의 향수'를 만들어낸
다.[5-33]

5-34 그르누이가 만든 향수를 뿌리자 군중들이 열광하는 장면.

　그의 살인행각이 드러나 사형
집행을 받는 날 그르누이는 자
신이 만든 '천사의 향수'를 뿌린
다. 그러자 군중들은 물론 사형
집행인까지 그 향수에 취한다.
그리고 그르누이는 죄가 없고 천사 같은 사람이라고 열광하면서 군중들
은 서로 사랑을 나눈다.[5-34] 그제서야 그르누이는 자신이 갈구했던 것
은 향수가 아니라 사랑이었다는 것을 깨닫는다. 그리고 자신의 몸에 천
사의 향수를 모두 붓고 군중 속으로 뛰어들어 삶을 마감한다. 천사의 향
수에 취한 사람들이 그를 먹어치운 것이다.

향수,
화학으로 향을 내다

　　　　　　　이 작품에서 그르누이는 여성들을 죽인 후 전신에
기름을 적신 천을 덮어 최대한 향기를 흡착시킨 후 추출, 여과, 농축하는
화학 공정을 차례대로 밟는다. 그 과정은 현대의 천연 향수를 만드는 과
정과 비슷하다.

　향수를 뜻하는 'perfume'이라는 단어는 불어로 'parfume'인데 영어로
고치면 'by smoke'가 된다. 즉, 연기로 전하는 것이다. 신을 신성하게
여겨온 고대 사람들은 신에게 제사를 지낼 때 몸을 청결히 하고 향기가
나는 나뭇가지를 태우고, 향나무 잎으로 즙을 내 몸에 발랐다고 한다. 그

리고 꽃이나 특별한 동물 부위에서 좋은 향기가 나면 그것으로부터 기름을 추출하고 농축하고 정제하여 향수를 만들었다. 향수는 인류 최초의 화장품인 셈이다.[5-35]

향수를 상품화하는 토대를 마련한 것은 중세 연금술사들이 알코올을 개발하면서부터다. 14세기 헝가리의 엘리자베스 여왕은 알코올과 로즈메리를 이용한 '헝가리 워터' 향수를 만들어 사용했다. 그녀는 이 향수를 애용함으로써 병도 고치고 더욱 아름다워져 72세 나이에도 불구하고 폴란드 국왕에게 청혼을 받았다는 유명한 일화가 있다.

이후 향수는 1508년 이탈리아 피렌체에 있는 도미니크회 수도사가 향료조제용 아틀리에를 개설하여 '유리향수'를 제조하면서부터 그 전성기를 맞았다. 그리고 1533년에는 피렌체 메디치가의 딸이 프랑스의 앙리 2세와 결혼하면서 그녀를 따라온 톰바렐리에 의해 프랑스에 향수가 전해졌다. 그는 당시 가죽산업이 번창한 그라스에서 가죽 특유의 악취를 없애기 위해 향수를 사용한다는 것에 착안해서 향수산업에 뛰어들었다.

그 뒤 향수가 산업으로서 발전하기 시작한 시기는 17세기 프랑스의 루이 14세(1639~1715) 시대부터다.(5-36) 이는 프랑스인들의 목욕과 화장실 문화에서 더욱 촉발된 경향이 있다. 프랑스의 물은 대부분 석회질이어서 목욕을 하기에 적합하지 않았고, 또 물을 마시면 다리가 붓는 등 물로 인한 풍토병이 있었다. 그래서 물을 꺼려 했고, 자연히 목욕을 금기시하면서 몸에서 악취가 나기도 했다. 그리고 프랑스의 독특한 배변 문화도 향수 발달에 한몫을 했다. 17세기에 지어진 베르사유 궁전에는 2천 개의 방이 있었지

5-36 루이 14세.

만, 화장실은 하나도 없었다. 대신 루이 14세는 요강을 사용했고, 방문자들은 궁 밖 여기저기 대소변을 남겨두어 악취가 진동했다고 한다. 이로 인해 이 시기에 루이 14세는 물론이고 프랑스 귀족일수록 냄새가 더 많이 났고, 그 냄새를 감추기 위해 향수를 더 많이 사용했다고 한다. 그러다 보니 향수산업도 더 발달하게 되었다.

향수에는 한 가지 성분만 사용하는 것이 아니다. 예를 들어 자스민 향수에는 벤질 아세테이트 65%, 리날룰 15%, 자스몬 5% 정도가 들어 있다. 벤젠은 방향족이라고 부르는데, 그 냄새가 향긋하기 때문이다. 그래서 향수의 성분들도 대개 벤젠 같은 고리 화합물을 함유하고 있다.

향수를 뿌리면 처음 나는 냄새와 한 시간쯤 뒤에 나는 냄새, 한참 뒤에

남는 냄새가 조금씩 다르다. 이것을 '노트'라고 한다. 처음 뿌리자마자 맡게 되는 냄새를 '탑노트'라고 하는데, 상큼한 레몬향 계통을 많이 쓴다. 뿌리고 나서 30분에서 한 시간 사이에 강하게 나는 것을 '미들노트'라고 하며, 이것이 그 향수의 브랜드 냄새가 된다. 그 뒤 몇 시간 정도 오래 남는 은은한 냄새가 있으니, 이것을 '베이스노트' 또는 '라스트노트'라고 한다.

향수제품은 농도에 따라 용도가 다르다. 가장 농도가 약한 스플래쉬, 미스트, 베일은 3% 이하의 향 성분을 함유하여 일반 화장품이나 화장수에 들어간다. 오드콜로뉴(오데콜롱)는 3~8%, 오드투왈렛은 5~15%, 오드퍼퓸은 10~20%, 에스프리는 15~30%, 퍼퓸은 20~40%로 가장 농도가 진하다. 오드콜로뉴는 원래 독일 쾰른에서 만든 로즈마리 향수가 원조였으나, 지금은 남성이 사용하는 진하지 않은 향수를 일컫는 말이 되었다.

5-37 샤넬 5번 향수. 오드퍼퓸이라고 쓰여 있다. 농도가 15% 정도 된다.

향수 중 유명한 샤넬 5번은 1921년 가브리엘 샤넬(Gabrielle Chanel)이 만든 향수로서 80가지 이상의 성분이 복합되어 있고, 일랑일랑과 네롤리향이 함유되어 있으며, 로즈향과 그라스향, 그 뒤에 자스민과 바닐라향이 첨가되어 있다.[5-37] 복합적이고 오래가는 향의 대표 주자로 처음 시장에 나와 선풍적인 인기를 끌었다.

고분자기술로 태어난
액체 괴물의 위력

〈플러버〉

중력을 거스르고 탄성이 뛰어난
'플러버'

　　　　　　〈플러버(Flubber)〉는 원래 〈얼빠진 교수〉라는 1961년
영화를 메이필드 감독이 리메이크한 작품으로서, 로빈 윌리엄스 주연으
로 1997년 개봉한 과학 코미디 영화다.

　로빈 윌리엄스가 연기한 필립 브레이너드 교수는 메이필드 대학의 화
학 교수이자 괴짜 천재 발명가다. 그 대학 학장인 사라를 사랑하지만 벌
써 두 번이나 자기의 결혼식에 참석하지 않았다. 실험에 열중하느라 자

기 결혼식에도 못 간 것이다. 이제 세 번째 결혼식 날짜를 잡았지만 그는 여전히 연구에 푹 빠져 있다.

그의 연구 조수는 '위보'라는 로봇인데 필립의 발명품이다. 스스로 생각도 할 수 있고, 필립의 비서 노릇도 한다. 위보는 결혼식 시간을 알고 있으나 필립에게 알리지 않는다. 위보가 필립을 짝사랑하고 있기 때문이다.

이번에 필립이 만들려는 것은 준안정 합성체다. 결혼식 시간 직전에 연구의 실마리가 떠올라 결혼식을 잊고 연구에 몰두한 결과, 드디어 합성에 성공한다. 필립은 사랑하는 사라를 위해 메이필드 대학에 커다란 도움을 줄 수 있을 것이라 상상하며 기뻐한다. 그러나 세 번째 결혼식은 이미 12시간이나 지난 뒤였다. 뒤늦게 찾아온 필립에게 사라는 이젠 정말 못 참겠다며 완전히 마음이 돌아선 것처럼 화를 낸다.

5-38 영화 〈플러버〉에서 필립이 만든 플러버.

5-39 플러버를 붙인 운동화를 신고 농구 경기에서 점프를 하는 선수들.

필립이 발명한 물질을 '플러버'라고 부른다.[5-38] '플라잉 러버'라는 뜻이다. 이 물질은 중력을 거슬러 하늘을 날게 만들고, 탄성이 엄청나 신발에 붙이면 엄청나게 높이 점프할 수 있다. 메이필드 대학의 농구팀은 플러버의 능력에 힘입어 무패 전적의 상대팀에 역전승을 거두게 된다.[5-39]

하지만 이와 같은 플러버의

성공에도 불구하고 사라의 마음을 돌리지 못하자 필립이 너무 불쌍해진 위보가 사라에게 필립의 진심을 전한다. 그리고 그 상황을 이해한 사라가 마음을 돌리고 두 사람이 결혼하는 것으로 영화는 막을 내린다.[5-40]

5-40 플러버를 이용해 만든 '하늘을 나는 자동차'를 타고 신혼여행을 떠나는 필립과 사라.

최근의 액체 괴물과 비슷한 플러버

이 영화의 플러버는 요즘 아이들에게 인기 있는 액체 괴물과 매우 비슷하다.[5-41] 엄청난 점프력이나 하늘을 나는 능력은 없지만 영화에 나오는 플러버의 형상이 액체 괴물을 연상시킨다. 액체 괴물을 만드는 주요 재료는 물풀과 붕산이다.

물풀은 PVA라는 고분자 물질이다. 폴리비닐알코올이라고 한다. 알코올기(-OH)를 많이 가지고 있어 친수성이 커서 물에 잘 녹고, 물을 잘 흡수하며, 물과 잘 섞인다. 또 수소결합을 잘하므로 접착성능도 좋다. 그래서 이 PVA를 접착제로 쓰는 것이다. PVA는 다음 그림과 같이 알코

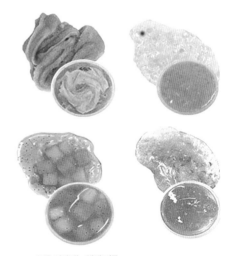

5-41 요즘 시판되는 액체 괴물.

올 가지를 가진 긴 사슬 고분자다. 이런 고분자는 반복되는 단위만 간단하게 표시하는 고분자 표시법으로도 나타낼 수 있다.

PVA

PVA의 고분자 표시법

붕산

여기에 붕산을 섞으면 붕산은 PVA 사슬 사이사이에 다리 역할을 하며, 물처럼 너무 풀어지지는 않으면서도 액체처럼 흐르는 이중적인 성질을 갖게 된다. 붕산은 살균력이 있어서 방충제나 방부제로 쓴다. 특히 생명력이 끈질기기로 유명한 바퀴벌레 살충제로 사용한다. 곤충이 붕산을 섭취하면 배출시키지 못하는데, 붕산은 중추신경계에 작용하여 대사과정의 장애를 일으켜 죽게 만든다. 그런데 이 붕산은 인체에도 독성을 나타낸다. 특히 피부에 닿으면 화상을 일으키기 때문에 액체 괴물을 가지고 노는 아이들은 피부 질환을 조심해야 한다.

환경오염의 공포에서 태어난
괴생명체

〈괴물〉

폼알데히드를 먹고 자란
돌연변이 괴물

〈괴물〉은 2006년 개봉한 봉준호 감독의 영화로 여러 영화제에서 수상하는 등 화제를 모은 작품이다. 미국에서도 개봉하여 당시 역대 한국 영화로는 박스오피스 최고를 기록했는데, 이 영화는 단순한 괴수영화가 아니라, 환경오염 문제에 대한 경각심과 가족애가 잘 버무려진 수작이다.

2000년 주한미군 군의관은 독극물인 폼알데히드를 한강에 대량으로 무단 방류했고, 그로 인해서 물고기 돌연변이인 괴생물체가 탄생하게 된다. 이 괴물은 한강에 있던 생물들을 닥치는 대로 잡아먹으면서 성장한다. 크기는 버스만 하고, 다리 한 쌍과 기형다리 1개, 뒷다리가 되다가 중단된 돌기, 길고 날렵한 꼬리, 그리고 마치 연꽃잎이 벌어지듯 5갈래로 갈라지며 흉측하게 벌어지는 형태의 입을 지니고 있다. 그야말로 폼알데히드를 먹고 자라 기형이 된 괴물인 것이다.

2006년 어느 날 급기야 그 괴물이 한강 수면으로 올라오고 아버지(변희봉 분)가 운영하는 한강 둔치 매점에 있던 강두(송강호 분)는 딸 현서(고아성 분)와 도망간다. 그러나 현서가 괴물에게 잡혀가고, 괴물의 출현으로 아수라장이 된 한강지역은 폐쇄되면서 위험구역으로 선포된다.[5-42, 5-43]

5-42 영화 〈괴물〉에서 현서를 낚아채는 괴물.

5-43 한강 다리 밑에 나타난 괴물.

이후 현서를 찾기 위해 모인 강두네 가족은 보균자라는 누명을 쓰고 한순간에 수배자 가족이 되어 쫓기는 신세가 된다. 그럼에도 강두네 가족은 현서를 구하기 위해 백방으로 노력하면서 괴물을 찾아 공격하지만 역부족이다. 그때 정부에서 '에이전트 옐로'라는 독가스를 뿌리자 괴물이 쓰러지고, 강두는 괴물의 입에서 현서를 꺼낸

다. 그리고 강두는 괴물과 사투를 벌이고, 결국 괴물을 처치한다.[5-44]

5-44 최후의 공격으로 괴물을 처치하는 강두.

폼알데히드와 포르말린

폼알데히드는 자연 상태에서도 흔히 발견되는 무색 기체로 그 대부분은 성층권에 존재한다. 자동차 배기가스나 담배 연기에도 상당한 양이 포함되어 있으며, 산불로도 생성되는데, 자연의 대사과정에서, 그리고 산업 제조공정에서 중간체로 매우 널리 사용한다. 폼알데히드는 햇빛에 의해서도

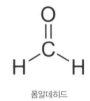

폼알데히드

몇 시간 만에 분해되고, 물이나 흙 속에도 폼알데히드를 분해하는 박테리아가 많기 때문에 자연 속에 축적되지는 않는다. 우리 몸 안에 생긴 폼알데히드는 곧 산화되어 포름산으로 변한다. 개미는 폼알데히드를 포름산으로 만들어 무기로 사용한다.

우리가 사용하는 열경화성 고분자, 즉 요소 수지, 페놀 수지, 멜라민 수지의 제조에도 폼알데히드를 사용한다. 페인트와 폭약을 만드는 데도 사용하고, 소독제와 살균제, 방부제로도 사용한다. 시체 방부나 박제를 만드는 데도 쓴다.

미술가 데미안 허스트(Damien Hirst, 1965~)는 폼알데히드를 채운 수조에 길이 14피드(약 4.3m)의 상어를 넣고 〈절임 상어(The Physical Impossibility of Death in the Mind of Someone Living)〉라는 미술 작품으로 발표하여 세계적인 반향을 일으키기도 했다.[5-45]

5-45 영국의 데미안 허스트가 포르말린을 채운 커다란 수조에 상어를 넣어 1991년 발표한 〈절임 상어〉.

폼알데히드는 자연과 우리 몸 안에서도 흔히 발견되지만 급성 독성도 있음이 밝혀졌다. 1995년 WHO 국제암연구소(IARC)는 폼알데히드를 발암물질로 분류했다. 알레르기도 일으키는 것으로 알려져서 미국 환경보호국(EPA)은 공기 중 폼알데히드의 허용치를 0.016ppm으로 제시했다. 폼알데히드를 물에 녹인 것을 '포르말린'이라고 부른다.

폼알데히드는 스스로 중합체 형태로 변하기도 하고, 몇 개가 결합한 독특한 형태를 띠기도 하며, 다른 물질들과도 쉽게 반응한다. 그래서 장기간 지속하지는 않는 것처럼 보인다. 그러나 살균제로 쓸 만큼 독성도 있고, 다른 물질과 반응하여 이차적인 오염을 일으키기도 하므로 사용을 자제하고 관리해야 하는 위험 물질인 것은 틀림없다. 영화와 같은 괴물은 생기지 않겠지만 지속적으로 여러 방법으로 고통을 주는 작은 괴물은 될 수 있는 것이다.

복제와 복원의 야망을 품다

〈인사동 스캔들〉

미술품 복제를 주제로 한
〈인사동 스캔들〉

2009년 개봉된 박희곤 감독의 〈인사동 스캔들〉은 김래원 · 엄정화 주연으로 미술품 복제를 다룬 영화다.

조선 최고 화가 중의 하나인 안견은 1447년 안평대군의 꿈 이야기를 듣고 〈몽유도원도〉라는 그림을 그렸다.[5-46] 이 〈몽유도원도〉에 너무나 감탄한 안평대군이 안견 자신의 꿈도 그려보라고 해서 나온 작품이 바로 〈벽안도〉라는 가상의 설정에서 이 영화는 시작한다.

5-46 안견, 1447, 〈몽유도원도〉. 우리나라에서 일본으로 건너간 자세한 경위는 알 수 없으나, 1995년경부터 일본 덴리 대학 중앙 도서관에서 소장하고 있다.

〈인사동 스캔들〉에서 가장 중요한 모티브인 가상의 그림 〈벽안도〉는 창덕궁의 연못 부용지를 그린 것으로, 안평대군이 왕이 되기를 바라는 안견의 꿈을 담고 있다. 중국의 화풍보다 월등하게 우수하다고 인정받은 안견의 명작으로 전해 내려오고 있다.

400년 후 미술계의 큰손인 비문 갤러리의 배태진(엄정화 분)은 무명의 화가들을 복제기술자로 채용한 후 위작 미술품 거래를 통해 자본을 축적한다. 또한 그녀는 일본·중국을 통한 국보급 문화재와 북한 그림 등을 밀수·밀매하면서 활동영역을 넓히며, 아울러 고위층들 대상의 로비도 벌이면서 인사동 내에서 입지를 다진다. 이러한 그녀의 야심은 한 걸음 더 나아가 일본 교토의 고서화 거리에서 〈벽안도〉를 찾아내기에 이른다. 그리고 '신의 손'이라 불리는 이강준(김래원 분)에게 복원을 맡기게 되면서 국내 미술 역사상 최고의 재력과 지력과 욕망의 음모가 시작된다.[5-47]

5-47 영화 〈인사동 스캔들〉에서 〈벽안도〉를 복원하려는 장면.

〈벽안도〉의 온전한 모습이 점차 드러날수록 이강준과 배태진은 다른 속셈을 품는다. 그리고 각기 다른 속내를 품은 주변인물들이 〈벽안도〉를 향해 몰려들기 시작한다. 미술계의 마당발 권마담, 국내 최고 물량을 자랑하는 위작 공장 사장, 한때 미술 복제시대를 풍미했던 국보급 복제 기술자, 미술계의 실권을 잡고 있는 국회의원, 일본 거대 미술 컬렉션, 돈 냄새를 맡고 찾아온 의문의 패거리들, 또한 그들을 추적하는 서울시경 문화재 전담반 형사 등이 〈벽안도〉를 놓고 쫓고 쫓기는 숨가쁜 한판 전쟁을 벌이는 것이 영화의 내용이다.

상박과 회음수로 완벽하게 복원하다

영화에서는 400년 전의 그림 〈벽안도〉를 복원과 복제를 통해 되살려내는데, 이 과정에서 '상박'과 '회음수'라는 전문용어가 등장한다.[5-48] 원래 동양화를 한지에 그린 후 변형을 막기 위해 배접이라는 작업을 하는데, 오랜 시간이 지나면 원본의 먹과 그림이 뒤에 배접한 종이에도 스며들게 된다. 그러므로 상박이라는 기술을 이용해서 원본 종이와 배접한 종이를 분리하면 같은 그림을 두 장 만들 수 있게 된다. 이때 배접지에 전사된 그림은 아무래도 원본만큼 선명하지는 못하지만 회음수라는 비밀의 용액을 뿌리면 색이 배가되고 살아나는 것으로 영화에서는 설정되어 있다.

5-48 이강준이 그림을 복원하는 장면.

상박은 어느 정도 가능하다. 원래 우리나라 한지는 중국이나 일본 것과는 달리 얇으면서도 질겨서 비교적 상박이 잘 되는 것으로 알려져 있다. 물론 회음수 같은 비밀의 용액 같은 건 존재하지 않는다.

우리나라 닥나무는 중국이나 일본과는 달리 섬유질이 길고 강하기 때문에 얇아도 종이가 질겨서 중국의 서화가들도 조선의 종이를 최고로 여겼다고 한다. 또한 중국이나 일본의 화선지는 먹을 칠하면 한쪽으로 많이 번지고 찢을 때도 한쪽으로 잘 찢어지고 다른 한쪽으로는 잘 안 찢어지듯이 종이 결이 뚜렷한 반면에, 조선의 종이는 모든 방향으로 강도가 비슷하고 먹의 번짐도 모든 방향으로 고른 장점이 있어서 특히 글씨를 쓸 때 최고의 종이로 인기가 있었다.

이런 차이는 종이를 뜨는 기술의 차이에서 나온다. 종이를 만들 때 나무에서 얻은 펄프를 두들겨서 양잿물에 담아 풀어지게 한 다음 채로 뜨는데, 다른 나라에서는 뜨개의 방향이 고정되어 있어 섬유들이 한 방향으로만 쌓이게 된다. 그러나 조선의 종이 장인들은 뜨개를 한 줄로 천장에 달고 손으로 여러 방향으로 돌리며 뜨기 때문에 섬유의 방향이 고르게 된다.

개미는
화학물질로 의사소통한다

『개미』

화학적 사유로 가득 찬 소설
『개미』

소설 『개미』는 프랑스 작가 베르나르 베르베르(1961~)의 작품이다. 이 소설은 첫 페이지부터 효소, 페로몬, 포름산, 화학물질, 박테리아, 세포, 심장박동, 휘발성, 호르몬, 분자, 화학정보, 수증기, 진동수, 레이저 같은 화학 용어가 난무한다.

> **페로몬**
> 동물의 조직에서 생산되고 체외로 분비, 방출되어 동종의 다른 개체에 특유한 행동이나 발육분화를 일으키게 하는 활성물질의 총칭이다. 특히 번식을 위하여 이성 간에 주고받는 체외분비 물질을 지칭하는 경우가 많다.

5-49 개미는 6개의 다리, 세 부분의 몸체, 강한 턱, 이 빨을 가지고 있으며, 꼬리에서 포름산을 뿜는다.

소설의 기본 아이디어는 다음과 같다. 이 소설은 개미들이 페로몬이라는 화학 물질을 사용하여 의사소통을 한다고 알려져 있는데, 인간이 개미들의 의사소통 수단인 화학물질들을 분석하여 그들의 말을 알아듣고, 인간이 똑같이 그 화학물질들을 합성하여 개미에게 보내면 의사소통이 될 것이라는 상상으로 시작한다.[5-49]

화학적인 소설이 이렇게 재미있을 수 있는지 놀랍기 그지없다. 작가 베르나르 베르베르는 개미에 대해 엄청나게 공부하고 이 소설을 썼다고 한다. 그리고 또 하나 이 소설의 덕목은, 다른 동물이나 곤충의 입장에서 세상과 삶을 조망하고 생각하는 능력을 배울 수 있다는 점이다. 실제 우리도 개미들을 관찰하다 보면 잠시도 쉬지 않고 바삐 움직이는 개미들이 무슨 생각을 하면서 어떤 계획을 세우고 일하는 게 아닐까 추론을 하게 된다. 개미 사회에서도 우리의 삶과 다르지 않은 일상들과 현상들이 있을 것이다. 이 작품은 그것들을 아주 리얼하게 그려냈다. 또한 소설의 형식이 독특한데, 인간들의 이야기와 개미들의 이야기가 번갈아 가며 병행해서 진행되고, 가끔 그 둘이 교묘하게 엮이는 것이다.

이 소설은 유명한 곤충학자 에드몽 웰즈가 갑자기 실종되면서 이야기가 시작된다. 이를 수사하러 간 경찰들과 에드몽 웰즈의 가족들도 계속해서 실종되는데, 그 실종된 사람들은 웰즈의 건물 지하실 비밀의 동굴로 떨어진다. 그곳은 한번 들어가면 절대 나올 수 없는 격리된 장소다. 여기로 들어간 사람들은 에드몽 웰즈가 발명한 신기한 기계 '로제타석'을 발견한다. 이것은 개미들의 언어인 화학물질 페로몬을 합성하는 화학 장치다. 인간의 언어를 개미가 알아들을 수 있는 적합한 페로몬으로 변환시켜 개미와 언어 소통을 가능하게 해주며, 그 역도 가능하게 해준다. 말하자면 개미어 통역기인 셈이다. 그들은 로제타석을 통해 개미들과 소통하며, 식량을 공급받는 동안에 점차 개미를 닮아간다.

한편 개미 살충제를 연구하는 사람들이 의문의 죽음을 당한다. 그들이 죽은 집은 안에서 문이 잘 닫혀 있고, 외부인 침입의 흔적이 전혀 없다. 그러나 그들 시체의 얼굴 표정은 이 지구상에서 볼 수 없을 정도의 극심한 공포로 일그러져 있다. 이를 수사하는 형사 멜리에스와 에드몽 웰즈의 딸인 기자 레티샤는 우편배달부인 라미레 할머니 부부의 범죄를 알게 된다. 라미레 할머니는 에드몽 웰즈가 자기 딸 레티샤에게 보낸 편지를 우연히 뜯어보고 나서 엄청난 사실을 알게 된다. 그 편지에는 로제타석의 설계도가 들어 있었는데, 개미와 의사소통을 할 수 있다는 것을 알게 된 그 부부는 그 기계를 그대로 만들어 자기들의 신념을 실행에 옮긴다. 그들은 동물보호와 환경보호를 위해 살충제를 극도로 혐오하는 사람들이다. 그들이 개미들을 조종하여 살충제 개발의 주역들을 차례차례 살해한 것이다. 개미를 시켜서 말이다. 그러니 흔적이나 꼬투리가 남을 리 없었던 것이다.(5-50)

5-50 개미는 여왕개미를 중심으로 사회를 이루며 모든 일을 분업과 협동으로 처리한다. 개미 군집끼리의 전쟁은 때로 매우 잔혹하다.

웰즈가의 사람들과 경찰관 소방관들이 갇혀 있는 동굴 밑에는 거대한 개미 도시가 있는데, 그 개미제국의 새 여왕 클리푸니는 '손가락들'에 대한 적개심이 대단하여 '손가락들'을 정벌하려는 계획을 세운다. 인간들이 손가락으로 개미나 개미집을 짓눌러 파괴하므로 개미 입장에서 보면 거대한 손가락만 보이기 때문에 인간을 손가락이라고 부르는 것이다.

한편 개미제국 안에도 반체제 개미들이 존재하는데, 이들은 '손가락들'에게 우호적이며, 손가락들을 신이라고 여기고, 로제타석을 통해 '손가락들'의 명령을 받기도 한다. 아무튼 형사 멜리에스와 레티샤도 라미레 부부의 범죄의 모든 전말을 알게 되고, 또한 동굴에 갇힌 사람들이 자기들을 꺼내달라는 편지를 써서 우호적이고 착한 개미에게 그 편지를 전해주라고 한다. 그리하여 마침내 그 개미를 레티샤가 발견하고 모두 구출하게 된다는 것이 소설의 내용이다.

포름산을
공격 무기로 사용하는 개미

포름산

소설에서 개미는 포름산을 공격 무기로 사용하는데, 포름산은 '개미산'이라고도 한다.

포름산은 개미뿐만 아니라 벌이나 쐐기풀 같은 몇몇 식물들도 분비한다. 카르복시산 중에서 가장 작은 분자로서, 무색투명하며, 찌르는 듯한 냄새가 나고, 가축 사료의 방부제나 방충제로 사용한다. 가죽의 무두질에도 사용하며, 청소용 세제에도 들어 있다. 농축된 포름산은 매우 강한 산성이라서 피부를 부식시키고 눈에 들어가면 실명시킬 수도 있다. 소설에서처럼 실제 곤충 사회에서 매우 효과적인 무기가 되기도 하지만 인체에는 소량이 들어와도 쉽게 배출된다.

작가 베르나르 베르베르는 어려서부터 개미를 관찰하며 개미의 입장에서 생각하고 개미집을 함부로 부수지 않게 된 12세 이후로 개미에 관심이 많았다고 한다. 툴루즈 대학에서 법학을 공부하고 기자생활을 하다가 아프리카 코트디부아르에 가서 개미를 관찰한 리포트로 호평을 받고, 그 내용을 다듬어 1991년 『개미』 『개미의 날』 『개미 혁명』이라는 개미 3부작 소설을 발표했다.[5-51]

5-51 『개미』 3부작 한글판.

출간 당시 프랑스에서는 큰 인기를 얻지 못했는데 한국에서 『개미』라는 하나의 제목으로 한데 묶어 출간된 번역판이 폭발적인 판매를 이루면서 세계적인 천재 작가의 명성을 얻었다. 그런 까닭에 "프랑스가 낳았으나 한국이 키운 작가"라는 평을 듣게 되었다.

화학이 창조해낸
세계의 명화

—— 미술과 화학, 이 두 영역은 전혀 관계가 없는 분야들 같다. 미술은 좋아하지만 화학은 정말 모르겠고 싫다는 사람이 많다. 이렇게 둘은 전혀 안 어울리는 것으로 생각하기 쉽다. 그러나 미술은 화학을 빼고 생각할 수 없고, 화학 없는 미술 또한 존재하기 힘들다면 그것을 믿겠는가?

미술은 시각예술이다. 그러므로 시각화하고 구체화하는 재료가 반드시 필요하다. 그림에는 캔버스, 종이, 물감, 붓 등이 필요하고, 조각에는 조각재료인 석재, 금속, 도자기, 플라스틱이 필요하다. 모두 화학에 의해 생산되는 재료들인 것이다.

그리고 미술작품은 아주 오랜 기간을 견디며 세대를 넘어 살아남아야 하는 문화재와 같은 성격도 갖고 있으므로 그 보존과 변화에 화학이 관여치 않을 수 없다. 작가가 빨간색 작품을 그렸는데 세월이 흐른 뒤에 분홍색으로 변했다면 그것이 진정 그의 작품일까? 화학은 미술이 필요로 하는 많은 요소들을 잘 알고 있고, 미술가들에게 큰 도움을 주고 있다.

선사시대 동굴벽화에 남은
화학의 자취

알타미라, 라스코 동굴 벽화

너무나 현대적인
알타미라 동굴 벽화

1879년 어느 날 스페인의 아마추어 고고학자 사우
투올라(M. Sautuola)가 여덟 살 딸과 함께 얼마 전 폭우로 입구가 노출된
알타미라(Altamira) 동굴로 들어갔다. 동굴 안에는 동물의 뼈들이 쌓여 있
었고, 호기심이 발동한 그들이 더 깊이 들어가니 좀 더 넓은 곳이 나왔
다. 그때 딸이 천장을 보고 소리쳤다. "아빠, 소예요!" 천장과 벽에는 들
소, 멧돼지, 말, 사슴 등의 그림이 놀라운 색채로 그려져 있었다.[6-1] 빨

6-1 〈알타미라 동굴 벽화〉,
스페인 칸타브리아, 약 기원
전 16000년.

강, 검정, 황토 등의 화려한 색채로 그려진 그림들은 마치 현대의 화가가
그린 것처럼 아름답고 선명했다.

그 벽화에 대단한 의미가 담겨 있다고 판단한 사우투올라는 고고학 전
문가들을 초대하여 벽화를 보여주었다. 그러나 색채가 너무 선명하게
보존되어 있고, 명암을 이용한 3차원 입체화법, 바탕 바위의 요철을 이
용한 선각화 기법 등 현대미술의 기법이 가미된 벽화를 만 년 전의 선사
시대 벽화라고 믿을 수 없었던 고고학 전문가들은 사우투올라를 사기죄
로 고소하기에 이른다. 그 이후로 여러 고고학 전문가들이 탄소동위원
소 측정 방법 등을 동원하여 진지하게 연구한 결과, 이것은 확실한 선사
시대 벽화라는 것이 밝혀졌다.

이토록 진기한 선사 유적이 개방된 이래 1960년대부터 너무 많은 관
람객으로 벽화의 손상이 시작되자 1977년부터는 관광이 전면 중단되었
고, 1982년부터는 관람객 수를 제한하여 공개하다가 2001년 즈음부터는
동굴 벽화의 복제품을 만들어 전시하기에 이르렀다.

선사시대 미술과 삶을 보여주는 라스코 동굴 벽화

1940년 어느 날 프랑스 남부 도르도뉴의 작은 마을 몽티냐크에 살던 네 소년, 마르셀, 조르주, 자크, 시몬은 베제르 골짜기에 있는 '라스코(Lascaux)' 언덕으로 갔다. 거기서 큰 소나무가 폭풍우에 쓰러지면서 생긴 구덩이를 살펴보다가, 이들은 혹시 이 굴이 소설에 자주 언급된 근처의 옛 성의 지하 보물창고로 연결되는 비밀통로가 아닐까 하는 생각이 들어 그 구덩이를 파기 시작했다. 얼마를 파들어가서 제대로 된 터널이 나타나자 소년들은 환호성을 질렀다. 중세의 보물이 아니라 1만 7천 년 전의 선사시대 보물이 눈앞에 나타난 것이다. 바로 동굴 벽화와 그림들이었다.[6-2]

라스코의 여러 갈래의 긴 동굴들에는 600점의 그림과 1,500점의 조각이 있다. 벽면은 새기거나 선으로 그리거나 채색한 동물들의 형상으로 아름답게 장식되어 있으며, 그림은 밝은 바탕에 노란색 · 붉은색 · 갈색 · 검은색 등의 다양한 색채로 그려져 있다.

그중 '황소의 방'으로 유명한 큰 방에는 5미터가 넘는 큰 동물 네 마리가 그려져 있어 장관을 이룬다. 그리고 이상하게 생긴 일각수 형태의 동물, 여러 마리의 고라니·황소·말, 강을 헤엄쳐 건너는 모습을 그린 듯한 여러 마리 수사슴의 머리와 목 등이 있는데, 이 그림은 모두 이야기체 구성으로 이루어져 있다. 동물 몸체나 동물 가까이에 그려진 많은 화살과 덫을 통해 볼 때 이 동굴은 오랫동안 사냥과 주술의식을 행한 중심지로 판단된다.

세계대전 직후 경제상황이 어려워진 프랑스 정부는 서둘러 일반인에게 관람을 허용했다. 그런데 관광객의 입김과 먼지 등으로 그림이 손상되자 1963년 관람을 금지시키고, 1983년 인근에 똑같은 동굴을 재현해 '라스코 II'라는 이름으로 일반관람객을 받아들이고 있다. 일종의 가짜 동굴인 셈이다.

이들 만 년 이상 전의 동굴 벽화를 보면 현대의 화가가 그렸다 해도 믿을 수 있을 만큼 그림도 기법도 현대적이다. 그만큼 현대의 화가와 견주어보아도 그림 실력이 뒤떨어지지 않는다. 피카소가 알타미라 동굴 벽화를 보고 탄식한 말은 하도 유명하여 지금도 인구에 회자되고 있을 정도다. "알타미라 이후 회화는 아무것도 한 일이 없다!" 만 년 이상 전의 그림이 현대 회화적 관점에서도 기법은 이미 현대와 다를 것 없이 상당한 수준에 도달해 있었다는 탄식인 것이다.

그러나 우리는 미술이 만여 년의 세월 동안 꾸준하게 발전해왔다고 믿는다. 그동안 무엇이 발전한 걸까? 사실 가장 많이 발전한 것은 재료다. 동굴 벽화에서 사용한 가장 흔한 색은 검정, 황토, 빨강 등이다. 검정은 목탄, 즉 나무를 태운 숯으로 그렸을 것이다. 황토는 황톳빛 점토, 붉은색은 산화철이 주성분인 광석에서 얻었을 것이다.

화학의 발전에 힘입어 여러 새로운 재료들이 발견되면서 그림의 형태와 기법도 진화했다. 어떤 바탕 위에 그림을 그리려면 색을 나타내는 안료와 그 안료를 바탕에 부착시켜주는 전색제가 있어야 한다. 그동안 안료와 전색제 등 새로운 재료들이 꾸준히 개발되었다.

유럽의 동굴은 대개 석회석 동굴이다. 동굴 안의 습기와 이산화탄소에 의하여 석회석이 서서히 녹으며 동굴이 형성되고, 다시 석회석화하면서 쌓이는 것이 종유석이다. 동굴 안의 벽화에도 이런 변화가 반영되고 투명한 석회석막이 형성되면 몇 천 년 세월이 흐르더라도 그 선명한 색상은 또렷하게 보존된다. 이런 원리를 그대로 응용한 그림 기법이 프레스코인데 그 뒤에 템페라 기법이 발견되었다. 그 뒤로 5백 년쯤 지나서는 유화가 나오고, 최근에는 아크릴 컬러까지 등장했다.

> **템페라 기법**
> 달걀노른자를 미디엄으로 사용한 물감으로 그리는 화법을 말한다.

미술의 발전에는 재료가 큰 역할을 했다. 유화는 기름을 사용하는데 색이 선명하고 광택이 있어서 인물을 부각시키는 초상화의 미디엄으로 적격이었다. 최근에 나타난 아크릴 물감은 빨리 건조되어 작품제작에 많은 시간이 걸리지 않고 내구성도 좋으며, 특히 야외에서 내후성이 뛰어나기 때문에 벽화 재료로 인기가 있다.

그 밖에 많은 새로운 미술 재료들이 화학의 힘으로 개발되어 화가들의 표현기법을 다양하게 해주고 있다.

지금도 선명한 세계 최대의 성당 벽화
〈천지창조〉

프레스코

인류의 가장 중요한 유산,
미켈란젤로의 〈천지창조〉

유럽에는 석회암이 풍부하여 석회 동굴이 많다. 석회암이 녹고 다시 침착되면서 화려한 동굴 모양을 형성하고, 종유석도 생성한다. 그 결과 이 원리를 이용한 그림이 등장했으니, 그것이 바로 프레스코화다. 소석회에 모래를 섞은 모르타르를 벽면에 바르고 수분이 있는 동안 채색하여 완성하는 회화다.

프레스코 벽화는 기원전 2천 년 정도 된 작품도 전해져오는데,[6-3] 유

6-3 〈어부〉, 그리스 미노아 프레스코. 에게 해의 산토리니 섬 아크로키리. 기원전 약 1600년.

6-4 바티칸 시스티나 성당 〈천지창조〉 중 '아담의 창조'. 미켈란젤로. 1510. 프레스코.

화가 발명되기 직전 르네상스 초기까지 성행했다. 이집트, 그리스, 로마 등의 벽화들은 초기의 프레스코화들이다. 뿐만 아니라 인류 역사상 위대한 작품으로 추앙받는 작품 대다수가 프레스코화다. 르네상스 초기의 미켈란젤로, 레오나르도 다빈치의 작품들도 거의 프레스코화다.

미켈란젤로의 〈천지창조〉는 인류가 창조한 예술작품 중 가장 중요한 유산으로 일컬어지는데, 이탈리아 로마에 있는 교황청의 바티칸 시스티나 성당의 천장에 있는 그림이다.[6-4] 회화보다 조각을 좋아하던 미켈란젤로에게 교황 율리우스 2세는 〈천지창조〉를 그리도록 명령했는데, 미켈란젤로는 높은 천장에 올라가 4년간 고생한 끝에 1512년 이 작품을 완성했다. 천장화 전체 크기가 41×13미터가 넘는 엄청난 대작일 뿐만 아니라 천장에 연이은 서쪽 벽은 미켈란젤로의 또 하나의 걸작인 〈최후의 심판〉이 자리잡고 있어 이 홀에 들어가면 누구라도 완전히 압도당하지 않을 수 없다. 천장화 전체는 33개의 독립된 그림들로 이루어져 있으며, 그중의 하나가 바로 '아담의 창조'다.

성경에는 하나님이 인간을 흙으로 창조하고 생기를 코에 불어넣어 산

생명이 되게 했다(「창세기」 2장 7절)고 기
록되어 있다. 다른 화가들은 이 장면을
실제 하나님이 아담의 코에 입김을 불
어넣는 것으로 그렸는데, 마치 남자끼
리 입맞춤을 하는 것으로 보여 웃음을
자아내기도 했다. 그러나 미켈란젤로
는 놀라운 상상력으로 손가락을 마주
대어 생기, 즉 에너지를 전해주는 것으

6-5 스필버그 감독의 영화 〈ET〉의 한 장면. 소년과 외계인
이 소통하는 장면이다.

로 표현했다. 대단히 화학적인 상상력이다.

전기 회로가 연결되어 있지 않아도 아주 가까이 닿아 있고 전압이 높
으면 전기가 통하는 현상이 일어나는데, 이것을 '터널링 효과'라고 한다.
하나님의 에너지가 크다면 떨어져 있는 손가락을 통해 전달될 수 있을
것이다. 이 장면은 스필버그 감독의 유명한 SF 영화 〈ET〉에서도 그대로
재현되었다.[6-5]

프레스코화의 두 가지 기법,
습식과 건식

프레스코 벽화를 그리는 기법에는 크게 두 가지가
있다. 습식 프레스코와 건식 프레스코다.

습식 프레스코화는 그리기가 아주 어렵다. 일단 석회를 물에 개어 벽
에 칠하여 바닥을 만든다. 바닥이 완전히 마르는 데만 10~12시간이 걸
린다. 완전히 마른 후에 그림을 그리기 위해 물에 갠 석회를 다시 칠하
고, 마르기 전에 안료를 바르면서 그림을 그린다. 이때 7~8시간 내에

비계(飛階)
건축공사 시 높은 곳에서 일할 수 있도록 설치하는 임시가설물.

그림을 완성해야 하며, 만일 그림을 다 그리지 못했다면 그림을 그리지 않은 부분의 석회는 제거하고, 다음날 다시 젖은 석회를 칠하고 안료를 바른다. 미켈란젤로의 시스티나 성당 천장화는 이런 방법으로 비계를 설치하고, 고개를 꺾어 천장을 올려다보며 4년간 작업한 결과물이다.

건식 프레스코는 마른 석회벽에 우유 단백질, 달걀, 기름 등 부착제 역할을 할 수 있는 매체에 안료를 개어 칠하는 방식이다. 그런데 안료가 석회와 일체가 되지 못하고 표면에만 부착되어 있다가 석회벽이 수분을 머금고 석회석화하는 과정 중에 분리되고 떨어지는 문제가 있어 곧 사라진 기법이다.[6-6] 그러나 이때 사용하던 매체의 이용 기법은 유화가 발명되기 직전 템페라 기법이 발전하는 바탕이 되었다.

〈아르놀피니의 결혼〉,
유화의 비밀을 품다

유화

〈아르놀피니의 결혼〉에
처음 사용한 유화

1434년 얀 반 에이크(Jan van Eyck, ?~1441)가 그린 〈아르놀피니의 결혼〉이라는 그림을 보자.[6-7] 에이크는 1441년에 죽었다는 것만 알려져 있고, 언제 태어났는지, 어디서 미술을 배웠는지에 대해서는 알려져 있지 않다. 그러나 그를 유화의 창시자로 부른다. 물론 그 이전에도 유화라는 기법은 있었으나 그에 이르러 유화 기술이 집대성되고 완성되었던 것이다.

6-7 〈아르놀피니의 결혼〉, 얀 반 에이크, 1434, 캔버스에 유채, 영국 런던 국립미술관.

〈아르놀피니의 결혼〉은 깜짝 놀랄 정도로 묘사가 정밀하고 생동감이 넘치며, 색채도 다양하다. 원래 이 그림에 제목은 없었다. 그러나 결혼식이라는 상징물들이 많이 등장하고, 아르놀피니가 주문했다는 기록이 남아 있어 〈아르놀피니의 결혼〉이라는 이름을 갖게 되었다.

남녀가 손을 맞잡고 있고, 남자는 오른손을 들고 서약하는 자세를 취하고 있다. 가운데 샹들리에에는 단 하나의 촛불만 켜져 있고, 창문을 보면 밖은 환한 대낮이다. 이 하나의 촛불은 혼인양초이다. 그런데 이상하게 남자가 신을 벗고 있는데, 이것은 구약성경 「출애굽기」 3장 5절의 "너의 선 곳은 거룩한 땅이니 네 발에서 신을 벗어라"에 의거하여 이 결혼이 하나님이 허락하신 경건한 예식임을 나타낸 것이다. 중앙 벽면에는 둥근 거울이 있으며, 그 안에 이 부부 앞쪽에 있는 두 사람이 나타나 있다. 구약성경 「신명기」 19장 15절에 두 사람의 증인이 있어야 한다고 되어 있어서, 여기서도 결혼식의 증인이 두 명 존재함을 나타낸 것이다.

이전의 그림들과는 달리 바닥재도 캔버스라는 새로운 재료이고, 물감은 안료를 기름에 개어 쓴 것임을 알 수 있다. 이런 발전이 가능한 것은 모두 유화의 매체로 쓴 불포화 지방산에 기인한다.

불포화 지방산은 상온에서는 액체지만 시간이 지나면 고체로 변한다.

이런 신기한 반응은 바로 불포화 구조에서 나온다. 불포화 구조란 탄화수소에서 수소가 빠지고 이중결합이 생긴 것을 말하는데, 수소가 불포화되었다는 뜻이다. 불포화 구조의 이중결합은 시간이 지나면 자기들끼리 다리결합을 하여 연결되어 분자량이 막대하게 커진다. 분자량이 커지면 더 이상 액체 상태로 존재하지 못하고 고체화한다. 이 현상을 그림에 이용한 것이 유화이다.

우리들이 미술관에서 보는 렘브란트나 루벤스, 또는 고흐나 모네 같은 대가들이 그린 그림들이 대개 유화로 그려졌다.

불포화 지방산의 원리를 이용한 유화

유화라는 기법을 가능케 해준 불포화 지방산이란 무엇인가? 우선 지방산이란 자연에서 얻어지는 카르복시산인데, 가수분해하면 지방과 산으로 분리되기 때문에 지방산이라고 부른다. 그럼 지방이란 무엇인가? 지방은 유기화합물 중 사슬 형태의 탄화수소를 말한다. 탄화수소는 사슬형인 지방족과 고리형인 방향족으로 나뉜다. 지방족 탄화수소는 가장 짧은 메테인부터 탄소가 18개인 옥타데칸까지 있다.

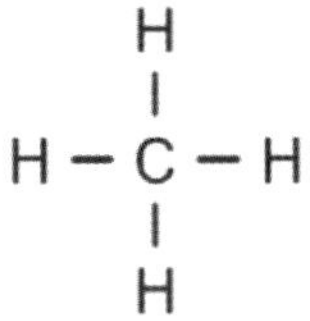

메테인 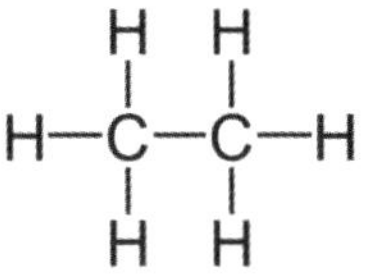　　　　　에테인 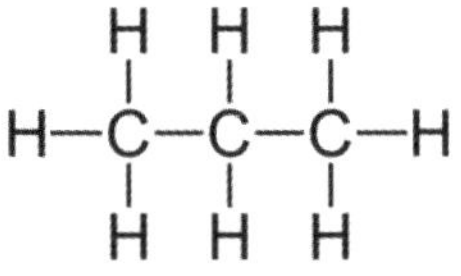　　　　　프로테인

옥타데칸(C18)

방향족 탄화수소는 벤젠, 나프탈렌, 안트라센과 같이 벤젠 고리가 포함되어 있다.

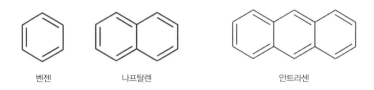

벤젠   나프탈렌   안트라센

지방산은 지방에 산(-COOH)이 결합된 것이다. 자연에는 탄소수가 14, 16, 18짜리가 많은데, 버터에 많이 들어 있는 미리스트산, 야자에 포함되어 있는 팔미트산, 돼지기름에 들어 있는 스테아르산의 구조는 다음과 같다. 이들은 모두 포화 지방산들이다.

미리스트산

팔미트산

스테아르산

탄화수소 사슬에 이중결합을 포함하고 있으면 그만큼 수소가 빠져나간 것인데, 이를 불포화 지방산이라고 한다. 불포화기(이중결합)를 하나 가진 올레산, 2개 가진 리놀레산, 3개 가진 리놀렌산의 구조를 보면 다음과 같다.

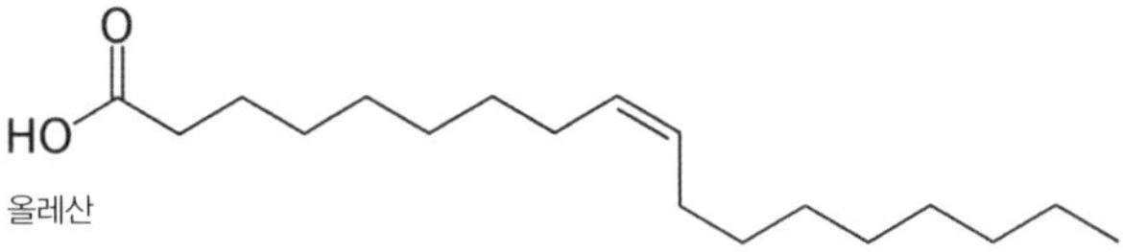

올레산

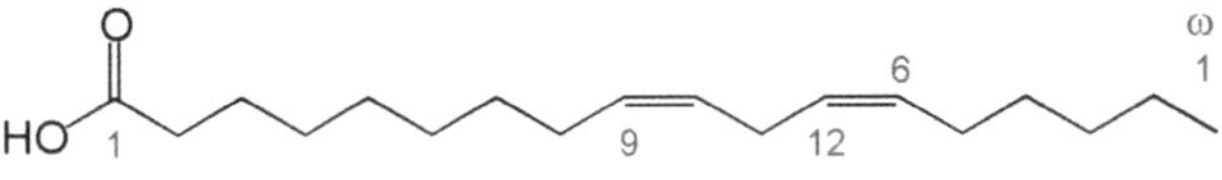

리놀레산

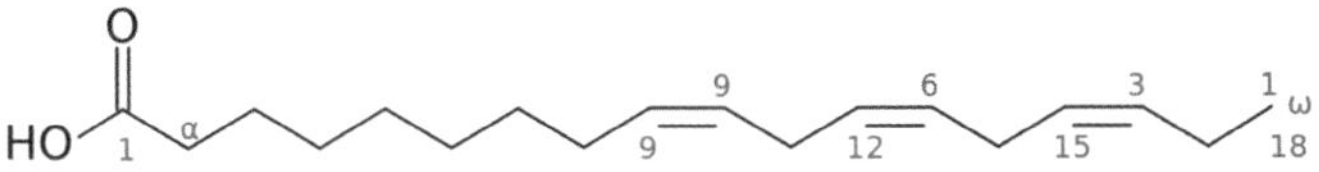

리놀렌산

자연에 있는 지방산은 보통 글리세라이드 구조를 하고 있는데, 이것은 글리세롤(글리세린)에 지방산이 에스테르 결합한 것이다. 린시드 기름에 들어 있는 지방산은 올레산, 리놀레산, 리놀렌산이 결합한 글리세라이드 구조로 되어 있다.

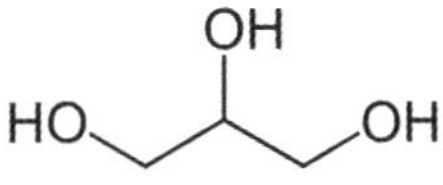

글리세롤

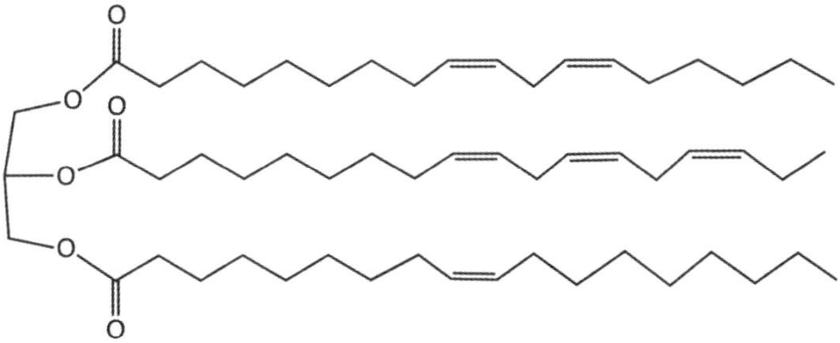

린시드 기름

린시드 기름(아마인유)은 한 분자에 불포화기가 6개나 된다.[6-8] 불포화기는 반응성이 있어서 어떤 에너지가 있으면, 즉 열이 있거나 자외선을 받으면, 시간이 경과하는 동안 자기 사슬들끼리 연결되는 다리결합을

6-8 아마 열매(위쪽), 아마 씨앗(가운데), 아마인유
(아래쪽).

하면서 점점 단단해진다. 이런 반응에 의하여 유화 물감이 건조하는데, 이런 성질이 있는 기름을 건성유라고 한다.

린시드 기름뿐 아니라 홍화씨 기름이나 해바라기씨 기름, 잇꽃(safflower)씨 기름도 건성유이기 때문에 유화에 쓸 수 있다. 이들 기름은 붓에 잘 묻고 부드러우며 빨리 굳지 않고 오랫동안 수정을 가할 수 있으며, 오랜 기간이 지나 굳으면 상당히 단단해지기 때문에 우리가 지금 보는 명화들이 존재하는 것이다.

인상파 미술은 과학이 열었다

병치혼합

인상주의 이전의
그림들은 어둡다

     빨강과 파랑을 섞으면 보라가 된다고 배웠다. 보라
는 빨강과 파랑의 중간색이니까. 그런데 진짜 그럴까? 실제 빨강 물감과
파랑 물감을 섞어보자. 실제로는 이상하게도 갈색 비슷한 색이 된다.

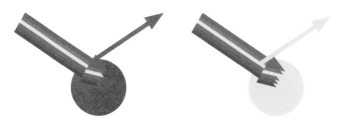

6-9 빨간 사과가 빨갛게 보이는 것은 가시광선 중에서 다른 색은 모두 흡수하고 빨간색 빛만 반사하기 때문이다. 노란 레몬은 다른 색은 모두 흡수하고 노란색만 반사하여 우리 눈에 도달하여 노랗게 보인다.

　이상하다? 왜 이런 일이 생길까? 우선 색이 발현되는 원리를 생각해보자. 사과가 빨간 이유는 사과 껍질의 물질이 빨간색에 해당하는 파장의 빛을 제외한 다른 파장의 빛들을 모두 흡수하고 빨간색에 해당하는 파장의 빛만을 반사하여 우리 눈에 도달하므로 빨갛게 보이는 것이다.[6-9]

　빨간 물감과 파란 물감을 섞은 혼합 물감의 경우, 그 안에 있는 빨간 물감은 빨간색을 제외한 거의 모든 파장의 빛을 흡수해버릴 것이다. 역시 파란 물감은 파란색에 해당하는 파장의 빛을 제외한 거의 모든 파장의 빛을 흡수할 것이다. 그럼 결국은 거의 모든 색의 파장을 흡수한 셈이 된다. 그래서 무채색 비슷한 어두운 색이 나오게 되는 것이다. 풍경화를 그린 라위스달의 그림 〈벤트하임성〉을 보면 나무, 풀, 꽃이 모두 어두운 색이다.[6-10]

　따라서 인상주의 이전의 그림들은 다소간 차이는 있지만 대부분 어둡다. 아직도 전 세계 일반인들이나 미술 애호가들에게 가장 인기 있는 그림은 인상주의 그림들이다. 인상주의 화가들은 자연의 색을 있는 그대로 표현하고 싶어했다. 그런데 자연의 색과 빛은 더 미묘하고 더 찬란하다. 자연에서 본 밝은 보라색 안료는 존재하지 않으므로 몇 가지 색을 섞어 원하는 색을 만들어야 하는데, 물감 색은 섞으면 섞을수록 점점 더 어두워진다. 이에 인상주의 화가들은 당시 태동하기 시작한 과학적 원리

6-10 〈벤트하임성〉, 라위스달, 1653, 아일랜드 국립미술관.

를 응용하여 새로운 방법을 생각해냈다.

과학으로 그린
인상주의

빨강과 파랑을 미리 섞으면 칙칙한 갈색이 된다. 그런데 색을 팔레트에서 미리 섞지 않고 두 색을 그냥 나란히 화면에 칠한 후 멀리서 바라보면 우리 눈에서는 그 두 색이 섞여 보라색으로 인식된다.[6-11] 이런 혼색을 병치혼합이라고 한다.

이러한 병치혼합의 묘미를 주로 사용한 화가들이 있다. 우리가 인상주의라고 일컫는 화풍에 이 비밀이 담겨 있다. 모네도 고흐도 이런 방법

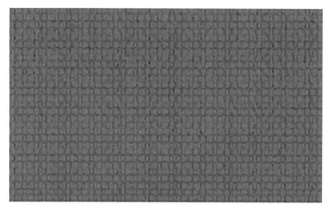

6-11 병치혼합의 예. 빨강과 파랑이 나란히 놓여 있어서 멀리서 보면 보라색처럼 느껴진다.

6-12 〈양산을 든 여인〉, 모네, 1886, 캔버스에 유채, 프랑스 파리 오르세이 미술관.

으로 현란하고 밝은 화면을 창조했다.[6-12]

인상주의가 극도로 발전하여 후기 인상주의에 도달한 쇠라의 그림을 보면 아예 작은 점으로 색을 분할하여 병치함으로써 색의 밝은 혼색을 만들었다.

쇠라는 1859년 파리의 부유한 가정에서 삼형제 중 장남으로 태어났다. 마지막 작품이 된 〈서커스〉의 제작과 전시 작업에 의한 과로에 감기가 겹쳐 후두염으로 발전하여 1891년 겨우 31세 나이에 아까운 생애를 마쳤다. 자신만의 색을 갖기에도 부족할 것 같은 짧은 일생을 통해 미술사에 큰 획을 그은 쇠라의 삶과 예술은 그래서 더욱 위대한 성취를 달성한 것으로 보인다. 더구나 한 작품에 2년이

6-13 〈그랑드 자트 섬의 일요일 오후〉, 쇠라, 1884~6, 미국 시카고 미술관.

나 걸리기도 하는 그의 제작 스타일과 10년밖에 안 되는 그의 창작활동 기간을 생각하면 그의 이러한 눈부신 업적은 경이롭기까지 하다.

모네나 시슬레 같은 인상주의 화가들이 현장에 이젤을 세워두고 그곳에서 작품을 완성했던 것에 비해 쇠라는 매일 야외에 나가 스케치를 했지만, 유화 채색은 꼭 아틀리에에 들어와서 재료와 구도를 정밀하게 계산하고 연구하면서 꼼꼼하게 완성시켰다. 〈그랑드 자트 섬의 일요일 오후〉는 각 부분을 위한 습작까지 합하면 준비 습작품이 30점 이상 전해진다.[6-13] 좋은 구도를 찾기 위해 그는 그랑드 자트 섬을 여러 장소에서 여러 각도에서 바라본 지형도 습작을 그렸다.

이 그림의 무대인 그랑드 자트 섬(L'ile de la Grand-Jatte)은 파리 서북쪽 근교 뇌이 쉬르 센(Neuilly sur Seine) 지역을 흐르는 센강 위의 섬이다.[6-14]

6-14 그랑드 자트 섬. 2010. © Moonik

가깝기 때문에 파리 사람들이 일광욕이나 뱃놀이를 즐기던 유원지였다.

쇠라는 과학적인 색의 표현을 위해 각 색점을 어떤 비율로 배치해야 하는지를 일일이 계산하여 고도의 정교한 병치혼합을 완성했다. 물론 이런 빛과 색의 효과를 쇠라가 처음으로 깨달은 것은 아니다. 그러나 모네나 고흐는 감각적이고 본능적으로 포착하고 표현한 데 비하여, 쇠라는 그것을 과학적으로 분석하고 연구하여 그 효과를 확신한 후, 일정한 크기의 점으로 균등하게 배분하는 표현방법을 구사했다.

그러나 〈그랑드 자트 섬의 일요일 오후〉의 진정한 매력은 기하학적 구도나 색채이론이 아닌, 거기 담긴 맑고 깊은 서정성에서 나온 것이다. 하위적인 디테일을 생략하고 대상을 단순한 기하학적 형태로 환원시켜 조형적 표현을 추구한 화가로는 쇠라 전에도 르네상스 시대의 프란체스카가 있었고, 쇠라의 동시대에는 세잔이 있었으며, 쇠라 이후에도 큐비즘

화가들이 있었다.

그러나 그들의 그림과 쇠라 그림의 차이는 우리의 분석을 넘어서는 그만의 위대한 시적 서정성에 기인한다. 모든 소리와 움직임이 정지된 시적 장면, 그러나 그 정지는 순간의 정지가 아니라 영원으로 가기 위한 잠시의 쉼으로 느껴진다. 쇠라의 그림은 밝고 화려한 붓으로 쓴 한 편의 아름다운 서정시라 하겠다.

그림의 제목도 바꾼
화학반응

〈야경〉

사수협회의 주문으로 그린
단체 초상화

렘브란트의 대표작 중의 하나인 〈야경(The Night Watch)〉은 암스테르담의 사수협회(Kloveniers company)의 주문으로 그린 단체 초상화다.[6-15]

당시의 네덜란드는 스페인의 손에서 벗어나고 있는 와중이었다. 특히 암스테르담은 산업과 무역의 발흥으로 북네덜란드 연맹에도 속해 있지 않고 독자적인 세력을 형성하여 떠오르는 신흥도시의 상징이었다. 자신

6-15 〈야경〉, 렘브란트, 1642, 캔버스에 유채, 395×438cm, 네덜란드 암스테르담 국립미술관.

들의 재산은 자신들이 지켜야 할 필요성이 대두되어 몇 개의 자경단이 결성되었는데, 이들 사수조합은 그들 중의 대표적인 단체였다.

렘브란트가 이 그림을 완성할 때쯤에는 대중들의 회화에 대한 취향이 변하는 시기였다. 로코코(rococo)풍이라는 다소 경박하고 화려한 그림들이 대중의 인기를 얻게 되자 렘브란트풍의 그림은 대중의 관심에서 벗어나게 되었다. 이 그림은 좁은 국방청 홀에 사방이 30cm 이상을 잘린 채로 조촐하게 걸려 있다가 1715년이 되어서야 뒤늦게 세계적인 대작으로 재평가받고 국립미술관의 한 방을 차지하게 되었다.

화학반응으로
그림 제목이 바뀌다

이 그림의 제목 '야경'은 잘못 붙여진 것이다. 원래 이 그림은 밤 풍경이 아니라 낮 풍경을 그린 것이었다. '야경'이라는 제목도 100년이 지난 후에 전체적으로 어둡고 검은 그림을 보고 누군가 추측해서 붙인 것이다. 원래는 지금 보는 것처럼 어두운 그림은 아니었는데, 이 그림이 이렇게 어두워진 이유는 화학반응 때문이었다.

현대에 와서 엑스레이(X-ray) 기술 등의 도움으로 그림의 가장 밑에 있는 원래 재료에 대한 여러 정보가 알려지기 시작했고, 이에 따르면 렘브란트는 다른 화가보다 비교적 연화물(납) 계통의 안료를 즐겨 사용한 것으로 알려졌다. 황토색, 흰색, 갈색 등을 많이 썼는데, 모두 납을 포함한 색들이었다. 흰색으로는 실버 화이트(silver white)라고 부르던 리드 화이트(lead white)를 즐겨 썼으며, 노랑 계통도 연화안티몬(lead antimonate $Pb_3(SbO_4)_2$)을 많이 사용한 것으로 보인다.

6-16 황화수은 광물.

6-17 전통적으로 황화수은 광물에서 얻은 버밀리언 색소. ⓒ Kardinal9

이 납을 포함한 안료들은 황과 만나면 검게 변색하는 특징을 지니고 있다. 렘브란트가 자주 사용하는 색 중에 선홍색의 버밀리언(vermilion)은 황화수은(HgS)으로 황을 포함하는 대표적인 색이다.[6-17, 6-17] 게다가 산업혁명이 진행됨에 따라 도시의 공해가 심해지면서 대기 중에 황산화물(SOx)이 증가하게 된 것도 영향을 끼쳤을 것이다. 이렇게 그림이 검어지면서 '야경'이라는 이상한 이름을 부여받게 되었다.

　물론 이 그림이 이렇게 검어진 이유는 몇 가지가 더 있다. 전체적으로 어둡게, 그리고 강조하고 싶은 부분만 밝게 처리하는 '키아로스쿠로'라는 렘브란트가 상용하던 기법 때문이기도 하다. 또 하나는 바니시의 영향이다. 오랜 세월이 지나면 자연히 그림의 색도 변하고 먼지도 끼어서 세척과 보수를 하게 된다. 그때 보수가 잘못되기도 하며, 보수 후 보호를 위해 그림 표면에 바니시를 칠하기도 하는데, 이때 일부러 고전 그림의 느낌이 나도록 약간 갈색의 바니시를 쓴 적도 있다고 한다. 그래도 어쨌든 〈야경〉은 원래 지금 보는 것처럼 그렇게 어두운 그림은 아니었다.

미술사를 바꾼 색들,
그 화학적 성분

안료

납중독의 원인이 된 흰색 안료
: 실버 화이트

실버 화이트라는 흰색은 은과는 아무 관련이 없지만 색이 너무 하얗고 좋아서 실버 화이트라고 부르게 된 것이다. 원료가 납이므로 리드 화이트라고도 한다. $PbCO_3 \cdot Pb(OH)_2$ 구소로서 초기의 유화 작품들에는 거의 다 이 실버 화이트를 사용했다. 동양화에서는 연백(鉛白)이라고 부른다.

그러나 이 실버 화이트는 주성분이 납이어서 독성도 심하고, 대기 중의 황과 반응하여 색이 검게 변해가기도 한다. 실버 화이트는 중세 때 아주 중요한 화장품이기도 했다. 이것을 얼굴에 바르면 얼굴이 하얘지고 젊어 보이기 때문에 '블룸 오브 유쓰(Bloom of Youth)'라고 불렸다. 엘리자베스 여왕의 초상을 보면 얼굴이 유난히 창백한데, 그녀도 이 화장품을 애용했다고 한다.[6-18]

그런데 실버 화이트가 들어간 화장품을 많이 쓰면 납중독으로 고통받게 된다. 특히 신경계에 치명적이어서 지금은 사용을 자제하고 있다.

실버 화이트 화장품은 우리나라에도 들어왔다. 일제강점기 때 박승직이 운영하던 포목점에서 단골들에게 얼굴에 바르는 백분을 사은품으로 주어 선풍적인 인기를 끌었는데, 얼굴이 하얘지

6-18 〈엘리자베스 여왕의 초상〉, 니콜라 힐리드, 영국 리버풀 워커 미술관.

6-19 박가분.

고 젊어 보였기 때문이다. 백분도 바로 연백이 주성분이었다. 1916년 이 백분에 '박가분'이라는 상표를 붙이고 아예 화장품으로 판매하자 날개 돋친 듯이 팔려나갔다고 한다.[6-19]

동양화에는 호분(胡粉)이라고 하는 독특한 흰색이 있다. 인사동 화랑가에서 고서화를 보면 오래된 그림인데 흰색만 너무 선명하여 가짜같이 보이는 그림들이 있다. 이 흰색이 호분인데, 오랜 시일이 지날수록 더 하얘진다는 특징이 있다.

6-20 바닷가 조개껍질. 오래된 것일수록 하얗다.

호분의 주성분은 탄산칼슘($CaCO_3$)이다. 원료인 조개껍질을 분말로 만든 후 물로 장시간 세척하여 물통에 넣고 침전시켜서 입자를 분류한다.[6-20] 이렇게 침전시킨 것을 건조판 위에서 천연건조시켜 제품으로

6-21 호분.

만든 것이다.[6-21] 바닷가에서 조개껍질을 보면 오래된 것일수록 날카롭지 않고, 잘 닳은 것일수록 색이 하얗다. 불순물이 모두 제거되고 순수한 탄산칼슘만 남기 때문이다.

자연에서 만든 매혹적인 색들
: 인디언 옐로, 버밀리언, 카민

노란색 중에는 특별한 색이 있다. 인디언 옐로(indian yellow)는 이름대로 인도에서 유래한 색이다.[6-22] 망고를 먹은 소의 오줌을 정제한 안료로서 약간 탁하고 진한 노랑이다.

영화 〈진주 귀고리 소녀〉에서 주인공 페르미어가 어떤 큰 부자의 부인

초상화를 그려주었는데, 노란색 옷으로 그린 그
림을 보고 부자가 "우리 마나님에게 어울리는 색
을 썼군, 소 오줌으로 만든 색이니…"라고 말하
는 대사가 나온다. 그런데 일면 소에게 망고만 먹
이는 것이 동물학대라는 논란을 불러일으키기도
했다.

6-22 인디언 옐로 덩어리.

인디언 옐로

화가들이 좋아하는 버밀
리언이라는 색은 아주 예
쁜 선홍색으로 동양화에서
는 '주(朱)'라고 한다. 이 색
의 주성분은 황화수은(HgS)
이다. 화산재에 묻힌 비운
의 고대 도시 폼페이의 벽화
에서도 이 색을 볼 수가 있

6-23 이탈리아 폼페이 폐허의 비밀의 방 벽화.

다.(6-23) 이 색은 독성이 강하여 방충제로도 사용했다. 그래서 옛날 미라
를 만들 때에도 사용했고, 오랫동안 변색하지 않기 때문에 도장의 효력
이 오래가도록 인주로도 사용했다.

그리고 동물성 빨강도 있는데, 카민(carmine)이라는 색은 아프리카나
멕시코에서 자생하는 선인장의 빨간 꽃을 먹고 사는 곤충의 창자에서

6-24 카민의 원료가 되는 코치닐 벌레.

6-25 카민색.

얻는다.[6-24, 6-25] 식용할 수 있으므로 식품에서도 자주 볼 수 있으니, 게맛살의 붉은색도 이 색이다.

판화 예술의 발전도 역시
화학이 이끈다

인쇄술

세계 최고 판화 기술로 인정받는
우리의 인쇄술

판화 기법은 중국과 한국에서는 이미 7세기 이전부터 옷감의 무늬를 찍거나 목판 인쇄에 응용해왔다. 특히 신라의 목판인쇄술은 중국을 능가하여 706년 무렵에 인쇄된 세계 최고의 인쇄물로 인정받고 있는 〈무구정광대다라니경〉 목판권자본이 전해지고 있다.

목판의 단점을 보완한 고려의 금속활자 인쇄는 1126년에 이루어졌을 것으로 짐작된다. 고려 왕릉에서 나왔다는 복활자가 발굴되어 덕수궁

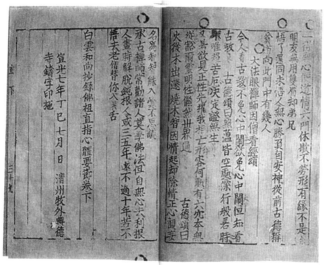

6-27 〈구텐베르크 성서〉, 제1권, 구약성서, 성 예로니모의 편지.

왕궁박물관에 소장되어 있는데, 이 활자의 금속성분을 분석한 결과 고려의 해동통보와 같은 것으로 밝혀졌다.

금속활자의 실제 인쇄물이 전해지는 것은 『백운화상초록불조직지심체요절』인데, 1372년 백운화상이 지은 책으로『직지심체요절』이라고도 한다. 이 책은 세계에서 가장 오래된 금속활자로 찍은 책이다.[6-26] 이 책은 조선 말기 한양에 근무했던 프랑스 대리공사 콜랭 드 플랑시(Collin de Plancy)가 귀국할 때 가져가 현재는 프랑스 국립도서관에 소장되어 있으며, 1972년 '세계도서의 해' 기념행사인 '책의 역사' 전시회에 출품되어 비로소 빛을 보게 되었다.

유럽에서는 1450년 독일 마인츠 지방의 금은세공사 구텐베르크(Johann Gutenberg)가 금속활자, 유성잉크, 압축식 인쇄기를 발명하여 라틴어 성경을 최초로 인쇄했으나,[6-27] 고려의 금속 활자에 비하면 100년 이상 뒤늦은 것이다. 16세기에는 알브레히트 뒤러(Albrecht Dürer, 1471~1528)에 의하여 판화가 미술의 한 장르로 발전되었다.

6-28 〈코뿔소〉, 뒤러, 1515, 목판화.

뒤러의 〈코뿔소(Dürer's Rhinoceros)〉는 1515년에 제작된 목판화다.[6-28] 1515년 초 리스본에 도착한 인도코뿔소를 보고 어느 화가가 묘사한 글과 간단한 스케치를 바탕으로 제작되었다. 따라서 그의 목판화는 코뿔소를 정확하게 표현하지 못했고, 여러 오류를 남겼다. 뒤러는 코뿔소의 표피를 단단한 철제 갑옷이 뒤덮인 것처럼 표현했고, 목가리개, 견고한 흉갑 등은 대갈못으로 죄어져 강력하게 접합되게 구현했다. 그리고 등 뒤에는 뒤틀린 작은 뿔이 자리하고, 네 다리는 비늘로 뒤덮여 있는 것으로 표현했다. 이런 구조적 오류에도 불구하고, 뒤러의 〈코뿔소〉는 유럽에서 매우 유명해졌고, 그 후 수년간 활발하게 복제되었다.

뒤러 이후 판화는 17세기에 렘브란트에 의해 상당한 수준으로 발전하게 되었다. 동판화의 대가라 부르는 렘브란트는 〈자화상〉〈아브라함의 희생〉〈세 십자가〉 등 300여 점의 판화를 남겼다.

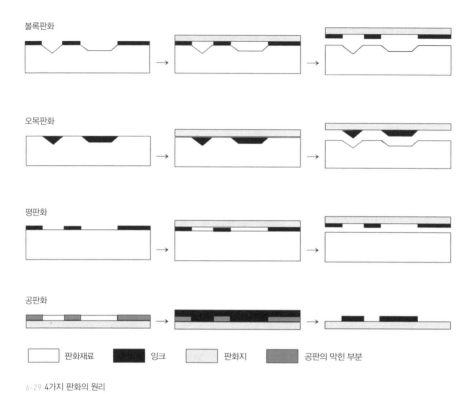

볼록판화

오목판화

평판화

공판화

| 판화재료 | 잉크 | 판화지 | 공판의 막힌 부분 |

6-29 4가지 판화의 원리

현대의 판화 기술들

현대의 판화는 판의 이용 방식에 따라 크게 네 가지로 나눌 수 있다. 바로 볼록판화(relief), 오목판화(intaglio), 평판화(planography), 공판화(screening)다.[6-29]

볼록판화는 볼록한 부분에 잉크가 묻어 전사되는 방식이며, 오목판화는 오목한 부분에 잉크가 담겨 종이에 전사되며, 평판화는 전사되는 부분과 아닌 부분이 같은 평면에 있는 기법이고, 공판화는 마스크를 하지 않은 부분의 그물로 잉크를 투과시켜 전사시키는 방법이다.

특히 오목판화 중에서 동판화 기법은 구리판을 산으로 부식하여 그림을 만든다. 판을 덮어서 산에 부식되는 것을 막아주는 것을 '그라운드'라고 하는데, 이것을 바탕에 칠하고 그것을 철필로 긁어내어 드러난 금속을 산에 의해 부식시켜 판화 원판을 만든다. 왁스, 수지, 역청 등으로 만든 그라운드가 칠해진 부분은 부식을 받지 않는다. 구리판을 부식시킬 때는 질산(HNO_3), 염화제이철($FeCl_3$) 등을 쓴다.

6-30 〈멜랑콜리아 I〉, 뒤러, 1514. 동판화.

뒤러의 〈멜랑콜리아 I〉은 이 동판화 기법으로 만든 판화다.[6-30] 이해하기 어려운 많은 과학적·예술적 소품에 둘러싸인 한 사람이 고독과 고통에 차서 생각에 빠져 있는 모습이 표현되어 있다. 작품 제목이 멜랑콜리아(우울증)이며 작품에서도 '멜랑콜리아'란 팻말이 찬란한 태양과 아름다운 무지개에 걸쳐 있는데, 뒤러의 천재성이 잘 드러난 작품으로 평가받는다.

조각 작품에 왜 청동을 사용할까?

6-31 〈칼레의 시민〉(오귀스트 로댕, 1884~95년 작품). 14세기 영국과 프랑스의 백년전쟁 때 영국군에 포위된 프랑스 북부 도시 칼레는 영국군에 격렬하게 저항하며 1년여를 버티다가 함락되었다. 영국왕 에드워드 3세가 칼레 시민을 학살하려 하자 칼레의 지도자급 귀족 6명이 시민 전체를 대신하여 죽기로 자처한 일화를 나타낸 조각 작품이다. 노블레스 오블리주의 전형적인 예로 꼽힌다.

역사에 남을 만한 위대한 조각 작품들의 대부분은 대리석이나 청동으로 만들었다.(6-31, 6-32) 그런데 조각에서 왜 청동을 사용할까? 석기시대와 철기시대 사이에 청동기시대가 있다. 히타이트 제국의 융성은 청동기 무기보다 강도가 높은 철기 무기에 의한 승리라고 평가해왔는데, 철기시대보다 먼저 청동기시대가 있었다는 것은 청동기가 더 쉽게 만들 수 있었다는 이야기다.

구리의 녹는점은 1,085℃, 철의 녹는점은 1,538℃다. 주석은 녹는점이 232℃인

6-32 〈돌고래 아이〉, 안드레아 델 베로키오, 청동, 피렌체 베키오 광장, 1470년경.

데 주석을 섞은 청동의 녹는점은 주석의 함량에 따라 다르지만 대략 875~994℃다. 구리에 주석을 섞으면 녹는점이 낮아져 만들기는 쉬워지면서 강도는 더 높아진다. 고대시대에 무기로 사용한 청동은 구리가 75~90%, 주석이 14% 내외, 여기에 아연이나 납이 소량 들어갔다. 주석의 함량이 높아지면 강도가 증가하고, 아연이나 납은 유연성을 준다. 조각에 사용하는 청동은 구리가 80~90%, 주석이 2~8%, 아연이나 납이 1~3% 정도 들어간다. 그래야 강도도 충분하고 조각하기 쉽도록 적당한 연성을 갖기 때문이다.

청동은 영어로는 'bronze'라고 하는데, 우리나라에서는 '유기' 또는 '놋'이라고 했다. 우리나라 제사상에 쓰는 제기에는 방짜유기라는 놋그릇을 쓰는데, 아마

6-33 방짜유기.

도 질 좋은 청동 그릇을 만드는 장인의 성이 방씨여서 그렇게 불렀다는 설이 있다.[6-33] 주석의 함량이 적으면 노란 빛이 돌기 때문에 놋이라고 불렀다.

구리의 합금 중에 황동과 양은도 있다. 황동은 영어로는 'brass'라고 하는데, 황동으로 만든 트럼펫, 호른 등 관악기 악대를 브라스 밴드(Brass Band)라고 부른다. 구리에 아연을 25~35% 정도 섞으면 색이 아름다워지고 연성이 있어서 정밀한 악기나 장신구를 만드는 데 사용한다. 양은은 영어로는 'german silver'지만 은과는 아무 관련이 없다. 양은은 구리에 아연을 15~35%, 니켈은 16~20% 정도 섞은 합금으로 탄성이 좋아 스프링이나 바이메탈을 만드는 데 사용하고, 은백색의 아름다움 때문에 식기나 장신구로도 많이 사용한다.

6-34 양철 판대기. ⓒ wikimedia.org

6-35 함석으로 된 철가방. 인천 차이나타운 짜장면박물관.

그리고 혼동되기 쉬운 복합 금속 재료로 양철과 함석이 있다. 철은 공기 중의 산소에 의해 쉽게 산화되어 녹이 슬며 부식한다. 이것을 막기 위해 철 표면에 주석을 코팅한 것을 양철이라고 한다.[6-34] 양철은 영어로는 'tin'이라고 하는데 사실 'tin'은 그 자체가 주석이다. 1958년 상영된 유명한 영화 〈뜨거운 양철 지붕 위의 고양이〉의 원제는 〈Cat on a hot tin roof〉다. 양철과 비슷한 함석은 철 표면에 아연을 코팅한 것이다. 함석을 영어로는 'zinc'라고 하는데, 역시 'zinc'는 그 자체로 아연이란 단어다. 중국집의 철가방은 함석이다.[6-35]

Chapter 7

화학에 대한 오해와 편견

—— 화학을 혐오하고, 화학물질을 기피하는 사회의 인식은 어제오늘의 일은 아니다. 제품을 선전하면서도 이 제품엔 화학물질이 들어 있지 않아서 안전하다고 소개하는 경우도 많다. 그런데 어떤 상품이든 화학이 관여하지 않는 경우가 있을까? 모든 물질은 다 화학물질이다. 그리고 화학물질이 다 위험한 것도 아니다.

과도하게 화학물질을 기피하고 화학을 혐오한다면 올바른 위생생활을 할 수 없다. 화학은 그냥 화학이라는 학문이고, 화학물질은 그냥 물질일 뿐이다. 자동차 사고로 많은 사람들이 죽는다고 차 자체를 없애자고는 하지 않는다. 올바르게 알고 올바르게 쓰면 좋은 것이다. 물론 그러다 예기치 않은 부작용도 생기고 사고도 일어난다. 그래서 화학에 대해 더 깊이 연구해야 하고, 또 깊이 이해해야 하는 것이다. 모든 물질의 성질과 그 영향력을 좋은 방향으로 이끌기 위해서는 화학이 더욱 발달해야 한다. 지구를 깨끗하게, 인류를 건강하게 하는 데 화학보다 더 중요한 지식은 없다.

천연과 유기농은
항상 안전하다?

DHMO도 위험물질?

1997년 미국 샌프란시스코 길거리에서 일반인을 대상으로 지구와 인체에 심각한 유해성을 갖고 있는 위험한 물질 DHMO의 사용을 금지시킬 법안 설치에 대한 찬반투표를 실시했다. 다음은 DHMO라는 화학물질에 대한 설명이다.

이 화학물질은 예전부터 사용했으나 최근 일부 시민단체들과 과학자들의 연구로 그 유해성이 알려지고 있다. 이 물질의 유해성을 일부만 나열해보겠다.

① 이 물질은 공업용 용매로 사용할 만큼 강한 용해력을 갖고 있어서 대부분의 이온결합물질을 녹일 수 있다. 그러나 자연계에서는 절대로 생분해되지 않는다.

② 강한 부식성이 있어서 대부분의 금속을 부식시키며, 정밀기계 부품은 이 물질에 노출되지 않도록 주의해야 한다.

③ 인체에 대한 유해성은 엄청나다. 기체 상태에 노출되면 화상을 입을 수 있으며, 고체 상태에 장기간 노출될 경우 심각한 피부 손상으로 그 부분을 절단하기까지 해야 한다. 액체 상태에 장기간 노출되면 영구적 피부 손상이 일어날 수 있다.

④ 허용량 이상을 섭취하면 두통, 경련, 의식불명 등의 증세가 발생하며, 치사량이 넘을 경우 사망한다. 허용량 이하라도 무의식적으로 흡입할 경우 기침과 인후통을 동반하는 고통을 일으키며, 폐에 치명적인 손상을 일으켜 사망에까지 이를 수 있다. 치명적인 인체 유해성을 악용하여 이 물질은 고문 수단으로도 이용되었다.

⑤ 이 물질은 산성비의 원인이 되며, 온실효과를 일으키며, 지형의 침식을 일으키고, 심각한 자연재해를 일으키는 핵심 물질로 밝혀졌다.

⑥ 원자력 발전에 중요한 냉각제로 사용되며, 살충제 살포에도 사용된다.

이 위험물질을 법으로 금지하는 것에 86%가 찬성했다. 그런데 이 물질 DHMO란 무엇인가? DHMO(Dihydrogen Monoxide, 다이하이드로젠 모

7-1 물 분자.

노옥사이드, 일산화이수소)는 물(H_2O)이다. 즉 DHMO는 물을 화학적으로 풀어낸 용어다.[7-1] 따라서 DHMO가 물이라는 것을 알고 다시 위의 문장을 읽어보면 고개가 끄덕여질 것이다.

이 이야기는 화학물질에 대한 우리의 인식이 논리적이기보다는 감정적으로 혐오감이나 공포감을 갖고 있음을 알려주는 사례라 할 수 있다. 수많은 광고나 고발 프로그램들이 이런 식의 말로 사람들을 현혹시키고 있다. 특히 정부나 사회단체들이 이런 테크닉을 이용하면 엄청난 영향력을 발휘하여 왜곡된 여론이나 정책, 사회현상이 생기게 된다.

모든 물질은 화학물질이다. 자연에서 만들어지든, 공장에서 만들어지든, 화학구조식이 같다면 같은 물질이다. 그 유해성도 같다. 자연·천연이라고 하면 우리는 일단 안심하고 믿지만, 코브라의 독도, 버섯의 독도 다 천연이다. 복어 한 마리에서 나오는 독은 성인 30명 정도를 죽일 수 있을 정도의 치명적인 독이지만 이 또한 천연물질이다. 우리가 병에 걸리면 먹는 약도 분명 우리 몸에 좋고 필요해서 먹는 것이다. 그러나 그 복용량이나 복용법이 바르지 않다면 치명적이 될 수 있다. 문제는 용법과 용량인 것이다.

천연은 항상 안전하다?

뱀에 물려 죽는 사람이 전 세계적으로 1년에 약 3~

4만 명 정도 된다고 한다. 뱀은 3천 종
정도가 있는데, 그중 500여 종이 독을
가지고 있다.

개구리 중에도 독화살개구리처럼
독을 가진 종류가 있고, 두꺼비에게도
독이 있다. 원뿔달팽이는 독으로 물고
기를 사냥하고, 코모도 왕도마뱀도 독
으로 큰 물소를 죽이기도 한다. 해파
리도 독이 있으며, 복어의 독은 우리
가 가장 무서운 독으로 알고 있는 청
산가리보다 10배는 독성이 강하다.[7-2]
말벌이나 전갈의 독도 사람을 죽이기
도 한다. 우리나라에서도 2018년에 말

7-2 복어.

7-3 식용처럼 생긴 독버섯 아마니타.

벌에 쏘여 죽은 사고가 10여 건이나 있었다.[1]

식물이라고 안전할 리 없다. 버섯, 피마자, 벨라도나, 멘드레이크, 부
자, 맨치닐 나무 등 독을 가진 식물은 많다.[7-3] 인도의 마전이라는 나
무는 독성이 강하여 쥐약으로 쓰기도 하고, 옛날에는 사형 도구로도 썼
다고 한다. 독을 가진 버섯도 많은데, 농촌진흥청에 의하면 2012년부터
2016년까지 5년간 75건의 사고로 7명이 사망했다고 한다.[2]

이 모두가 천연이다! 화학물질이 들어 있지 않은 천연이므로 안심하
라고? 게다가 천연이라고 몇 배 더 비싸기까지 하다. 우리는 천연이니
안심하라는 광고를 자주 접하는데, 인공이든 천연이든 화학물질이긴 마
찬가지다. 천연에서 나오든 화학합성으로 만들든 같은 물질이면 둘은
똑같다. 자연에서 추출한 천연물질이라고 독이 없거나 안전을 보장해주

는 것이 아니다.

그 반대의 예도 있다. 이 물질은 전형적인 독이 있다고 알려진 화학물질이다. 그러나 복숭아씨나 야생 아몬드에서도 발견되고, 한방 약재로도 쓰이며, 농업에서도 사용된다. 독성이 있다고는 하나 독성의 정도가 우리가 먹는 복어 독의 10분의 1밖에 안 되며, 부산 해운대길 가로수 나무인 협죽도라는 나무의 6,000분의 1밖에 안 되는 독성을 가지고 있다. 비교적 안전해 보이는 이 화학 물질은 무엇일까? 바로 우리가 듣기만 해도 소름이 돋는 '청산가리'다!

이처럼 '화학'이란 말만 들어도 우리는 과도한 거부감을 갖고, '천연'이라고만 하면 안심한다. 우리 몸도 자연도 다 화학물질인데도 말이다. 문제는 용량과 사용법이다. 정확하게 아는 것이 중요하다.

유기농은 무조건 건강에 좋다?

'유기농'이란 국어사전에서 '화학비료나 농약을 쓰지 않고 유기물을 이용한 농법'이라고 정의한다. 유기농업에서도 비료와 농약을 쓴다. 단지 유기농은 비료와 농약을 자연에서 얻어진 것만 쓴다는 차이가 있다. 그런데 천연에서 얻은 비료든 공장에서 만든 비료든 다 화학물질이다. 그것이 하는 작용도, 끼치는 영향도 같다. 자연비료를 쓸 때 식물의 폐기물이나 동물의 배설물을 쓰게 되는데, 자연에는 생각보다 독성물질이 많으며, 치명적인 세균에 오염되었을 가능성도 있다. 미국의 경우 '이콜라이 0157' 같은 대장균은 매년 250명의 사망자를 낳는다. 살모넬라 균은 식중독 사고의 약 반이나 차지하는 천연 세균이다.

최근(2019년 6월) 전북 익산 장점마을에서 이상한 일이 벌어졌다. 100명도 안 되는 주민들 중에 22명이 암에 걸리고 그중 14명이 사망했다. 이 재앙은 2001년 유기농 비료공장이 마을에 들어오면서 시작되었다. 처음엔 냄새가 심해 민원을 하는 정도였으나 점차 마을 사람들이 암에 걸려 쓰러지기 시작했다. 2017년 환경부의 국립환경과학원이 역학조사를 벌인 결과 유기농 비료에서부터 나온 발암물질이 원인이라고 발표했고, 유기농 비료공장은 폐쇄되었다.[7-

7-4 익산 장점마을 비료공장에서 흘러나온 오염수로 떼죽음을 당한 물고기들.

7-5 알프레드 히치콕 감독의 영화 〈새〉에서 사람을 공격하는 새들.

4]³ 이 사건의 범인은 화학비료가 아니라 우리가 안전하다고 믿는 유기농 천연비료였다. 이렇듯 천연이 안전을 보장해주지 않는다. 오히려 그 모든 과정을 화학자가 관찰하고 제어해야 한다.

농약을 쓰지 않더라도 자연은 스스로 자신을 보호하기 위해 농약 성분을 만들어낸다. 태평양 바닷가에 자주 생기는 조류는 도모이산(domoic acid)을 분비하는데, 이것이 이를 먹은 조개나 갑각류에 축적된다. 그런데 이것을 우리가 먹으면 신경세포가 손상되고, 기억력을 잃게 된다. 또 이 조개나 어패류를 먹은 새들이 집단으로 미치기도 한다. 히치콕 감독의 유명한 영화 〈새〉도 이 사건에서 영감을 얻어 제작했다고 한다.[7-5]

동물과 달리 식물은 이동이 불가능하여 스스로 주위 환경이나 벌레와 동물들에 대하여 자기방어 수단을 발달시켜 왔다. 많은 나무들이 스트레스를 받으면 페놀(phenol)이라는 물질을 분비하여 벌레의 접근을 저지하려고 한다. 물론 이 천연 페놀은 화학 합성한 페놀과 100% 똑같다. 페놀은 1급 발암물질이다.

소나무 밑에는 다른 식물들이 잘 자라지 못한다. 소나무 정유에 십수 종의 화학물질이 함유되어 있기 때문이다. 농약을 전혀 쓰지 않고 농사를 지으면 수년 후 식물들은 스스로 제초 성분이나 살균 성분을 분비하여 벌레나 환경에 맞서 자신을 보호하게 된다.

7-6 유기농 그린하우스.

화학으로 만든 제초제가 천연 제초 성분보다 더 좋을 수도 있다. 인간이나 동물들에게 해를 끼치지 않는 친환경 제초제도 많이 개발되고 있다. 무조건 화학이면 안 되고 천연이면 다 좋다는 것은 미신이나 다름없다. 잔류농약으로 사람이 죽었다는 사건은 아직 한 건도 없지만 자연에서 비료도 농약도 없이 자란 버섯을 먹고 죽었다는 사고 기사는 심심치 않게 나온다. 이 버섯은 유기농 버섯이 아닌가.[7-6] 유기농이 만능은 아니다.

방사능은
공포의 물질이다?

방사능과 방사선은
어떻게 다른가

방사능과 방사선은 어떻게 다른가? 방사능 물질은 방사선을 낸다. 방사능은 방사선을 내는 능력을 말하고, 방사선은 원자핵이 내뿜는 모든 광선을 말한다. 여기에는 가시광선, 적외선, 자외선, 전자파, 단파 같은 광선들과 엑스(X)선, 감마(γ)선 등

감마(γ)선
들뜬 상태에 있던 핵이 낮은 에너지 상태로 가면서 방출하는 전자기파의 일종으로 파장이 매우 짧고, 고에너지의 투과력이 매우 강하다.

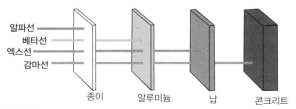

7-7 방사선 종류별 투과력.

이 있다. X선이나 감마선은 에너지가 강하여 원자의 전자를 떼어내기 때문에 '이온화 방사선'이라고 한다.[7-7] 이온화 방사선은 인체에 나쁜 영향을 미칠 수 있다. 몇몇 환경단체들이 방사능으로부터 안전한 세상을 부르짖는데, 사실 방사능이 완전히 없는 세상은 존재하지 않는다. 방사능의 양이 문제이지 방사능 자체를 피할 수는 없다.

우리 주위에서는 얼마든지 방사능 물질을 볼 수 있다. 도자기에는 유약과 세라믹 원료에 우라늄, 토륨, 라돈 등이 함유되어 있고, 색유리에도 우라늄이 포함되어 있다. 화재 방지를 위한 연기감지기에는 아메리슘-241이 들어 있고, 펜탁스 카메라의 렌즈에는 토륨이 포함되어 있다. 우리나라에 흔한 화강암에는 천연 라돈이 함유되어 있다.

국가통계포털 2017년 통계에 의하면 우리나라는 8,600만 톤의 석탄을 소비했는데, 그중 60%가 발전용이다. 석탄에도 방사능 물질이 상당량 포함되어 있으며, 우리나라에서 소비하는 석탄에서 나오는 방사선은 우라늄 약 110톤, 토륨 약 270톤에 해당하는 막대한 양이다. 핵발전소 인근보다 화력발전소 인근이 방사선 피폭량이 더 많다.

그뿐이 아니다. 담배에는 폴로늄-210이 들어 있는데, 하루 한 갑의 담배를 태우면 1년간 30회의 X선 흉부 촬영을 한 것과 같은 300mRem 정도의 방사선 수치를 갖게 된다.('폴로늄 210 등 방사능 물질의 독성', 정준기)[4] 원자력 발전소 주변에서 측정되는 연간 방사선 양은 70~100mRem이

7-8 월성 원자력 발전소.

다.(한국원자력안전기술원 2015년 '원자력이용시설 주변 방사선환경 조사 및 평가 보고서')[5] 담배 피우는 사람은 담배에서 나오는 방사선의 25%를 자신이 흡입하고, 75%는 주위로 퍼뜨리므로 담배 피우는 사람 옆에 있으면 원자력 발전소 옆에 있는 것보다 약 2.5배 더 높은 방사선에 피폭된다.[7-8]

우리를 이롭게 하는 방사선

그런데 방사선이 나쁘기만 한 것은 아니다. 방사선 중 이온화 방사선으로 에너지가 높은 감마선은 열을 가하기 어려운 식품의 살균에 오래 전부터 사용해왔다.[7-9] 미국에서 1년에 음식 세균에 의해 사망한 수가 9천 명에 달한다는 보고 후에 FDA는 1986년 밀가

7-9 방사선 조사장치로 사과 표면에 있을 수 있는 미생물을 멸균하는 모습. ⓒ DOE

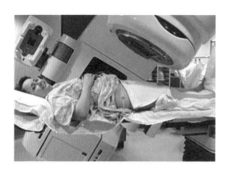
7-10 방사선 암치료.

루, 감자, 사과 등에, 1990년에는 닭고기에, 1999년에는 쇠고기에 방사선 살균을 허용했다.

그러나 이들 방사선으로 처리한 식품에 가이거 계수기(방사선 측정기)를 아무리 대도 방사선은 전혀 측정되지 않는다. 방사선은 물질이 아니라 광선이어서 살균 후 식품에 남아 있지 않는다. 식품에 흔한 '이콜라이 0157' 같은 균은 사과주스 같은 산성에서도 죽지 않으며, 야채와 고기 저장과 살균에 많이 쓰는 소금물에서도 살아 견딘다. 이런 무시무시한 세균의 공격으로부터 우리를 보호하려면 70도 이상에서 살균하든지 방사선 처리를 하든지 해야 한다.

방사선은 우리 목숨을 살리기도 한다. 암을 치료하는 3대 방법은 암제거수술, 화학약물 치료, 방사선 치료다. 방사선 에너지를 이용하여 암세포를 죽이는데, 수술로 제거할 수 없는 위치의 암을 치료하는 데는 더할 나위 없이 유효하고 강력한 방법이다.[7-10] 방사선이 인체에 좋을 수는 없지만 3차원 입체조형 방사법으로 암세포가 아닌 부분의 손상은 최소화하고, 암세포에만 집중시켜 다른 방법으로는 제거가 어려운 암을 치료할 수 있다.

최근에는 방사선 조사장치를 극세화하여 인체에 내시경처럼 삽입하여 조사하는 강내근접치료법도 개발되어 치료율도 높이고 부작용도 줄였다. 방사선이 암세포에 조사되면 암세포의 DNA가 손상되면서 암세포가 증식하는 기능이 파괴되어 암세포들이 서서히 죽게 된다. 물론 암세포 주위의 정상세포도 방사선의 공격을 받지만 정상세포는 암세포보다 복구가 빠르게 되어 반복적으로 방사선 치료를 하게 되면 암세포가 제거된다. 미국 같은 경우 암치료의 60%가 방사선 치료에 의한 것이다.

현대의학에서 정확한 병의 진단에 방사선 검사를 제외하는 것은 생각할 수 없는 일이다. 전체 질병의 약 4분의 3 정도가 방사선 검사로 진단되며, 그 간편성과 신속성은 타 진단법이 따라올 수 없는 장점이다. X선을 이용

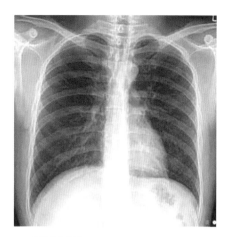

7-11 흉부 X선 촬영.

하여 신체를 촬영하는데, 모든 부위가 다 가능하다. 또한 대개 시간이 짧게 걸리며, 고통이 없다는 것이 장점이다.

그중 가장 간단한 것으로 뼈의 골절을 알 수 있는 골X선 검사가 있는데, 이로써 골절 유무만이 아니라 골종양, 류머티스 관절염, 퇴행성 관절염, 인대 파열, 성장판 성숙도 검사, 골밀도 검사 등을 할 수 있다. 또한 흉부 X선 촬영도 흔한 방사선 촬영이다.[7-11] 폐와 심장의 많은 질병을 진단할 수 있다.

흉부 촬영으로 결핵, 폐렴, 유방암, 유방석회침착, 늑막염, 심낭염, 폐종양, 심장 종양, 흉곽벽 종양, 폐부종, 늑막삼출액축적증, 심낭삼출증, 기흉, 횡경막 탈장 등을 진단할 수 있다. 뿐만 아니라 경정맥 신우조영술에 의해 신장기능도 검사할 수 있어서 신장, 요관, 요도, 방광의 기능 이상, 협착, 결석 등을 진단할 수 있다.

방사선 촬영에 사용되는 방사선 양은 상대적으로 작아서 인체에 크게 해가 되지 않는다. 인체에 피해를 줄 수 있는 방사선 양을 발단선량이라

고 하는데, 이런 발단선량은 방사선 촬영을 500회 정도 해야 도달하는 수치다. 가슴 X선 촬영 한 번에 방사선 양이 0.3~1밀리시벗 정도인데, 햇빛 등에 의하여 자연에서 쪼이게 되는 방사선 양이 연간 2.4밀리시벗 정도라니 크게 걱정할 일은 아니지만, 연간 권장 안전 방사선 양이 1밀리시벗이므로 너무 자주 방사선 검사를 하는 것은 가급적 피해야 한다.

플라스틱은
반드시 퇴출시켜야 한다?

플라스틱은 과연
'공공의 적'인가?

인류 최악의 발명품에 비닐 봉투가 뽑힌 적도 있고, 쓰레기의 10% 정도가 플라스틱이란다. 플라스틱은 유리나 금속 등 다른 재료에 비해 무게가 평균 1/2~1/7밖에 안 되기 때문에 무게로 10% 면 이는 대단한 비율이다. 도시 주택이나 아파트 쓰레기 분리수거장을 보면 플라스틱의 양이 압도적으로 많다.[7-12] 전 세계에서 한 해 동안 배출되는 플라스틱 쓰레기는 약 630만 톤(2015년 유엔 통계)이라고 한다. 그

7-12 플라스틱 병 쓰레기.

러니 미세 플라스틱이니 해외 수출 쓰레기의 대부분이 플라스틱이니 하며, 플라스틱을 퇴출시키자는 이야기들이 난무한다. 플라스틱은 약 90%가 한 번 쓰고 버려진다고 하니 말이다.

그런데 플라스틱 쓰레기가 왜 이렇게 많은가? 따지고 보면 플라스틱이 장점이 너무 많은 재료이기 때문 아닌가? 다른 재료보다 유리하고 편해서 많이 쓰는 것 아닌가? 또 일회용품은 왜 다 플라스틱인가? 플라스틱이 값이 싸기 때문일 것이다. 종이로 만든 포장재는 다시 쓰기 어렵다. 일회용이다. 그러나 플라스틱으로 만든 포장재나 병이나 컵은 다시 쓸 수 있다. 플라스틱 앞에 '일회용'이라는 이름이 붙은 것은 플라스틱의 원래 성격도 아니고, 플라스틱의 단점도 아니다. 너무 좋고 너무 싸니까 일회용이 된 것뿐이다. 너무 좋고 너무 싸니까 많이 쓰게 된 것이다. 플라스틱은 퇴출시킬 것이 아니라 다시 쓰면 된다. 재활용하면 된다.

쓰레기에 대한 전문 통계를 보면 반드시 언급되는 대목이 있다. 썩는 데 걸리는 시간과 태울 때 나오는 배기가스 양이다. 그런데 이러한 지적은 쓰레기를 땅이나 바다에 매립하거나 방류하겠다는 것을 전제한 이야기다. 또 쓰레기를 소각하겠다는 것을 전제로 하는 이야기다. 이것은 정말 잘못된 생각이다. 앞으로 쓰레기는 절대로 매립하거나 방류하면 안 된다.

플라스틱을 퇴출시키고 플라스틱 없는 쓰레기를 땅에 묻고 바다에 방류하면 문제가 없어지는가? 아니다. 더 큰 문제가 생긴다. 썩는 쓰레기를 땅에 묻거나 바다에 방류하면 토양이 썩고, 바다와 호수는 부영양화

7-13 그린피스 필리핀이 '세계 고래의 날'을 맞아 플라스틱 폐기물의 심각성을 일깨우기 위해 설치한 고래 조형물. 실제로 2018년 11월 인도네시아의 한 섬으로 떠밀려온 향유고래의 사체 속에는 6kg 가까운 플라스틱이 들어 있었다. ⓒ 그린피스 필리핀

로 조류가 창궐하게 되어 생태계가 큰 재앙을 맞는다.[7-13] 썩는 쓰레기는 자연히 치명적인 세균의 배양지가 될 것이다. 플라스틱은 몇 십 년 후에 미세 플라스틱으로 서서히 지구를

> **미세 플라스틱**
> 5mm 미만의 작은 플라스틱 조각을 말한다.

오염시키지만 썩는 쓰레기는 당장 급성 독성으로 우리를 죽인다.

플라스틱이 없는 쓰레기를 태우면 문제가 없어지는가? 문제는 여전하다. 모든 쓰레기는 타면서 오존 등 유독가스를 배출하고 이산화탄소를 배출하는데 특히 이산화탄소는 절대 규제해야 한다. 지구온난화의 주범이기 때문이다. 플라스틱이 문제가 아니다. 문제는 쓰레기 처리 방식이다. 앞으로는 쓰레기를 절대로 방류하거나 땅에 묻거나 소각하지 말아야 한다. 분리하고 재활용해야 한다.

플라스틱의 장점은 무궁무진하다

왜 플라스틱을 이렇게 많이 쓰게 되었는가?[7-14] 플라스틱의 가장 큰 장점은 물이 묻지 않고, 썩지 않는다는 점이다. 싸고

7-14 플라스틱 제품을 자동으로 생산하는 사출기.

간단하게 세균으로부터 식품을 보호할 수 있다는 말이다.

식품을 포장할 때 플라스틱이 없다고 생각해보라. 세균을 막을, 곰팡이를 방지할, 식품이 썩을 위험을 막을 방법이 딱히 없다. 비닐이 있다면 간단히 랩으로 싸거나 밀폐 플라스틱 통이나 병에 넣으면 되지만, 플라스틱을 사용하지 못한다면 무슨 대안이 있을까? 유리병에 넣으면 되는가? 뚜껑에도 플라스틱이 없으면 밀폐는 안 된다. 종이 패킹? 그것도 플라스틱이 코팅된 것이다. 나무통? 나무통이나 종이곽에 넣은 도시락이나 식품은 장기 보관이 불가능하다. 종이나 나무로 포장된 음식이 오래 보관되거나 유통되었다면 먹지 않는 것이 좋다. 플라스틱을 안 쓰려다 세균에 감염되어 죽을 수도 있는 것이다.

플라스틱의 두 번째 장점은 가볍다는 것이다. 플라스틱은 세라믹이나 금속에 비해 무게가 거의 7분의 1이다. 유리처럼 깨지지도 않고, 금속처럼 독성도 없다. 무게가 무거우면 운송에 많은 비용이 들며, 연료를 많이 소비한다. 그만큼 화석연료도 더 소비하고, 미세먼지와 온실가스도 더 배출한다.

플라스틱의 세 번째 장점은 값이 싸다는 것이다. 원료도 싸지만 가공비가 적게 든다. 독특한 모양을 가진 편리한 우리 생활용품들을 보면 플라스틱이 아니면 만들 수 없는 것이 대부분이다. 플라스틱은 금형을 한 번 만들면 같은 제품을 무인 자동

> **금형**(metal mold)
> 금속으로 만든 주형. 제품을 대량으로 생산할 때 사용한다.

플라스틱 재활용 과정

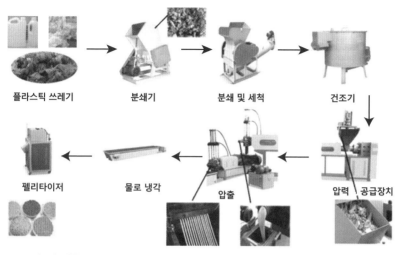

7-15 플라스틱 재활용 과정. 폐기물 분리 및 이송 → 분리 → 파쇄 → 세척 → 선별 → 건조 → 가공.
ⓒ 한국순환자원유통지원센터.

기계가 쉴 새 없이 찍어낸다. 그래서 옛날에 금속이나 유리로 만들던 것들이 과학이 발달할수록 플라스틱으로 대체되어 간다. 값이 싸지니 소비도 많아진다. 그렇게 쓰레기의 왕좌를 차지하게 된 것이다.

앞으로 모든 쓰레기는 결국 재활용해야 한다. 재활용하기에는 플라스틱이 가장 유리하다. 종이나 나무는 쓰던 것을 세척해도 다시 쓰기 어렵지만 플라스틱은 세척만 하면 완전 새것처럼 다시 사용할 수 있다. 오염되었다면 녹여서 재생 플라스틱으로 다시 가공할 수 있다. 녹는점이 약 1,000℃ 이상인 유리나 금속에 비해 플라스틱은 현저히 낮아서 약 200℃ 이하에서 대부분의 플라스틱을 재가공할 수 있다.[7-15]

플라스틱의 재활용 공정은 유리나 금속에 비해 연료도 덜 사용하므로 자연히 대기오염과 수질오염도 덜 일으킨다. 비용도 훨씬 더 싸다. 분리와 수거가 아무리 어렵더라도 매립과 방류와 소각을 전제로 쓰레기 처리를 논해서는 안 된다. 플라스틱 퇴출을 이야기할 것이 아니라 쓰레기 처리 시스템을 말해야 할 것이다.

플라스틱 쓰레기로 만든 차세대 신소재 '에어로젤'

도시 쓰레기에서 플라스틱이 차지하는 비율은 엄청나며 점점 증가하고 있다. 국가 자원순환정보시스템의 전국 폐기물통계조사에 의하면 2016년 기준으로 우리나라 일인당 플라스틱 폐기물 배출량은 132.7kg으로 세계 1위이며, 미국 93.8kg, 일본 65.8kg, 프랑스 65.0kg을 압도하고 있다.

도시 쓰레기 중 재료별 비율을 보면 종이 53%, 플라스틱 23%, 유리 18%, 금속 5%, 섬유 1%인데, 플라스틱은 무게가 금속의 약 6~7분의 1, 유리의 2~3분의 1에 그치므로 부피로는 훨씬 더 많은 셈이다.[7-16]

과학자들은 플라스틱 쓰레기 문제의 해결 방안을 오랫동안 연구해왔다. 쓰레기 처리에는 크게 4가지 방법이 있다. 매립, 소각, 방류, 재활용이다. 그중 가장 바람직한 것은 재활용이다. 플라스틱은 다른 재

7-16 아프리카 가나 해변에 플라스틱 폐기물이 쌓여 있는 모습. ⓒ wikimedia.org

7-17 에어로젤.

료에 비해 재활용 측면에서 유리한 점이 많다. 우선 녹는점이 낮아 재활용하는 데 에너지가 적게 든다.

그러나 플라스틱의 재활용은 생각보다 많은 문제점이 있는 것도 사실이다. 플라스틱 제품들은 여러 종류의 플라스틱을 조합하여 사용하는 경우가 많고, 색을 많이 사용하여 색소 제거에 또 다른 비용이 든다. 또한 플라스틱을 제품으로 가공하면서 여러 가지 첨가제들을 혼합하는데, 이 첨가제 때문에 재활용에 많은 제약이 생긴다.

이러한 많은 문제에도 불구하고 플라스틱 폐기물을 활용하려는 연구는 계속되어 왔다. 특히 플라스틱은 어떤 재료보다 탄소의 함량이 높은데, 이에 착안하여 싱가포르 국립대 연구팀은 최근 새로이 각광을 받는 첨단 소재인 에어로젤(aerogel)을 폐페트(PET)로 만드는 공정을 개발했다.(국제학술지 『콜로이드와 표면 A』 2018년 11월 5일자 발표).[7-17][6]

에어로젤은 1930년대에 처음 알려진 초경량 신소재로서 열, 전기, 충격 등에 강하고 방음, 단열 능력이 뛰어나며 무게는 기존 재료의 10분의 1밖에 안 되는 가볍고 강한 재료다. 방화복, 방한복, 우주복, 방탄소재 등 그 활용분야가 다양하다. 폐플라스틱은 탄소 함량이 높아 연소시켜 탄소만 남게 할 수 있는데, 미세섬유화한 폐플라스틱을 탄소화 처리를 하고 실리콘 코팅을 하고 직조하여 에어로젤로 만들수 있다. 이 에어로젤은 600℃ 이상의 열에도 견디는 내열성을 보이며 기존 재료에 비해 10분의 1 이하로 가벼우므로 방화복이나 방탄복으로의 활용도가 높다.

또한 호주의 아들레이드 대학 연구팀은 역시 폐플라스틱의 높은 탄소함량을 활용하여 다공성 알루미나 막 위에서 탄소화하여 탄소나노튜브를 생산하는 공정을 개발했다. 탄소나노튜브란 지름이 1나노미터(사람 머리카락 두께의 1만분의 1 정도)되는 탄소원자만으로 이루어진 원통형 소재로 지금까지 인류가 개발한 소재 중 가장 강도가 높으면서 무게는 기존 재료의 6분의 1 정도인 첨단 소재다. 그러나 현재는 생산비용이 너무 비싸며 대량생산이 어려워 상용화에 제약이 많다. 호주 대학팀이 개발한 방법에 따르면 폐플라스틱을 사용하여 저렴하고 비교적 용이하게 생산할 수 있는 길이 열렸으므로 앞으로의 연구 결과에 따라 산업계에 큰 영향을 줄 것으로 기대하고 있다.

이같이 폐플라스틱을 활용하여 고부가가치의 첨단 신소재를 개발하여 폐플라스틱 문제도 해결하고 신소재 생산도 이루는 일석이조의 효과를 노리는 연구가 속속 이루어지고 있어 폐플라스틱의 재활용은 그 전망이 밝다고 할 수 있다.

다이옥신은
가장 치명적이다?

다이옥신은
어디에나 존재한다

환경운동가들은 다이옥신(dioxin)이 화학물질 중에서 가장 치명적이고, 자연 생태계에서는 생기지 않으며, 화학물질을 제조하거나 태우면서 만들어지고, 특히 PVC를 소각할 때 주로 생긴다고 주장한다.[7-18] 결론부터 말하면 이러한 주장들은 모두 사실이 아니다. 다이옥신은 어디에서나 나온다. 다이옥신은 한 가지 물질이 아니라 두 개의 산소를 가진 고리 화합물의 통칭이며, 수소 몇 개가 염소로 치환된 것들도 있다. 고리 형태, 염소 치환의 수 등에 따라 다이옥신의 수는 135가지나 되며, 그 중 독성이 있는 것으로 알려진 것은 7개뿐이다.

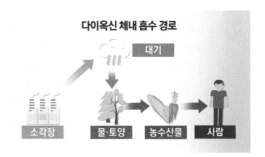

다이옥신 체내 흡수 경로

대기

소각장 → 물·토양 → 농수산물 → 사람

7-18 다이옥신 체내 흡수 경로.

1,4-dioxin

DiBenzoDioxin

TCDD

여러 다이옥신 중 TCDD(테트라클로로디벤조다이옥신)가 가장 독성이 강하다고 알려져 있다. 독성물질의 독성을 반수 치사량으로 나타내기도 한다. 동물 실험을 해서 50%가 죽는 독성물질의 양을 실험 동물의 체중으로 나눈 값을 사용하는 것이다. 그런데 기니피그를 이용해 다이옥신에 관해 실험한 결과, 체중의 10억 분의 1로도 50% 정도가 죽는다고 발표하는 바람에 다이옥신이 인간이 합성한 물질 중 가장 독성이 강하다고 잘못 알려지게 되었다.

하지만 다른 동물들을 실험한 결과 상당히

기니피그
전축서과 기니피그속에 속하는 포유동물. 온순하고 잘 자라며 귀여워서 식용 가축, 애완동물, 실험용 동물로 널리 사육된다.

큰 편차가 있다는 사실이 밝혀졌다. 기니피그는 체중 1kg당 반수 치사량
이 0.001mg이었지만 비슷한 크기와 비슷한 종류인 햄스터는 5mg으로
서 5,000배나 되었다. 기니피그와 달리, 같은 종류인 햄스터에게는 그리
치명적이지 않다는 말이다. 사람에게는 이런 실험이 불가능하지만 원숭
이의 경우 0.07mg이니 이와 비슷하다고 유추할 뿐이다. 다이옥신 중 가
장 세다는 TCDD의 인간에 대한 독성은 어느 정도일까? 아직 잘 모른
다.

공포의 TCDD는
어느 정도 독성이 있는가?

> **클로래큰(chloracne)**
> 염소가 함유된 독극물에 과다 노
> 출되었을 때 생기는 피부발진으로
> 주로 얼굴에 여드름과 물집이 생
> 기고, 몇 개월 뒤에 없어지는 질환.

1949년 웨스트 버지니
아주 니트로시에서 제초제를 생산하던 몬산
토 공장에서 TCDD 대량 유출 사고가 발생하
여 120명의 근로자들이 클로래큰(chloracne)
으로 고생한 일이 있었다. 그리고 바로 이들
을 30년 넘는 기간 동안 장기역학 조사를 하
였더니 평균보다 더 오래 살았고, 암 발생률이나 만성질환 발병률도 평
균보다 적었다는 사실이 밝혀졌다.

1976년 이탈리아 밀라노 인근 세베소의 익메사 공장에서 사고가 나
독극물 연기가 세베소 시를 덮는 일이 있었다. 그리고 1988년 이 사건에
대한 장기간의 역학조사 결과를 발표했는데, 1만 5,291건의 출산 중 742
명, 즉 약 5%의 기형이 태어났지만 이 수치는 정상 수준에 해당하는 것
이었다. 세베소 시민들의 이 기간 10년간의 암 발생률도 연구되었는데,

정상인 다른 곳과 비교하여 특별한 증가는 나타나지 않았다. 여자들의 방광암은 조금 증가했으나 위암, 직장암, 유방암 등은 오히려 적었다. 남자의 경우도 간암은 조금 증가했으나 위암, 직장암, 기관지암은 감소했다.

7-19 베트남 농지에 고엽제를 살포하는 미군 휴이 헬기.
© wikipedia.org

1962년부터 1971년까지 일어난 베트남 전쟁에서 미군은 정글 고사 작전의 일환으로 약 8천만 리터에 달하는 제초제와 고엽제를 살포했는데,[7-19] 고엽제로 사용한 2,4,5-T에 부산물로 TCDD가 40만분의 1 정도 미량 섞여 있었다. 그러나 귀국한 병사들의 수년 뒤 건강검진에서 혈액 중의 다이옥신 농도는 1조분의 5 정도로 거의 검출되지 않았다.

그런데도 사람들은 월남전 고엽제 후유증을 다이옥신과 결부시키려 한다. 고엽제에 의하여 15만 명의 아이들이 기형으로 태어났으며, 40만 명이 죽거나 장애인이 되었다고 베트남 적십자사가 발표했다. 고엽제로 사용한 2,4,5-T의 구조는 비슷한 부분이 있어도 다이옥신과는 전혀 다른 화합물인데, 사람들은 이를 환경호르몬으로 이름이 알려진 다이옥신과 엮으려는 것이다.

1991년 영국 남부 로담스테드에서는 150년 전의 토양 시료에서 TCDD를 발견했다. 화학 공장에서 유기염소 화합물을 생산하기 훨씬 전의 토양에서 말이다. 일본에서는 8천 년 전의 퇴적암에서 다이옥신을 발견했다고 발표

2,4,5-T

pg
피코그램. 1그램의 1조분의 1에
해당하는 무게.

했다. 정말 이상한 일은 산모의 모유에 상당한 양의 다이옥신이 있다는 사실이다. 모유 지방 1g당 다이옥신의 양은 우리나라의 경우 4.67pg인데 일본은 22pg이나 된다.

이것은 무엇을 의미하는가? 다이옥신은 자연에 아주 오래전부터 있었으며, 인간은 그에 적응해 진화해왔다는 증거다. 동물들에 따라 다이옥신에 대한 민감도가 크게 다른 것도 진화의 방향에 따른 것일 수 있다.

어디에나 있고, 무엇을 태우든지 다이옥신은 생긴다. 좋을 리는 없지만 모든 다이옥신이 독약 보듯 도망가야 하는 물질인지 아닌지는 아직 잘 모른다. 그러니 지금은 특정한 다이옥신, 즉 독성이 규명된 TCDD 같은 물질만 철저히 규제하면 되지 않을까?

MSG는
화학조미료다?

MSG는
그렇게 유해한가?

글루탐산나트륨(MSG,
Mono Sodium Glutamate)은 1866년 독일의 화
학자 리타우젠이 발견한 물질로서,[7-20] 다
시마 등의 해조류·버섯류·토마토·콩·
육류 등에 특히 많고, 한국·중국·일본 등
에서 요리에 통상 감칠맛을 위해 넣는 양념

7-20 글루탐산나트륨. ⓒ Ragesoss

7-21 일제강점기 때 아지노모토 광고.

7-22 1960년대 신문에 실린 '신선표 미원' 광고.

류에 많이 들어 있는 성분이다.

일본의 화학자 이케다 기쿠나에는 1908년 해조류에서 글루탐산을 추출한 후 조미료로 연구하여 나트륨 염이 가장 맛이 좋다는 사실을 확인하고 특허를 취득한 후, 이를 '아지노모토(味の素, 맛의 원소)'라는 상품으로 생산했다.

일본에서 성공한 아지노모토가 우리나라에 소개된 것은 일제강점기 때다. 당시만 해도 매우 귀한 '맛의 묘약'이었다고 한다. 처음에는 글루탐산 제조공정의 대부분을 비싼 설비에 의존할 수밖에 없었기 때문에 값이 비쌌는데, 점차 가격이 내려가면서 대중화되었다.[7-21]

광복 후 국내 MSG 시장의 절대강자는 '미원'이었다. 1956년 현 대상그룹의 모태인 동아화성공업이 출시한 미원은 초기엔 MSG를 아지노모토사에서 수입했으나, 나중에는 토종화에 성공해 독점적 시장 지위를 구축했다.[7-22] 이후 미원 그 이름 자체가 조미료의 뜻으로 통하게 되었다.

MSG가 유해할 것이라는 생각은 '중식당 증후군'이라는 세간의 소문에 바탕하는데, 중국요리를 많이 먹고 나면 졸리고 두통이 난다는 이야기에 따라 많은 학자들이 그 연관성을 연구했다. 그 결과, 극도로 많은 양을 투입했을 때 두통·홍조·땀·구역질 등의 증상이 나타난다고 보고되었으나, 치료는 필요 없고 잠시 후 사라진다고 한다. 아직 과학적인 근거는 밝혀진 바 없으며, 음식의 양을 매우 과도하게 섭취했을 때만 그런 증상이 나오기 때문에 미국에서 '중식당 증후군'은 어느 정도 인종차별적인 면이 있어서, 아시아 음식인 중국 요리를 폄하하는 생각이 관여되었을 것이라는 설도 있다.

미국 FDA의 1995년 보고서는 이중맹검법(盲檢法)으로 면밀히 연구해도 MSG가 인간에게 유해하다는 어떤 증거도 나오지 않았다고 발표했다. 그래도 우리는 MSG라면 몸에 나쁜 화학물질이라는 관념을 가지고 있는데, 이런 현상은 역시 화학 혐오증과 무관하지 않다.

> **이중맹검법(盲檢法)**
> 실험을 수행할 때 편향의 작용을 막기 위해 실험이 끝날 때까지 실험자와 피험자에게 모두 특정한 정보를 공개하지 않는 것이다.

MSG는 자연에서 얻은 조미료다

사실 MSG는 '화학' 조미료는 아니다. 미생물과 동식물에서 추출하여 농축할 뿐인데 처음 일본에서 시판되었을 때 '화학' 조미료라고 선전했던 것이다.[7-23] 당시는 일본에서 '화학'이라는 단어가 첨단이나 마법 같은 긍정적 이미지를 주었기 때문이었다. 천연에서 만들었지만 화학으로 연구한 조미료라는 연관성만으로 '화학' 조미료라는 말을 쓴 것이 이제는 족쇄로 작용하게 되었다. 물론 엄청난 양을 투여하면 여러 증상들이 나타난다.

그러나 글루탐산은 자연에서 가장 흔한 아미노산이며, 우리 몸에서도 만들어진다. 평균적으로 서양에서는 $0.55 \sim 0.58$mg/kg(체중), 한국, 일

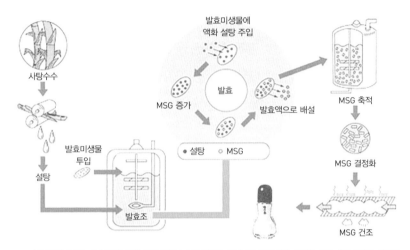

7-23 글루탐산나트륨 제조 공정. 왼쪽 위에 사탕수수가 원료로 들어가면 압착하여 설탕을 추출. 발효조에서 미생물에 의하여 발효시키면 글루탐산이 되는데, 이것을 나트륨 용액에서 결정화하면 글루탐산나트륨 결정이 석출된다.

본, 중국에서는 $1.2 \sim 1.7 \mathrm{mg/kg}$(체중)을 섭취한다고 한다.

UN국제식량농업기구(FAO)와 세계보건기구(WHO)의 합동 식품첨가물 위원회는 MSG가 인체에 안전하며 1일 섭취량을 제한할 필요도 없다고 발표했다. 미국 FDA도 1980년 MSG는 인체에 안전하다고 발표했으며, 일본 후생성도 MSG를 사용량 규제가 필요 없는 안전한 식품첨가물로 분류했다.

MSG(글루탐산나트륨)

사카린은
건강에 해롭다?

사탕수수를 원료로 한
설탕

설탕의 원료인 사탕수수는 폴리네시아가 원산지로 1319년이 되어서야 영국으로 수입되었다.[7-24] 단맛을 본 유럽인들은 아무리 비싸도 설탕을 찾았는데 사탕수수 수확을 위해 본격적인 노예무역이 시작되었을 정도로 설탕은 역

7-24 설탕의 원료가 되는 사탕수숫대. ⓒ Rufino Uribe

사적으로 중요한 상품이었다.

　단맛을 내는 당에는 여러 가지가 있다. 가장 간단한 형태로 단당류인 포도당(glucose)이 있으며 사탕수수와 사탕무 등 많은 식물이 이를 포함한다. 과일에 많이 들어 있는 또 다른 단당류는 과당(fructose)이다. 동물에서 얻는 갈락토스(galactose)도 단당류다. 단당류 두 개가 결합한 것이 이당류인데 우리가 흔히 먹는 설탕(sucrose)은 포도당과 과당이 결합된 형태다. 보리나 옥수수 시럽 등에서 얻을 수 있는 맥아당(maltose)은 포도당 두 개가 결합한 것이다. 젖당(lactose)은 우유에서 얻을 수 있는데 포도당과 갈락토스가 결합한 구조다.

　설탕은 이를 썩게 하고, 고혈압과 당뇨와 췌장암을 일으키며, 비만을 유도한다. 그래서 설탕을 대체하는 감미료가 연구되고 생산되었다.

대체 감미료 사카린은 인체에 무해하다

최초의 대체 감미료는 아세트산납$[(Pb(CH_3COO)_2]$이며, 사파(연당)라고도 부른다. 로마시대 때부터 포도주의 맛을 달게 하기 위해 넣었는데, 납의 독성이 너무 강해 그 포도주를 많이 마시면 낙태가 되기 때문에 유럽의 매춘부들이 상용할 정도였다. 물론 곧 그 유해성이 알려져 사용이 중지되었다.

그 다음 등장한 대체 감미료는 사카린(saccharin)이다. 1879년 미국 존스홉킨스 대학의 아이라 렘슨과 콘스탄틴 파홀버그가 발견한 이 제품은 설탕보다 300배나 달면서 열량은 거의 없다. 당연히 당뇨환자들과 비만을 걱정하는 사람들의 환영을 받았다.[7-25]

그러나 1977년 캐나다의 쥐 실험에서 사카린을 과량 투여했더니 방광암이 발병한 쥐가 나왔다는 발표가 있은 뒤에 화학합성품이라는 화학혐오증까지 가세했고, 그 결과 환경단체들의 끊임없는 문제제기로 인해 사카린을 넣은 식품에는 '동물 실험 결과 암을 유발하는 사카린이 첨가되어 있음'이라는 문구를 넣도록 하는 법안이 통과되었다.

이후 사카린이 유해하다는 의심은 끊이지 않았고, 과학자들도 끊임없이 실험했으나 어느 누구도 확실한 유해성 결과를 낸 적은 없었다. 오히려 이

당 종류별 비교

구분	사카린	설탕	포도당	과당
칼로리(kcal/g)	0	4	4	4
혈당지수	0	65	100	19

※ 혈당지수 : 당을 섭취할 때 사람의 혈당을 얼마나 올리는지 알 수 있는 지표

단맛을 내는 식품 첨가물 비교

	설탕	아스파탐	사카린
설탕 대비 감미도	1	200배	300배
1kg 가격	1,200원	50,000원	12,000원

7-25 단맛을 내는 식품 첨가물 비교.

런 유해성을 처음 제기한 캐나다의 연구 방법을 재현하고 분석한 결과가 나왔는데, 당시 쥐에게 투여한 사카린은 지나치게 많은 양으로 사람으로 치면 사카린을 포함한 음료수를 하루에 800캔을 먹어야 하는 양이었다. 그리고 쥐 같은 설치류는 인간과 달리 인산칼슘을 많이 가지고 있는데 인산칼슘이 사카린과 결합하면 결정을 만들어 신장결석을 일으키고 방광에 손상을 주어 암을 유발한다는 기작(機作)이 규명되었다. 하지만 인간에서도 같은 반응이 일어날 확률은 거의 없다.

이후 1993년 세계보건기구(WHO)에서 사카린이 인체에 무해함을 확인했고, 1998년 국제암연구소(IARC)에서 사카린은 발암물질이 아니라고 발표했다. 2000년에는 미국 독성물질프로그램(NTP)에서 사카린은 발암물질이 아니라고 확인하고, 정부는 사카린 경고문 부착의무를 철회했다.

2001년에는 미국 식품의약국(FDA)이 안정성을 인정했고, 2010년에는 미국 환경보호청(EPA)이 사카린을 인간 유해물질 목록에서 제외시켰다.

7-26 사카린의 무해함과 효능을 강조하는 최근의 사카린 제품 광고문.

현재 미국과 유럽에서 사카린은 아무 제제 없이 어린이 과자에도 첨가할 수 있게 되었고, 당뇨환자들이나 비만을 걱정하는 사람들이 안심하고 사용하고 있다.

이러한 사카린에 대해 우리나라는 1973년 빵, 이유식, 설탕, 사탕에 첨가를 금지시켰고, 1992년에는 거의 모든 식품에 사용이 금지되었다. 오랜 기간에 걸쳐 발표된, 전 세계에서 사카린이 유해하지 않다는 연구 결과와 선진국의 사카린 사용 확대를 보면서 2011년에야 겨우 전면적인 금지를 풀었지만, 어린이용 기호 식품(과자, 빙과, 빵)에는 여전히 금지를 유지하고 있다. 1992년 이후로 국민 술인 소주에도 사카린 사용이 금지되고, 액상과당이 첨가되었다.[7-26]

그런데 액상과당(고과당 옥수수 시럽)은 열량이 높아 비만의 주원인이기도 하다. 의사와 약사들이 제일 금해야 할 유해식품으로 청량음료를 꼽는데 그 원인이 되는 성분이 바로 이 액상과당이다. 액상과당이 오히려 금지되어야 할 감미료이지만, 우리나라 정서는 사카린을 더 나쁘게 보고 있다.

> **액상과당**
> 글루코스 일부를 프럭토스로 변환함으로써 효소 처리되어 단맛을 내게 한 옥수수 시럽.

화학 혐오증이 아무 근거 없이 우리의 건강을 손상시키는 현실에서 이와 같은 정서가 개선될 움직임은 보이지 않는다. 하지만 천연 독을 해독하는 것도 화학으로 해야 하듯이, 화학적 문제는 역시 화학이 해결할 수 있다.

DDT가
노벨 생리의학상을 받았다?

DDT,
말라리아를 퇴치하다

1874년 오스트리아의 화학자 오스마 자이들러 (Othmar Zeidler, 1850~1911)가 DDT를 처음으로 합성했으나, 1939년 스위스의 화학자 폴 헤르만 뮐러(Paul Hermann Müller, 1899~1965)가 살충제로서의 효능에 주목하여 새로운 방법으로 대량생산에 성공하여 말라리아 퇴치에 공헌함으로써 1948년 노벨 생리의학상을 받았다.

말라리아는 이탈리아어로 '나쁜 공기'라는 말이다. 이탈리아에는 습지

7-27 말라리아를 일으키는 아노펠레스 알비마누스 모기.
© wikipedia.org

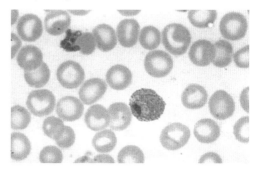

7-28 말라리아에 감염된 적혈구 모습.

가 많고 말라리아 모기가 많아서 습하고 나쁜 공기에서 생기는 병이라고 생각해서 생긴 이름이다. 오늘날에도 전 세계적으로 300~500만 명이 말라리아에 감염되고, 이중 200~300만 명이 목숨을 잃는다. 옛날에는 열병이라고 했지만 아주 작은 기생충으로 전염되며, 주로 모기를 통해 옮겨지는 무서운 질병이다.[7-27, 7-28]

알렉산드로스 대왕도, 아프리카 탐험가 데이비드 리빙스턴도 말라리아의 희생자들이다. 말라리아는 열대지방에만 있는 것이 아니다. 기록을 보면 이집트나 중국, 인도뿐만 아니라 유럽 거의 모든 지역에서 창궐했다. 심지어 미국에서만도 1914년에는 50만 명이 넘는 사람들이 말라리아로 고통받았다.

말라리아의 고통에서 인류를 구하는 방법은 두 가지다. 우선 말라리아에 걸린 사람들을 치료할 해독제를 쓰는 것이다. 우연히 남아메리카에 자생하는 키나나무 껍질이 말라리아에 효능이 있음이 알려졌다. 당연히 화학자들이 그 성분을 찾고 만들려는 노력이 시작되었다.

드디어 1934년 오스트리아의 화학자 한스 앤더색(Hans Andersag, 1902~55)이 합성에 성공했다. 이후 40여 년 동안 말라리아 치료제로 사용해왔으나 이 약에 내성이 생긴 말라리아가 생기고, 부작용도 밝혀져 다른 퀴닌계 치료제들이 나타나게 되었다.

말라리아를 퇴치하는 두 번째 방법은 말라리아를 옮기는 모기를 박멸하는 것이다. DDT는 곤충에게만 있는 신경제어계를 무력화시켜 곤충에게만 독성이 있고, 다른 동물과 식물에는 해가 없는 것으로 알려져 있다. 물론 과도한 양을 투입하면 여러 부작용이 발생하지만 과도한 양을 투여했을 때 부작용을 유발하지 않는 물질은 존재하지 않는다. 천연물질도 과량을 사용하면 당연히 부작용이 생긴다. DDT를 직접 인체에 투여했을 때의 치사량은 30g으로 엄청난 양이며 아직까지 DDT의 독성으로 사람이 죽었다는 보고는 없다.

세계보건기구(WHO)는 1955년 비선진국에서 말라리아를 퇴치하기 위해 DDT를 대대적으로 살포할 것을 결정했고, 1969년 말라리아 유행 지역의 약 40%에서 말라리아가 박멸되었다.[7-29] 1947년 그리스의 말라리아 환자 수는 약 200만 명이었으나 DDT를 사용한 뒤 1972년에는 7명으로 현격히 줄었다. 아니 거의 박멸되었다. 인도는 1953년 7,500만 명이 말라리아에 걸렸으나 DDT를 사용한 1968년에는 말라리아 환자 수가 30만 명으로 감소했다.

7-29 세계 말라리아 박멸 프로그램으로 DDT 살포가 이루어졌다.

DDT는
최후의 수단으로 사용해야 한다

1962년 레이첼 카슨의 『침묵의 봄(Silent Spring)』이라는 책이 베스트셀러가 되면서 DDT를 비롯한 살충제가 해충뿐 아니라 유익균과 그 위의 생태계 상위 포식자인 새들까지 멸종시키고, 결국에는 지구생태계를 왜곡시켜 인류생존을 위협할 것이라는 대중적 각성을 불러일으켰다. 그에 힘입어 1972년 DDT 금지법안을 이끌어냈다.[7-30] 그리고 1970년대부터 80년대까지 대부분의 선진국에서 DDT 사용을 금지시켰고, 2004년에는 전 세계적 사용금지 협약이 170개국에서 비준되었다.

그러나 모기 등에 의한 실질적 위협도 무시할 순 없기 때문에 WHO와 WHA(세계보건총회)는 말라리아 국제재단과 함께 전염병 퇴치를 위한 백터제어에는 제한적으로 사용을 허용한다고 결정했다. 인도는 2013년에도 3~4천 톤의 DDT를 생산하고 소비했다.

WHO 추정에 따르면 2017년 2억 1,900만 명이 말라리아에 감염되었고, 이 가운데 43만 5천 명이 사망했다.[7] 우리나라에도 옛날에는 말라리아가 있었으나 1970년 후반 퇴치에 성공해 이후 10여 년간 자체 발생이 없었다. 그러다 1993년 국내에서 첫 환자가 발생한 후 재유행되어 2000년대 초반 연간 4천 명 이상이 발생하기도 했다. 군, 정부, 의료계의 노력으

> **백터제어**
> 병원균을 전염시키는 동물을 제어하는 방법.

7-30 레이첼 카슨과 『침묵의 봄』

로 퇴치 전 단계 수준까지 관리하는 데 성공했다가, 최근 매년 500여 명의 환자가 지속적으로 발생하고 있는 상황이다.[8]

DDT의 독성과 유해성에도 불구하고 DDT의 금지는 더 끔찍한 상황을 야기할 것이라고 반대하는 소리도 있다. 많은 토론과 연구 결과 우리에게 주어진 가장 타당한 조언은 DDT를 살포하지 말고, 말라리아 모기 창궐 지역의 시설이나 건물 내벽에 약한 농도로 도포해두는 것이다. DDT는 잔류성 유성 물질이므로 이런 방법이 말라리아 퇴치에 상당한 효과가 있다고 한다. 그러나 DDT는 최후의 방법이어야 한다는 사실에는 변함이 없을 것이다.

주석

Chapter 1 │ 화학, 모든 것을 만드는 신비한 마법

1 │ 리처드 랭엄, 『요리 본능』, 조현욱 옮김, 사이언스 북스, 2011.
2 │ 김성진 외, 『고등학교 통합과학』, 미래엔, 2018.
3 │ 박순주, 「'이산화탄소 → 에너지' 인공광합성 기술적 난제 해결」, 환경미디어,
     2019.10.4.
     이지현·이동욱·장세규·곽노상·이인영·장경룡·최종신·심재구, 「NCCU(Non-
     Capture CO2 Utilization) 기술의 CO2 감축 잠재량 산정」, 한전 전력연구원 미래기
     술연구소, 2015.

Chapter 2 │ 역사적 기적에는 언제나 화학이 함께한다

1 │ 강길운, 『계림유사의 신해독연구』, 지식과교양, 2011.
2 │ 김현준, "세계 에이즈 사망자 2년째 감소", 『ScienceTimes』, 2008.7.30.
3 │ 김아름, "지난해 국내 신규 HIV 감염인 1206명 증가", 『보건뉴스』, 2019.8.22.
4 │ 김아름, "지난해 국내 신규 HIV 감염인 1206명 증가", 『보건뉴스』, 2019.8.22.

Chapter 3 │ 우리 생활에서 화학 아닌 것은 없다

1 │ 엄남석, 「땀 배출·보온 주변 환경 따라 기능하는 특수섬유 첫 개발」, 『연합뉴스』,
     2019.2.8.

Chapter 4 │ 인류를 이끄는 첨단기술 속의 화학

1 │ 고광본, 「한양대 등 국제 연구진, 사람보다 40배나 더 센 인공근육 개발」, 「서울경제」, 2019.7.12.
2 │ 「2016년 국가 온실가스 인벤토리보고서」, 온실가스종합정보센터, 2016.
3 │ 김창배, 「백금 대신 철 촉매 만드는 '현대판 연금술'」, 『한국일보』, 2018.2.8.
4 │ 김철현, 「'밀당' 잘하는 수소 촉매 개발…백종범 UNIST 교수팀 성과」, 『아시아경제』, 2019.9.23.

Chapter 5 │ 화학적 상상력이 스며든 영화와 소설

1 │ 류지민, 「미중 무역전쟁 뜨거운 감자 '희토류 ETF' 희토류 역사적 저점…中 수출통제 땐 반등?」, 『매경이코노미』 제2030호, 2019.10.23.~2019.10.29.

Chapter 7 │ 화학에 대한 오해와 편견

1 │ 이상호, 「지난해 벌에 쏘여 10명 사망, 7월 이후 각별한 주의 요구」, 경향신문, 2019.7.17.
2 │ 전익진, 「버섯의 계절…식용과 독버섯 이렇게 구별해야」, 중앙일보, 2017.9.19.
3 │ 강찬수·천권필, 「99명 중 22명이 암환자… 전북 '장점마을의 비극' 범인은 비료공장」, 『중앙일보』, 2019.6.20.
4 │ 정준기, '폴로늄 210 등 방사능 물질의 독성', 국립암센터 주최 '건강증진 및 금연심포지엄 2004', 2004.
5 │ 한국원자력안전기술원, '원자력이용시설 주변 방사선환경 조사 및 평가 보고서', 2015.
6 │ 고든 정, 「플라스틱 쓰레기로 만드는 에어로겔, 차세대 신소재 될까?」, 『서울신문』, 2018.11.5.
7 │ 고든 정, 「차가운 남극바다 사는 해면에 '말라리아 신약' 숨어 있다」, 『서울신문』, 2019.9.23.
8 │ 염준섭, 「우리나라 말라리아의 퇴치」, 『한국일보』, 2019.5.30.

융합과 통섭의 지식 콘서트 07

화학, 인문과 첨단을 품다

초판 1쇄 발행 | 2019년 12월 20일
초판 4쇄 발행 | 2024년 6월 3일

지은이 | 전창림
펴낸이 | 홍정완
펴낸곳 | 한국문학사

편집 | 이은영 이상실
영업 | 조명구
관리 | 심우빈
디자인 | 이석운 김미연

04151 서울시 마포구 독막로 281 (염리동) 마포한국빌딩 별관 3층

전화 706-8541~3(편집부), 706-8545(영업부), 팩스 706-8544
이메일 hkmh73@hanmail.net
블로그 http://post.naver.com/hkmh1973
출판등록 1979년 8월 3일
제300-1979-24호

ISBN 978-89-87527-81-9 03430